# Hochschultext

A. Altmann

# Interdisziplinäre Systemanalyse

## Eine Strukturalgebra der Bonddiagramme

Mit 56 Abbildungen

Springer-Verlag
Berlin Heidelberg New York 1982

Dr. ANDRE ALTMANN
ETH Zürich, Fachgruppe für Automatik
Physikstraße 3, CH-8092 Zürich

CIP-Kurztitelaufnahme der Deutschen Bibliothek
Altmann, André:
Interdisziplinäre Systemanalyse:
e. Strukturalgebra d. Bonddiagr. / A. Altmann.–
(Hochschultext)
Berlin; Heidelberg; New York: Springer, 1982.–

ISBN-13:978-3-540-11146-7     e-ISBN-13:978-3-642-81751-9
DOI: 10.1007/978-3-642-81751-9

Meiner Frau
und
meinen Kindern

# Vorwort

In der vorliegenden Arbeit wird eine Synthese durch Weiterentwicklung zweier bekannter, leistungsfähiger Methoden zur Behandlung komplexer Systeme versucht. Dabei wird die Schaffung eines wirkungsvollen Instrumentes für die Untersuchung interdisziplinärer Systeme angestrebt. Unter interdisziplinären Systemen werden hier Systeme verstanden, die aus Teilsystemen verschiedener Disziplinen aufgebaut sind; die Teilsysteme können z.B. elektrischer, translations- oder rotationsmechanischer, oder auch hydraulischer Art sein. Obschon die Ueberlegungen für die Erarbeitung der Grundlagen vorläufig auf die eben aufgezählten Gebiete beschränkt wurden, sind Erweiterungen auf andere Gebiete ohne weiteres möglich.

Eine der erwähnten Methoden ist die Darstellung von Systemen durch Bonddiagramme. Die Bonddiagramme wurden von H.PAYNTER Anfang der 60er Jahre eingeführt. Es sind Diagramme zur Darstellung von Energieflüssen, gegebenenfalls auch des Austausches von Signalen, zwischen Systemelementen und Systemteilen. Bonddiagramme können damit als nützliches Bindeglied zwischen Regelungstechnik und Energietechnik benützt werden. In didaktischer Hinsicht fördern Bonddiagramme die Einsicht in technische und physikalische Zusammenhänge aufgrund der zur Beschreibung der Leistungsflüsse verwendeten Leistungsvariablen, die nicht nur rein mathematische, sondern echt physikalische Bedeutung haben. Gerade die allgemein definierten Leistungsvariablen und die mit ihrer Hilfe definierten allgemeinen Systemelemente sind sehr gut geeignet für die Untersuchung interdisziplinärer Systeme.

Die zweite der erwähnten Methoden ist die Methode der Strukturzahlen. Sie wurde von S.BELLERT übernommen und weiterentwickelt für die Analyse und die Synthese elektrischer Netzwerke. Die meisten klassischen Methoden benützen die Matrizen- und Determinantentheorie, was bei komplexen Systemen zu grossem Rechenaufwand führt. Durch die sogenannten "topologischen Methoden" versuchte man dieses Problem zu lösen. Grundlegende Konzepte einer algebraischen und kombinatorischen Topologie von Systemen sind aber erst in der Methode der Strukturzahlen verfügbar. Sie beschreibt die topologische Struktur von Systemen durch "Zahlen", die als Mengen

und Mengensysteme definiert sind. Die Methode der Strukturzahlen umfasst u.a. alle mengentheoretischen und algebraischen Operationen, die in der Grundmenge der Strukturzahlen
definiert wurden, um die Zusammenhänge zwischen beliebigen
Eingangs- und Ausgangsgrössen eines Systems oder verschiedener Teilsysteme zu bestimmen. Indem sie Determinantenberech-
nungen und Matrizenoperationen durch reine algebraische Operationen ("Datenumspeicherungen") ersetzt, erlaubt die Methode der Strukturzahlen eine wesentliche Reduktion des Rechenaufwandes. Vom didaktischen Gesichtspunkt her erleichtert die Methode der Strukturzahlen die Einsicht in strukturelle Systemzusammenhänge.

Bonddiagramme unterscheiden sich von klassischen elektrischen Netzwerken durch ihre Topologie, die Bedeutung von
Knoten und Zweigen und durch ihre direkte Anwendbarkeit in
verschiedenen Gebieten oder Disziplinen. Um die Anwendung
der Methode der Strukturzahlen auf Bonddiagramme zu ermöglichen, war eine umfassende Neuformulierung eines Teils ihrer
topologischen Grundkonzepte notwendig (z.B. die Definition
des "Trennbündel"-Begriffes); andererseits mussten auch die
Bonddiagramme entsprechend angepasst werden (z.B. Herstellung von Beziehungen zum mengentheoretischen Modell des gegebenen Systems).

Die Verschmelzung der Methoden der Bonddiagramme und der
Strukturzahlen zu einer einzigen, geschlossenen Theorie
setzt feste, gemeinsame Grundlagen voraus. Diese Bedingung
machte erstens eine Erarbeitung neuer, grundlegender Begriffe notwendig; zweitens war eine entsprechende Umarbeitung
beider bisher eigenständigen Gebiete erforderlich. Das war
aber nur durch eine ziemlich umfangreiche Zusammenstellung
aller wichtigen Begriffe erreichbar.

Die grosse Zahl der Definitionen könnte das Gewinnen einer
Uebersicht erschweren. Für ein schnelleres Einarbeiten wäre
es daher vielleicht von Vorteil, wenn man sich im Anschluss
an das Kapitel 1. über die Grundlagen der Bonddiagramme direkt mit den gebotenen Beispielen befasst; je nach Bedarf
kann dann auf frühere Kapitel und Abschnitte zurückgegriffen
werden. Für den Einstieg am besten geeignet scheint mir das
Beispiel in Abschnitt 5.6. zu sein. Die in diesem Beispiel
beschriebene Behandlung einfacher Probleme von Hand erleichtert den Ueberblick durch das Arbeiten mit graphischen Darstellungen.

Komplexere Systeme werden jedoch sinnvollerweise mit Hilfe
der digitalen Rechenanlage untersucht. Systemanalysen solcher Art setzen die Definitionen der vom gegebenen Bonddiagramm abgeleiteten topologischen und mengentheoretischen Systemmodelle voraus. Zur Illustration von Einzelheiten des Vor-
gehens ist das Beispiel in Abschnitt 5.5. gedacht.

Schliesslich sollen die häufigen Rückverweise im Text auf
Gleichungen und Definitionen die Herstellung von Zusammenhän-

gen erleichtern. Dem gleichen Zweck soll ausser dem Inhalts-
verzeichnis das beigefügte Sachwörterverzeichnis dienen.
Hinweise auf Literaturstellen sind durch Zahlen in eckigen
Klammern gekennzeichnet.


Benglen, im Oktober 1978

# Inhaltsverzeichnis

## Kapitel 6: Interaktive Systemanalyse mit dem Computer

# 1. Grundlagen der Bonddiagramme

## 1.1. Eigenschaften von Darstellungsarten technischer Systeme

Ein wichtiges Instrument bei der Untersuchung technischer
Systeme ist die Modellbildung. Zur Veranschaulichung der Wir-
kungsweise eines Systems werden dabei häufig Darstellungen
verschiedenster Art benutzt. Für die verschiedenen Gebiete
der Technik sind zu diesem Zweck - meistens unabhängig von-
einander- eigene Arten der Darstellung entwickelt worden; so
gibt es verschiedene Symbolismen  für elektrische Netzwerke,
mechanische Anlagen, hydraulische Systeme, thermische Systeme,
usw.  Technische Anlagen sind häufig gemischter Natur, wobei
Teilsysteme verschiedener z.B. elektrischer, mechanischer,
hydraulischer Art meistens in enger Verknüpfung untereinander
auftreten. In Bezug auf die Darstellung solcher Systeme ist
die Verschiedenheit der Symbolismen für Systemelemente trotz
analogen Zusammenhängen entsprechender physikalischer Variablen
unbefriedigend. Störend wirkt sich auch aus, dass bei gemischter Darstellung jeder Darstellungsart eine andere "Philosophie"
zugrundeliegt und daher auch die Schnittstellen zwischen verschiedenen Darstellungsarten nicht klar definiert sein können.
([7]S39). Besonders dem in einem technischen Teilgebiet aus-
gebildeten Spezialisten erschwert die gemischte Darstellung
technischer Systeme den Ueberblick über die Systemfunktionen
wesentlich.
Als Lösungsversuch für dieses in der Praxis wichtige Problem
bietet sich das Ausweichen auf einen rein mathematisch be-
gründeten Symbolismus an, wie er z.B. in der Regelungstechnik
zu finden ist. Durch einen solchen Abstraktionsprozess wird
zwar eine weitgehende Verallgemeinerung und Vereinheitlichung
der Darstellung und Problembehandlung ermöglicht; jedoch besteht fast natürlicherweise die Gefahr der weit getriebenen
mathematischen Abstraktion darin, dass sich ihre Beschrei-
bungsart zu stark vom konkreten technischen System entfernt,
z.B. dann, wenn die verwendeten mathematischen Variablen keine
messtechnisch erfassbaren Grössen mehr darstellen.

<u>Bonddiagramme</u> sind eine Art der Darstellung technischer Systeme.
Mit diesem von PAYNTER [3] neu eingeführten Symbolismus wurde versucht, die oben erwähnten Nachteile einer zu starken (durch die

historische Entwicklung bedingten) Spezialisierung einerseits,
oder einer zu weitgehenden Verallgemeinerung andererseits, zu
vermeiden. Zu diesem Zweck legte man bei der Wahl der Systemdarstellung das Hauptgewicht nicht auf mathematische, sondern
auf physikalische Ueberlegungen. Dies führte zu einer Festlegung
der physikalischen Leistung, die zwischen einzelnen Systemteilen
und -elementen ausgetauscht wird, als wichtigste allgemeine
Grösse für die gleichartige Beschreibung und Darstellung verschiedenster Arten technischer Systeme.
Die Forderung der genügenden Allgemeinheit wird hier dadurch
erfüllt, dass die Leistung für zahlreiche Gebiete der Physik und
der Technik eine im konkreten Zusammenhang sinnvolle und klar
definierte Grösse ist. Die zweite Forderung der genügenden
Praxisnähe wird dadurch erfüllt, dass diejenigen Variablen,
deren Produkt die physikalische Leistung ergibt, die einzigen
mathematischen Variablen sind, die auf einfache Weise als Darstellungen konkreter Messungen definiert werden können ([4]S36).
Diese Variablen werden als Leistungsvariablen bezeichnet.


## 1.2. Bonddiagramme, eine sehr allgemeine Darstellungsart technischer Systeme


### 1.2.1. Symbolismus der Bonddiagramme


Ein __Bonddiagramm__ besteht aus Knoten und Zweigen [5]. Die Knoten
sind alphanumerische Symbole $(\omega_i)_{i\in[1,\lambda]}$ für die diskreten,ide-
alen Elemente, aus denen das System bestehend gedacht wird;
ihre Menge werde mit $\Omega$ bezeichnet:
Menge der alphanumerischen
Bonddiagramm-Symbole $\underset{Df}{=}$ $\Omega \underset{Df}{=} \{\omega_i\}_{i\in[1,\lambda]}$ $\qquad$ (1.2-1)


Als ideal werden die Elemente insofern bezeichnet, als angenommen wird, dass in ihnen ein bestimmter physikalischer Pro-
zess in "reiner Form" abläuft, also in ihnen z.B. nur eine
einzige Energieart wie Wärmeenergie, elektrische, magnetische
oder mechanische Energie umgesetzt wird ([6]S14,[7]S39,61).
Die Zweige des Bonddiagramms sind Linien zwischen den Knoten.
Jeder Zweig stellt eine ideale Schnittstelle dar, an der ohne
Verluste und ohne Verzögerung eine einzige Art von Leistung
zwischen zwei Elementen $\omega_i$ und $\omega_j$ übertragen wird ([8]S207).
Elemente, die nur eine solche Schnittstelle haben, werden als
Einporte, solche mit 2,3,...,n Schnittstellen, als Zwei-,
Drei-,...,n-porte (Fig.1.2-1) bezeichnet ([1]S23-29).

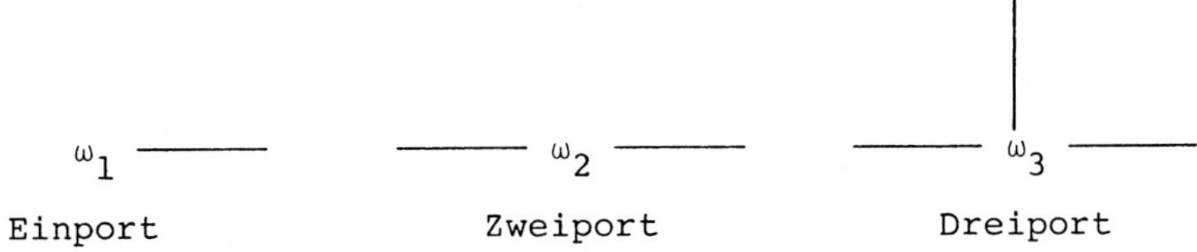

Einport        Zweiport        Dreiport

Fig. 1.2-1

Da die Schnittstelle zwischen zwei Elementen der Verbindung
von "Anschlusspunkten" dieser beiden Elemente entspricht,
werden die Zweige des Bonddiagramms auch <u>Bindungen</u> genannt;
das Bonddiagramm hat seinen Namen von dem englischen Wort
für "Bindung" her. Da jede Bindung eines Elements ein poten-
tieller Anschlusspunkt für ein anderes Element darstellt,
heisst eine nicht besetzte Bindung "<u>freie Bindung</u>" dieses
Elementes.
Die geläufigste Art die Bindungen eines Bonddiagramms zu
kennzeichnen besteht in ihrer Durchnumerierung.
Zusammenfassend versteht man unter Bonddiagramm die graphische
Darstellung eines Systems unter Verwendung von Bindungen und
Ein- bzw. Multiporten (Fig. 1.2-2).

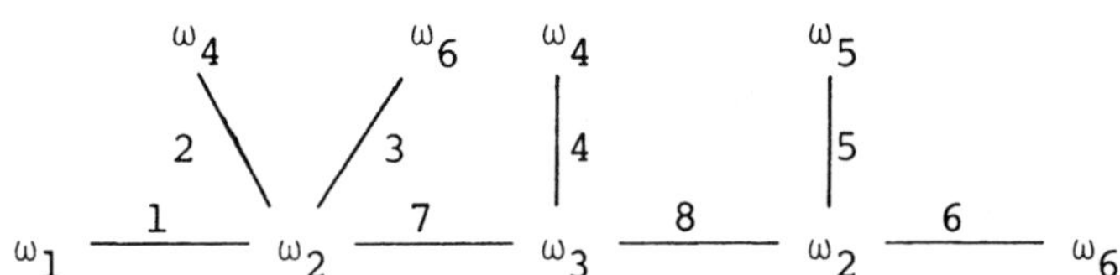

Fig. 1.2-2  Bonddiagramm mit durchnumerierten Bindungen und Ein- oder Multiporten $\omega_i$.


<u>1.2.2. Ein- und Multiporte</u>


Für die Ein- und Multiporte eines Bonddiagramms muss zunächst
ein wesentlicher Unterschied zu anderen Arten der Darstellung
von Systemelementen hervorgehoben werden. Während nämlich bei
zahlreichen anderen Diagrammarten (insbesondere denjenigen der
Netzwerkanalyse [9] und der Regelungstechnik [10]) die Verbin-
dungslinien zwischen Knoten, Elementen oder Blöcken die symbolische Darstellung für die Weiterleitung und Uebertragung
einer einzelnen Signalvariablen sind, bedeutet eine Bindung,

dass eine Leistung, und mit ihr, zwei Leistungsvariablen übertragen werden. Spielt nur eine der beiden Leistungsvariablen
eine Rolle, während die zweite vernachlässigbar ist, so wird
eine solche Bindung durch einen Pfeil gekennzeichnet (Fig.1.2-3)
und als <u>aktivierte Bindung</u> bezeichnet ([1]S33).

$$\omega_1 \longrightarrow$$

Fig. 1.2-3  Einport mit aktivierter Bindung

Die Elemente $\omega_i$ der Ein- und Multiporte können in verschiedenen Teilmengen der Menge $\Omega$ gruppiert werden: die Mengen der
aktiven Elemente, der passiven Elemente, der Uebertragerelemente und der Verknüpfungen. An dieser Stelle sollen nur die
entsprechenden alphanumerischen Symbole erwähnt werden; eine
genauere Besprechung und Bestimmung soll später erfolgen (vgl.
Abschnitt 4.1.).
Die Menge $Q \subset \Omega$ der <u>Quellenelemente</u> umfasst die Symbole E und I
der aktiven Elemente:

$$\text{Quellenelemente} \quad Q =_{Df} \{E,I\} \qquad\qquad (1.2-2)$$

Die Menge $\Pi \subset \Omega$ der <u>passiven Elemente</u> umfasst die Symbole R
für Widerstandselemente, J für Trägheitselemente und C für
Kapazitätselemente:

$$\text{passive Elemente} \quad \Pi =_{Df} \{R,J,C\} \qquad\qquad (1.2-3)$$

Die Menge $U \subset \Omega$ der <u>Uebertragerelemente</u> umfasst die Symbole T
für Transformatorelemente und G für Gyratorelemente:

$$\text{Uebertragerelemente} \quad U =_{Df} \{T,G\} \qquad\qquad (1.2-4)$$

Die Menge $\Phi \subset \Omega$ der <u>Verknüpfungen</u> umfasst die Symbole S der
Serie- oder Reihenverknüpfungen und P der Parallelverknüp-
fungen:

$$\text{Verknüpfungen} \quad \Phi =_{Df} \{S,P\} \qquad\qquad (1.2-5)$$

Während Quellenelemente, passive Elemente und Uebertragerelemente auch aus anderen Darstellungsarten von Systemen
bekannt sind, handelt es sich bei den Verknüpfungen um eine
Eigenart der Bonddiagramme. Wie es der Name andeutet dienen
Verknüpfungselemente der Verknüpfung aller anderen Elemente
zu einem Bonddiagramm.
Die Symbole P und S , die hier in Anlehnung an die von
J.U.THOMA [1] eingeführte Bezeichnungen gebraucht werden
(H.M.PAYNTER hatte die Verknüpfungen als 0- und 1- Verknüpfungen definiert [3]) stehen für verschiedene Arten der Verknüpfung von Elementen. Die Unterschiede zwischen S- und P-
Verknüpfungen lassen sich durch einen Vergleich mit den entsprechenden Schaltbildern der klassischen Netzwerkanalyse
verdeutlichen. Der Vergleich soll am Beispiel des Widerstandselementes (Symbol: R ) durchgeführt werden.
In der elektrischen Schaltungstechnik besteht das zeichnerische Symbol des Widerstandselementes meistens aus einem
rechteckigen Kästchen mit zwei Anschlüssen, deren Anschluss-
klemmen (Pole) durch kleine Kreise gekennzeichnet werden [11]
(Fig.1.2-4); das Widerstandselement wird daher auch als ele-
mentarer passiver Zweipol bezeichnet ([6]S13, [12]S292, [13]
S11-19). Das entsprechende Bonddiagrammsymbol ist das R-Ele-
ment mit einer einzigen Bindung ([14]S85), (Fig.1.2-4), also
ein Einport. Einer Bindung entsprechen also zwei Anschlüsse
in der elektrischen Schaltungstechnik.

Fig. 1.2-4   Symbole des Widerstandselementes
             a) in der elektrischen Schaltungstechnik
             b) in Bonddiagrammen

S- und P- Verknüpfungen trifft man am häufigsten als Dreiporte in Bonddiagrammen an; durch sie können z.B. mehrere R-Elemente miteinander verknüpft werden. Alle durch eine S-Verknüpfung zusammengeschalteten Elemente sind in Reihe (oder in Se-
rie) geschaltet; für R-Elemente entspricht dies z.B. einer Reihenschaltung in der elektrischen Schaltungstechnik (Fig.1.2-5),
([15]S35).

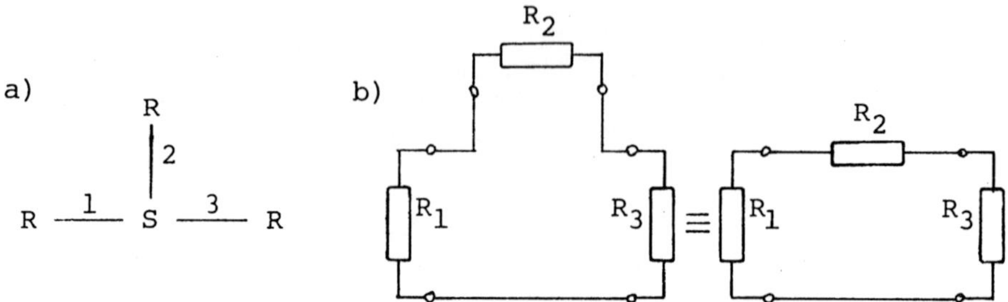

Fig. 1.2-5  a) S-Verknüpfung der Widerstandselemente $R_1, R_2, R_3$

b) entsprechendes Schaltbild einer elektrischen
Reihenschaltung

Alle durch eine P-Verknüpfung zusammengestellten Elemente sind
parallel geschaltet; für R-Elemente entspricht dies z.B. einer
Parallelschaltung in der elektrischen Schaltungstechnik
(Fig.1.2-6),([15]S35).

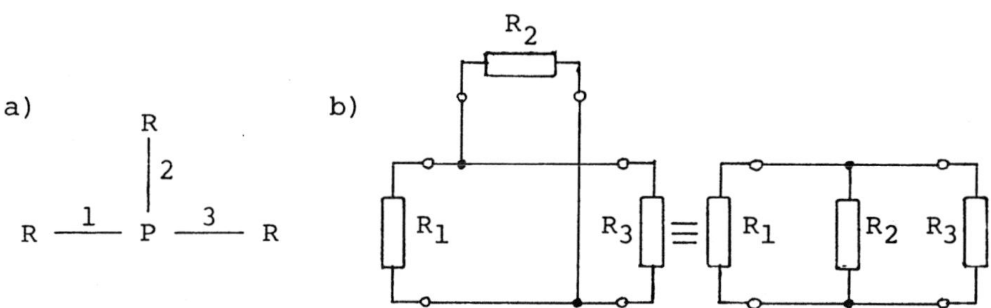

Fig. 1.2-6  a) P-Verknüpfung der Widerstandselemente $R_1, R_2, R_3$

b) entsprechendes Schaltbild einer elektrischen
Parallelschaltung

Beide Arten von Verknüpfungen werden als ideale Verknüpfungen
betrachtet, die weder Energie erzeugen, noch Energie vernich-
ten ([8]S213); die algebraische Summe der Momentanleistungen
$p_i(t)$ in den n Bindungen $i, i \in [1,n]$, einer P- oder S-Verknüpfung ist also immer gleich Null.
Leistungsbilanz einer P- oder S-Verknüpfung:

$$\sum_{i=1}^{n} p_i(t) = p_1(t) + \ldots + p_n(t) = 0 \qquad (1.2-6)$$

Abschliessend muss noch hervorgehoben werden, dass Ein- oder
Multiporte keineswegs immer nur elementare Elemente sein müssen; sie können von dem allgemein definierten Konzept des
Leistungsaustausches an Schnittstellen her genau so gut Symbole für ganze Gruppen von Elementen, sonstige Systemteile
oder ganze Systeme enthalten. Fig.1.2-7 zeigt ein solches
Beispiel.


Motor ————— Welle ————— Pumpe


Fig. 1.2-7 Bonddiagramm mit Wortsymbolen für Teilsysteme



Für verschiedene Wortsymbole können einmal entwickelte Modelle
von Teilsystemen für den direkten Einsatz z.B. bei Systemsi-
mulationen zur Verfügung stehen, oder je nach Bedarf vereinfacht oder verfeinert werden durch Abänderungen in der Struktur der Teilbonddiagramme auf dem Niveau der elementaren Systemteile.



## 1.2.3. Vervollständigung von Bonddiagrammen


Bonddiagramme können in zweifacher Hinsicht vervollständigt
werden: durch Markierung der Richtungen von Energieflüssen
und die Wahl der Kausalitäten ([15]S17-20,105-119).
Die positive Richtung des Energieflusses wird für jede Bindung des Bonddiagramms durch einen Halbpfeil an einem der
Bindungsenden gekennzeichnet (Fig.1.2-8), entsprechend den im
System herrschenden Verhältnissen, z.B. positiv von der Quelle
zur Last.
Wichtig für die Berechnung und die Simulation von Systemen auf
der Digitalrechenanlage ist die Festlegung der abhängigen und
der unabhängigen Systemvariablen, d.h. die Wahl der Kausalitäten für alle Bindungen eines Bonddiagramms. Es ist daher für
die Berechnung von grossem Vorteil, wenn von den beiden Leistungsvariablen jeder Bindung eine der Variablen als unabhängige
und damit die zweite als abhängige Variable gekennzeichnet wird;
dies geschieht, indem eines der beiden Bindungsenden durch einen Querstrich markiert wird (Fig.1.2-8). Die genauere Bedeutung dieser Markierung und die Regeln für die Wahl der Kausalität sollen erst nach den noch festzulegenden Definitionen
der Leistungsvariablen und der Symbole für Bonddiagrammelemente
besprochen werden (vgl. Abschnitt 4.1).

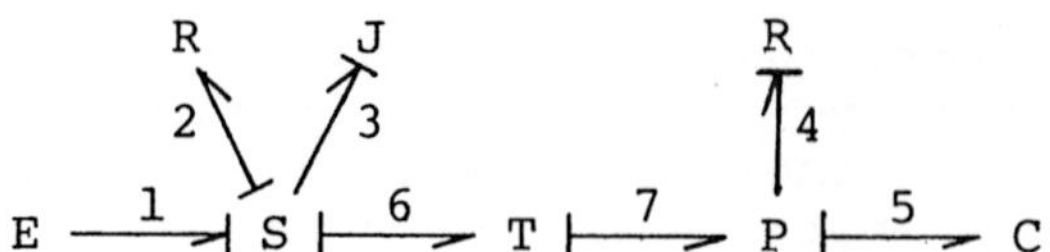

Fig. 1.2-8 Durch Angabe der positiven Richtungen für
           Energieflüsse (—→) und der Kausalitäten (—⊣)
           vervollständigtes Bonddiagramm


## 1.3.  Vereinfachung von Bonddiagrammen


Wie schon erwähnt ist jede Bindung eines Bonddiagramms ein
graphisches Symbol für den Leistungsaustausch über eine
ideale Schnittstelle zwischen zwei Elementen. Eine der beiden Leistungsvariablen kann dabei im allgemeinen nur in Bezug auf einen willkürlich gewählten Referenzpunkt definiert
und gemessen werden ([4]S35). Häufig wird dieser Bezugswert
gleich Null gesetzt. Dementsprechend kann in einem noch nicht
vereinfachten Bonddiagramm z.B. eine P-Verknüpfung gewählt
und eine ihrer Leistungsvariablen gleich Null gesetzt werden.
Als Produkt der beiden Leistungsvariablen wird dann die Momentanleistung für diese Bindung auch gleich Null und damit
die Bindung selbst überflüssig. Bei einem P-Multiport z.B.
ist wegen der Parallelschaltung aller durch P verknüpften
Elemente eine der beiden Leistungsvariablen den Elementen gemeinsam; wird gerade diese Variable gleich Null gesetzt, so
können alle Bindungen der P-Verknüpfung und somit auch die
Verknüpfung selbst weggelassen werden (Beispiel: Fig.1.3-1).


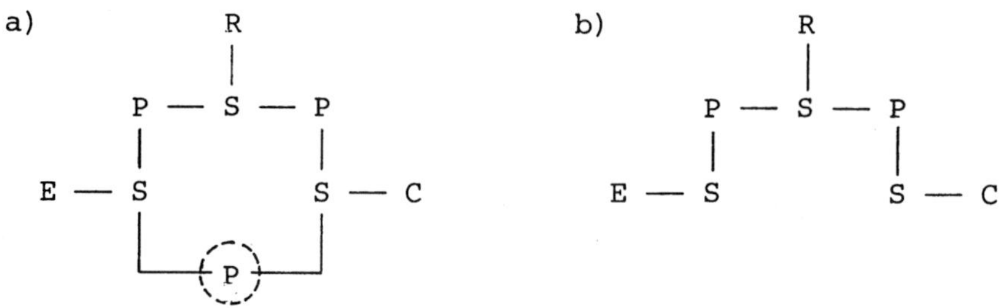

Fig.1.3-1  Wahl und Elimination einer P-Verknüpfung

In Fig.1.3-1b sind durch die Elimination einer P-Verknüpfung zwei S-Verknüpfungen, die in Fig.1.3-1a Dreiporte wa-
ren, zu Zweiporten geworden. Als Zweiporte stellen S- oder
P-Verknüpfung keine Verteilung von Leistungen auf verschiedene Elemente, sondern nur mehr eine einfache Uebertragung
der Leistung zwischen zwei Elementen dar, d.h. sie haben
die Funktion einer Bindung. P- oder S-Zweiporte können daher durch eine einzige Bindung ersetzt werden, wie an den
Beispielen in Fig.1.3-2 gezeigt ist.

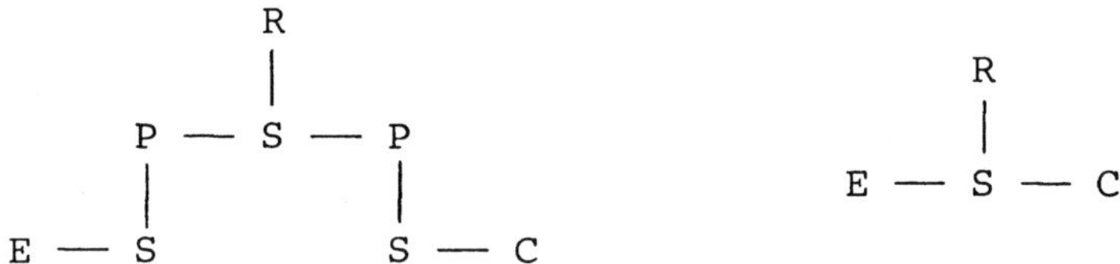

a)                                        b)
$$E \text{ —— } S \text{ —— } R \equiv E \text{ —— } R \qquad\qquad E \text{ —— } P \text{ —— } R \equiv E \text{ —— } R$$

Fig.1.3-2   S-Zweiporte (a) und P-Zweiporte (b) können
            durch eine Bindung ersetzt werden

Die Anwendung dieser Regel führt vom Bonddiagramm aus Fig.
1.3-1b zum vereinfachten Bonddiagramm in Fig.1.3-3.

$$
\begin{array}{ccc}
& R & \\
& | & \\
P \text{ — } S \text{ — } P & & \qquad\qquad R \\
| \qquad\quad | & & \qquad\qquad | \\
E \text{ — } S \quad\quad S \text{ — } C & & E \text{ — } S \text{ — } C
\end{array}
$$

Fig.1.3-3   Vereinfachung eines Bonddiagramms mit Er-
            setzen von S- und P- Zweiporten durch ein-
            zelne Bindungen

Ausser in den bisher besprochenen Fällen sind auch bei bestimmten ringförmigen Strukturen von P- und S-Verknüpfungen
Vereinfachungen möglich.
Es können z.B. zwei S-Verknüpfungen als Dreiporte mit je einem Element zwischen zwei P-Verknüpfungen auftreten (Fig.
1.3-4a). Durch die P-Verknüpfungen sind einerseits die beiden Elemente der S-Verknüpfungen parallel zueinander geschaltet; andererseits ist diese Parallelschaltung als Ganzes in
das restliche Bonddiagramm eingeschaltet. Die beiden zueinander parallel geschalteten Elemente sind also mit anderen
Elementen des Bonddiagramms in Reihe geschaltet d.h. sie können zeichnerisch untereinander durch eine P-Verknüpfung und
letztere durch eine S-Verknüpfung mit dem Bonddiagramm verbunden werden (Fig.1.3-4b).

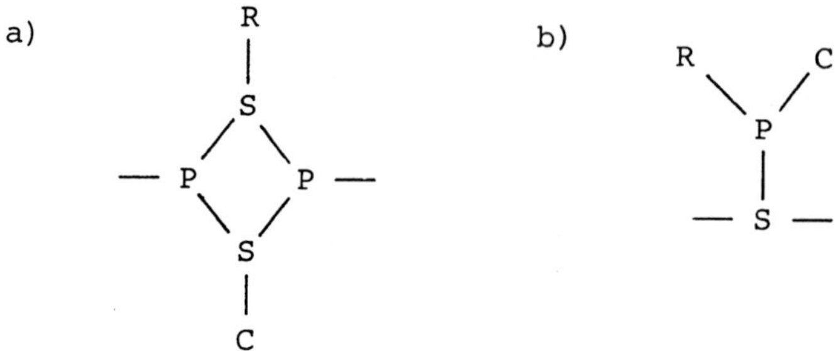

Fig.1.3-4  Vereinfachung einer ringförmigen Struktur
           mit zwei S- zwischen zwei P-Verknüpfungen

Die Vereinfachungsmöglichkeit im Fall, wo sich zwischen zwei S-
Dreiporten zwei P-Dreiporte mit Elementen befinden (Fig.
1.3-5a), sei anhand von entsprechenden Schaltbildern der
elektrischen Schaltungstechnik erläutert.

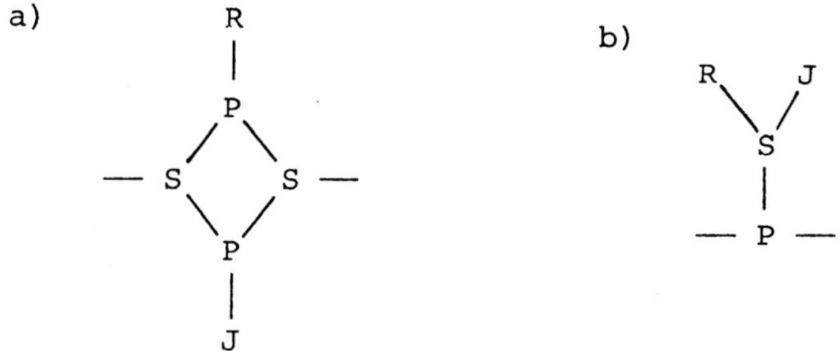

Fig. 1.3-5  Vereinfachung einer ringförmigen Struktur
            mit zwei P-Verknüpfungen zwischen zwei S-
            Dreiporten

Die Figuren 1.2-4 , 1.2-5 und 1.2-6 zeigen diejenigen elektrischen Schaltbilder, die Einporten bzw. P- oder S-Verknüpfungen entsprechen. Unter Berücksichtigung dieser Zusammenhänge erhält man für das Bonddiagramm aus Fig.1.3-5a das entsprechende elektrische Schaltbild in Fig.1.3-6a. Dem durch
Umformung erhaltenen elektrischen Schaltbild in Fig.1.3-6c
entspricht das Bonddiagramm in Fig.1.3-5b.

Eine weitere Vereinfachungsmöglichkeit ergibt sich, wenn
gleichartige Verknüpfungen direkt miteinander verbunden sind.
Folgt z.B. auf eine erste P-Verknüpfung direkt eine weitere
P-Verknüpfung (Fig.1.3-7a), so ist die weitere P-Verknüpfung
als Element der ersten P-Verknüpfung zu allen Elementen dieser Verknüpfung parallel geschaltet. Dies bedeutet auch eine

Parallelschaltung aller Elemente der weiteren P-Verknüpfung,
sodass alle Elemente beider Verknüpfungen zueinander parallel
geschaltet sind. Die beiden Verknüpfungen können daher durch
einen einzigen P-Multiport ersetzt werden (Fig.1.3-7b). Aus
ähnlichen Gründen lassen sich zwei aufeinanderfolgende S-Verknüpfungen zu einem einzigen S-Multiport zusammenfassen (Fig.
1.3-7c).

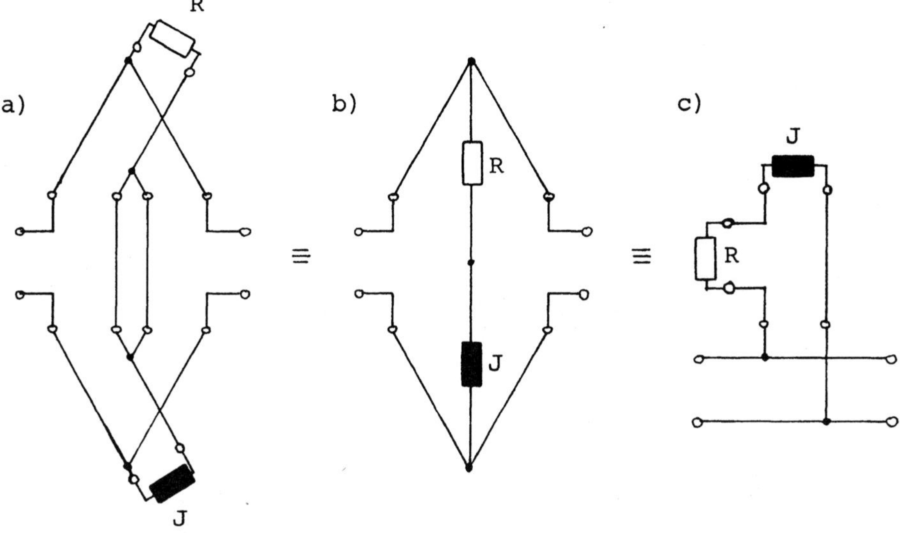

Fig.1.3-6   Durch schrittweises Umformen entsteht aus
            dem elektrischen Schaltbild a das äquiva-
            lente Schaltbild c

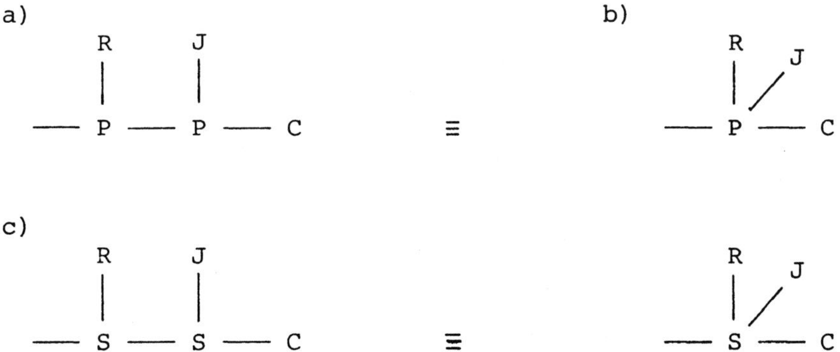

Fig.1.3-7   Zusammenfassung gleichartiger Verknüp-
            fungen, welche direkt aufeinander folgen

# 2. Systemmodelle

## 2.1. Bonddiagramme und Algebra der Strukturzahlen

An erster Stelle kann man sich fragen, was so verschiedene Bereiche wie die Systemdarstellung durch Bonddiagramme einerseits und die Strukturzahlentheorie andererseits eigentlich miteinander zu tun haben.- Zunächst nur einmal dies, dass das Bonddiagramm ein für die verschiedensten, auch gemischten Systemarten geeignetes Darstellungs- und Untersuchungsinstrument ist mit nur einigen wenigen (9, vgl. die Gln.1.2-2 bis 1.2-5) - in ihrem Gebrauch leicht zu erlernenden Symbolen - und dass die Algebra der Strukturzahlen die Basis für eine sehr allgemeine Strukturanalyse und -synthese elektrischer Netzwerke liefert [17]; beiden Bereichen ist gemeinsam, dass aus jedem ein sehr allgemeines Strukturkonzept für Systeme verschiedenster Art entwickelt werden kann. Beide Gebiete enthalten insofern die Möglichkeit einer gegenseitigen fruchtbaren Ergänzung, als Bonddiagramme eine allgemeine Darstellung und die Algebra der Strukturzahlen eine allgemeine, effektive mathematische Behandlung von Systemen verschiedener Art (elektrische, hydraulische, mechanische, thermische, biologische usw.) erlauben. Diese Möglichkeiten herauszuarbeiten und ein an beide Bereiche angepasstes allgemeines Konzept zu entwickeln ist das Ziel der vorliegenden Schrift.
Die Algebra der Strukturzahlen für elektrische Netzwerke hat ihren Ursprung in den ersten Forschungsarbeiten von 1934 des chinesischen Wissenschaftlers K.T.WANG und wurde später von S.BELLERT und H.WOŹNIACKI ([17]S474,[19]) weiterentwickelt. Besonders die Arbeiten von S.BELLERT ermöglichten die Entstehung der vorliegenden Schrift, wofür an dieser Stelle ein besonderer Dank ausgesprochen sei.
Um die Algebra der Strukturzahlen für elektrische Netzwerke auf eine breitere Basis zu stellen, formulierte S.BELLERT ein allgemeineres, mengentheoretisches Systemkonzept ([17] S474-481,[20]), wodurch er die Grundlagen legte für die Anwendung der Algebra der Strukturzahlen in zahlreichen anderen Gebieten ausserhalb der Theorie elektrischer Netzwerke. Dies war umso bedeutsamer, als die Algebra der Strukturzahlen ein sehr effektives und wirksames Hilfsmittel darstellt, das die Entwicklung von Systemanalysealgorithmen und -syntheseal-

gorithmen allgemeinster Art ermöglicht ([17]S474,482,495;[16]
S440), die sich von anderen Rechenverfahren wesentlich durch
geringe Rechenzeit, grosse Flexibilität und geschlossene Dar-
stellungsweise unterscheiden. ([17],S474,482).
BELLERT unterscheidet zwischen einerseits, dem System selbst
und andererseits drei möglichen Modellarten: a) dem abstrakten Modell des Systems, basierend auf der Mengenlehre, b) dem
topologischen Modell des Systems, eine geometrische Systemdarstellung, und c) dem konkreten Modell des Systems, d.h.
dessen physikalische Darstellung ([17]S474).

## 2.2. Das mengentheoretische System als allgemeines Systemmodell

### 2.2.1. Der topologische Raum

Bei der Entwicklung des Konzeptes des abstrakten Systems geht
S.BELLERT aus von einer endlichen Teilmenge $M \subset \Psi$ eines topologischen Raumes $(\Psi, \underline{\Psi})$.

$$M \subset \Psi \underset{Df}{\leftrightarrow} \forall x (x \in M \longrightarrow x \in \Psi) \qquad (2.2\text{-}1)$$

Gemäss [22]S21 ist der topologische Raum $(\Psi, \underline{\Psi})$, wie folgt definiert:
Definition 2-1
Topologischer Raum heisst das Paar $(\Psi, \underline{\Psi})$, wo $\Psi$ eine Menge ist
und für das Mengensysten $\underline{\Psi}$ gilt $\underline{\Psi} \subseteq \underline{P}(\Psi)$ und die folgenden
Axiome des topologischen Raumes für beliebige Elemente $(G_i)_{i \in I}$
aus der Potenzmenge $\underline{P}(\Psi)$ der Menge $\Psi$ erfüllt sind:
(1) Jede Vereinigung von Mengen aus $\underline{\Psi}$ gehört zu $\underline{\Psi}$ :

$$(G_i)_{i \in I} \in \underline{\Psi} \longrightarrow \bigcup_{i \in I} G_i \in \underline{\Psi} \qquad (2.2\text{-}2)$$

(2) Jeder Durchschnitt endlich vieler Mengen aus $\underline{\Psi}$ gehört
zu $\underline{\Psi}$ :

$$(G_i)_{i \in I} \in \underline{\Psi} \longrightarrow \bigcap_{i \in I} G_i \in \underline{\Psi} \qquad (2.2\text{-}3)$$

(3) Die leere Menge und $\Psi$ gehören zu $\underline{\Psi}$ :

$$\phi, \ \Psi \ \epsilon \ \underline{\Psi} \hspace{3cm} (2.2\text{-}4)$$

Einige der in der obigen Definition verwendeten mengentheoretischen Begriffe sollen später weiter benützt werden; an
dieser Stelle seien daher die entsprechenden allgemeinen Definitionen angeführt ([23]S38,89,1OO;[24]S3):

Definition 2-2
Die Potenzmenge $\underline{P}$(A) einer Menge A ist die Menge aller Teilmengen von A, einschliesslich der leeren Menge $\phi$ und A selbst.

$$\underline{P} \text{ Potenzmenge } A =_{Df} \{X \mid X \subseteq A\} =_{Df} \underline{P}(A) \hspace{2cm} (2.2\text{-}5)$$

Definition 2-3
Eine Menge $\underline{A}$ ist ein Mengensystem genau dann, wenn alle ihre
Elemente X Mengen sind; es wird mit einem unterstrichenen
Grossbuchstaben bezeichnet.

$$\underline{A} \text{ Mengensystem } \leftrightarrow_{Df} \forall X(X \epsilon \underline{A} \longrightarrow X \text{ Menge}) \hspace{1.5cm} (2.2\text{-}6)$$

Ist das Paar $(\Psi,\underline{\Psi})$ ein topologischer Raum, so heisst das
Mengensystem $\underline{\Psi}$ Topologie auf $\Psi$. Die Teilmengen von $\Psi$ , die
Elemente von $\underline{\Psi}$ sind, heissen offene Mengen, die Elemente
von $\Psi$ Punkte des topologischen Raumes $(\Psi,\underline{\Psi})$.

## 2.2.2. Die Strukturrelation R

Zur Bestimmung des mengentheoretischen Systemkonzeptes werden die folgenden Definitionen eingeführt:

Definition 2-4
Sei M eine endliche Teilmenge eines topologischen Raumes $(\Psi,\underline{\Psi})$
und R eine binäre Relation in M. R heisse Strukturrelation in

M genau dann, wenn für jede Partition von M in zwei Komponenten A und B es Elemente $a \in A$ und $b \in B$ gibt, die in der Relation R stehen, für die also mindestens eine der Beziehungen aRb oder bRa gilt.


R Strukturrelation $\leftrightarrow_{Df}$

$$\forall A \forall B(\{A,B\} \text{Partition von } M \wedge \exists a \exists b(a \in A \wedge b \in B \wedge (aRb \vee bRa))) \qquad (2.2\text{-}7)$$


Da insbesondere für jedes $a \in M$ das Mengensystem $\{\{a\}, C_M\{a\}\}$ mit


$$\underline{\text{Komplement}} \{a\} \text{ bzgl. } M =_{Df} C_M\{a\} =_{Df} \{x \mid x \in M \wedge x \notin \{a\}\} \qquad (2.2\text{-}8)$$


eine Partition von M in zwei Komponenten ist, gewährleistet die Definition 2-4, dass die Menge M keine isolierten Elemente enthält  in dem Sinn, dass jedes Element aus M mindestens mit einem anderen Element aus M in der Relation R steht. Hieraus folgt, dass das $\underline{\text{Feld}}$ Fd R der Relation R, das **als** Vereinigung des Vorbereiches $b_v R$ und des Nachbereiches $b_n R$ von R definiert ist ([25]S42)


$$Fd \ R =_{Df} b_v R \ \cup \ b_n R \qquad\qquad (2.2\text{-}9)$$


gleich der Menge M selbst ist:


$$Fd \ R = M \qquad\qquad (2.2\text{-}10)$$


Dies ergibt sich einerseits aus den allgemeinen Definitionen des $\underline{\text{Vorbereichs}}$ $b_v R$ und des $\underline{\text{Nachbereichs}}$ $b_n R$ einer Relation R:


$$b_v R =_{Df} \{x \mid \exists y (xRy)\} \qquad\qquad (2.2\text{-}11)$$


$$b_n R =_{Df} \{y \mid \exists x (xRy)\} \qquad\qquad (2.2\text{-}12)$$

Andererseits erhält man wegen (2.2-7) und (2.2-8) für den Vorbereich und den Nachbereich der in M definierten Relation R:

$$b_v R = \{x \mid x \in M \ \wedge \ \exists y (y \in M \ \wedge \ y \neq x \ \wedge \ xRy)\} \qquad (2.2\text{-}13)$$

$$b_n R = \{y \mid y \in M \ \wedge \ \exists x (x \in M \ \wedge \ x \neq y \ \wedge \ xRy)\}$$
$$= \{x \mid x \in M \ \wedge \ \exists y (y \in M \ \wedge \ y \neq x \ \wedge \ yRx)\} \qquad (2.2\text{-}14)$$

Wird nun gemäss (2.2-9) die Vereinigung von $b_v R$ aus (2.2-13)
und $b_n R$ aus (2.2-14) gebildet, so folgt aus der allgemeinen
Definition zweier Mengen:

$$\text{Fd } R = b_v R \cup b_n R =_{Df} \{x \mid x \in b_v R \ \vee \ x \in b_n R\} \qquad (2.2\text{-}15)$$
$$= \{x \mid x \in M \ \wedge \ \exists y (y \in M \ \wedge \ y \neq x \ \wedge \ (xRy \ \vee \ yRx))\} \qquad (2.2\text{-}16)$$

Schliesslich ergibt sich hieraus die Gleichung (2.2-10); denn,
wie die obigen Ueberlegungen schon zeigten, fordert die Definition 2-4 und ihre symbolische Fassung in (2.2-7) und (2.2-8),
dass die Aussage $\exists y (y \in M \ \wedge \ y \neq x \ \wedge \ (xRy \ \vee \ yRx))$ für alle Elemente
x aus M wahr sei. Der Zusammenhang zwischen dieser Aussage und
den obigen Ueberlegungen zur Definition 2-4 wird deutlicher,
wenn man sich die allgemeine Definition der Partition oder Zerlegung $\underline{Z}$ einer Menge M vergegenwärtigt ([23]S112):

$$\underline{Z} \text{ Partition } M \leftrightarrow_{Df} \ \phi \notin \underline{Z} \ \wedge \ \underline{Z} \text{ disjunkt} \ \wedge \ \bigcup_{Z \in \underline{Z}} \underline{Z} = M \qquad (2.2\text{-}17)$$

d.h. die Elemente des Mengensystems $\underline{Z}$ müssen nichtleere, paarweise disjunkte Mengen sein, deren Vereinigung die Menge M ergibt; für zwei beliebige Elemente A,B des disjunkten Mengensystems $\underline{Z}$ gilt dabei:

$$A,B \text{ disjunkt } \leftrightarrow_{Df} \ A \cap B = \phi \qquad (2.2\text{-}18)$$
und
$$\underline{Z} \text{ disjunkt } \leftrightarrow_{Df} \ \forall A \forall B (A,B \in \underline{Z} \ \wedge \ A \neq B \rightarrow A \cap B = \phi) \qquad (2.2\text{-}19)$$

### 2.2.3. Verschiedene Arten der Definition einer Relation R

### 2.2.3.1. Liste und Graph einer binären Relation R

Eine Relation R in einer Menge M ist auf verschiedene, sich
für die Anwendung ergänzende, Weisen definiert ([24]S31-34):
Sind A und B Teilmengen aus M, so kann eine Relation R durch
die folgende Menge definiert werden:

$$\text{Relation } R =_{Df} \{aRb \mid a\epsilon A \wedge b\epsilon B\} \qquad (2.2-20)$$

Sind z.B. A und B gegeben durch $A = \{a_1, a_2, a_3\}$ und $B = \{b_1, b_2\}$
so ist eine binäre Relation R zwischen A und B definiert durch:

$$R = \{a_1 Rb_1, a_2 Rb_2, a_3 Rb_1, a_3 Rb_2\}$$

Der Graph G(R) der binären Relation R zwischen den Teilmengen
A und B in M ist die Menge aller geordneter Paare

$$(a,b) =_{Df} \{\{a,b\},a\} \qquad (2.2-21)$$

sodass aRb gilt:

$$\text{Graph Relation } R =_{Df} G(R) =_{Df} \{(a,b) \mid a\epsilon A \wedge b\epsilon B \wedge aRb\} \qquad (2.2-22)$$

Für das obige Beispiel würde also gelten

$$G(R) = \{(a_1,b_1),(a_2,b_2),(a_3,b_1),(a_3,b_2)\}$$

Da das kartesische Produkt A×B zweier Mengen A und B als die
Menge aller geordneter Paare (a,b) aus A und B definiert ist
([25]S39)

$$\text{kartesisches Produkt } A,B =_{Df} A\times B =_{Df} \{(a,b) \mid a\epsilon A \wedge b\epsilon B\} \qquad (2.2-23)$$

ist ersichtlich, dass der Graph G(R) einer Relation R zwischen
A und B eine Teilmenge von A×B ist.

$$G(R) \subset A \times B \tag{2.2-24}$$

Die Elemente g(R) = (a,b) $\in$ G(R) sind daher auch Elemente des
Mengenproduktes A×B.

$$g_R = g(R) = (a,b) \in G(R) \;\rightarrow\; g(R) \in A \times B \tag{2.2-25}$$

<u>Beispiel</u>
Für das obige Beispiel ergibt sich

$$A \times B = \{(a_1,b_1),(a_1,b_2),(a_2,b_1),(a_2,b_2),(a_3,b_1),(a_3,b_2)\} \supset G(R)$$

Da im vorliegenden speziellen Fall R in einer Menge M definiert ist und A,B Teilmengen von M sind gilt auch

$$G(R) = \{(x,y) \mid x,y \in M \;\wedge\; xRy\} \subset M \times M \tag{2.2-26}$$

und
$$xRy \leftrightarrow_{Df} (x,y) \in G(R) \tag{2.2-27}$$


## 2.2.3.2. Charakteristische Funktion des Graphen einer binären Relation R

Eine nützliche Funktion ist die charakteristische Funktion
$\kappa_{G(R)}$ des Graphen G(R) der Relation R. Gemäss [24]S11 wird
durch die Abbildung $\kappa_{G(R)}$ des kartesischen Produktes A×B
auf die Menge {0,1}:

$$\kappa_{G(R)} : A \times B \rightarrow \{0,1\} \tag{2.2-28}$$

einem Paar (a,b) aus A×B der Wert 1 zugeordnet, falls (a,b)
auch Element des Graphen G(R) $\subset$ A×B ist; die charakteris-

tische Funktion $\kappa_{G(R)}$ hat den Wert 0, falls $(a,b)$ Element von $A\times B$ ist, aber nicht zu $G(R)$ gehört:

$$\kappa_{G(R)}(a,b) = \begin{cases} 1 \text{ falls } (a,b)\in G(R) \\ 0 \text{ falls } (a,b)\notin G(R) \end{cases} \qquad (2.2\text{-}29)$$

Der Wertebereich $W(\kappa_{G(R)})$ der charakteristischen Funktion $\kappa_{G(R)}$ des Graphen $G(R)$ der Relation $R$ ist demnach gegeben durch die Menge

$$W(\kappa_{G(R)}) = \{z \mid \forall G(R) \subset A\times B \land \forall (a,b)[(a,b)\in A\times B$$
$$\land ((a,b)\in G(R) \leftrightarrow z=1) \lor ((a,b)\in G(R) \leftrightarrow z=0)]\}$$

$$(2.2\text{-}30)$$

$\kappa_G(R)$ kann durch eine Liste von Zuweisungen

$$\kappa_{G(R)} : (a,b) \rightarrowtail z; \quad (a,b)\in A\times B, z\in\{0,1\} \qquad (2.2\text{-}31)$$

explizit definiert werden.

## Beispiel

Für das Beispiel aus Abschnitt 2.2.3.1. ist die charakteristische Funktion $\kappa_{G(R)}$ durch die folgende Liste definiert:

$$\kappa_{G(R)} : \begin{array}{lll} (a_1,b_1)\rightarrowtail 1 & (a_1,b_2)\rightarrowtail 0 & (a_2,b_1)\rightarrowtail 0 \\ (a_2,b_2)\rightarrowtail 1 & (a_3,b_1)\rightarrowtail 1 & (a_3,b_2)\rightarrowtail 1 \end{array}$$

mit $G(R) = \{(a_1,b_1),(a_2,b_2),(a_3,b_1),(a_3,b_2)\}$

und $A\times B = \{a_1,a_2,a_3\}\times\{b_1,b_2\}$.

## 2.2.3.3. Relationsmatrix einer binären Relation R

Grössere Listen von Zuweisungen $\kappa_{G(R)}:(a,b)\rightarrowtail z$ können übersichtlicher und systematischer definiert werden durch die

Relationsmatrix der binären Relation $R$ zw. $A$ und $B =_{Df} C_R = (c_{ij})$

$$(2.2\text{-}32)$$

Dabei sind die Elemente $c_{ij}$ der Relationsmatrix von R die Werte
der charakteristischen Funktion $\kappa_{G(R)}$. Die Zuordnung geschieht
durch zwei bijektive Abbildungen

$$k: I \to A \quad \text{und} \quad \ell: J \to B \qquad (2.2\text{-}33)$$

durch welche die Indexmengen I der Zeilen und J der Spalten
der Relationsmatrix $(c_{ij})$ auf die Mengen $A \subset M$ und $B \subset M$ abgebildet werden. Ist

$$\mathbb{N}^* =_{Df} \text{Menge der natürlichen Zahlen ohne 0} \qquad (2.2\text{-}34)$$

so sind I und J definiert durch

$$I = [1,p] =_{Df} \{i \in \mathbb{N}^* \mid 1 \le i \le p\} \qquad (2.2\text{-}35)$$

$$J = [1,q] =_{Df} \{j \in \mathbb{N}^* \mid 1 \le j \le q\} \qquad (2.2\text{-}36)$$

Gemäss dem Symbolismus in [25]S44 gilt

$$\text{Bild von I bzgl. } k =_{Df} k[I]$$

$$\text{mit} \quad k[I] =_{Df} \{a \mid \exists i (i \in I \land a \in A \land a = k(i))\} \qquad (2.2\text{-}37)$$

Für die Definition des Bildes von J bezüglich $\ell$ gilt analog

$$\text{Bild von J bzgl. } \ell =_{Df} \ell[J]$$

$$\text{mit} \quad \ell[J] =_{Df} \{b \mid \exists j (j \in J \land b \in B \land b = \ell(j))\} \qquad (2.2\text{-}38)$$

Da A und B für die Definitionsgleichung (2.2-20) als Teilmengen der Menge M aus Definition 2-4 definiert wurden,
geht aus den Gleichungen (2.2-37) und (2.2-38) hervor, dass
auch die Bilder $k[I]$ und $\ell[J]$ Teilmengen von M sind. Weil
ausserdem k und $\ell$ bijektiv, also auch surjektiv sind, gilt
somit

$$A = k[I] \subset M \qquad (2.2\text{-}39)$$
$$B = \ell[J] \subset M \qquad (2.2\text{-}40)$$

Schliesslich kann die charakteristische Funktion $\kappa_{G(R)}$ des
Graphen G(R) der Relation R in M folgendermassen durch die
Relationsmatrix $(c_{ij})$ der binären Relation R zwischen A und
B(A,B $\subset$ M) definiert werden:

$$\kappa_{G(R)}(k(i),\ell(j)) =_{Df} c_{ij} \; , \; i\epsilon I \; , \; j\epsilon J \qquad (2.2-41)$$

wobei I und J in (2.2-34) und (2.2-35) definiert sind. Der
Graph G(R) der binären Relation R ist dann die Menge der
geordneten Paare $(k(i),\ell(j))\epsilon k[I]\times\ell[I]$, sodass gilt $c_{ij} = 1$:

$$G(R) = \{ (k(i),\ell(j)) \mid \kappa_{G(R)}(k(i),\ell(j)) = c_{ij} \wedge c_{ij} = 1\}$$
$$(2.2-42)$$

Mit dem Graphen G(R) ist gemäss den Gleichungen (2.2-27) und
(2.2-20) auch die Relation R definiert.

<u>Beispiel</u>
Ist z.B. zwischen den Teilmengen A = {a,d,b,u} und B = {e,h,v}
aus einer Menge M eine binäre Relation R definiert, mit dem
Graphen

$$G(R) = \{ (a,h),(d,e),(d,h),(d,v),(b,e),(u,h),(u,v) \}$$

so ist gemäss den Ausdrücken (2.2-29) und (2.2-31) die charakteristische Funktion $\kappa_{G(R)}$ des Graphen G(R) durch die folgende Liste definiert:

$$\kappa_{G(R)} : \quad (a,e)\rightarrowtail 0 \quad (a,h)\rightarrowtail 1 \quad (a,v)\rightarrowtail 0 \quad (d,e)\rightarrowtail 1$$
$$(d,h)\rightarrowtail 1 \quad (d,v)\rightarrowtail 1 \quad (b,e)\rightarrowtail 1 \quad (b,h)\rightarrowtail 0$$
$$(b,v)\rightarrowtail 0 \quad (u,e)\rightarrowtail 0 \quad (u,h)\rightarrowtail 1 \quad (u,v)\rightarrowtail 1$$

Bei der Definition der Indexmengen in (2.2-35) und (2.2-36)
werden p und q meistens der

$$\text{Elementezahl von A} =_{Df} \text{card A}$$

$$\text{bzw. Elementezahl von B} =_{Df} \text{card B} \qquad (2.2-43)$$

gleichgesetzt, wobei aus der Definition 5 in [26]S21 die
Symbole "card X" für den Begriff "Kardinalzahl der end-

lichen Menge X" übernommen wurden. Dies führt zur folgenden
Formulierung der Definitionsgleichungen (2.2-35) und (2.2-36):

$$I = [1, \text{card } A] =_{Df} \{i \in \mathbb{N}^* \mid 1 \le i \le \text{card } A\} \qquad (2.2\text{-}44)$$

$$J = [1, \text{card } B] =_{Df} \{j \in \mathbb{N}^* \mid 1 \le j \le \text{card } B\} \qquad (2.2\text{-}45)$$

Für das vorliegende Beispiel erhält man

$$\text{card } A = 4 \quad \text{und} \quad I = [1,4]$$

$$\text{card } B = 3 \quad \text{und} \quad J = [1,3]$$

Die bijektiven Abbildungen k und $\ell$ in (2.2-33) seien in diesem
Fall definiert durch die Listen:

$$k: \quad 1 \rightarrowtail a \quad\quad 2 \rightarrowtail b \quad\quad 3 \rightarrowtail d \quad\quad 4 \rightarrowtail u$$

$$\ell: \quad 1 \rightarrowtail e \quad\quad 2 \rightarrowtail h \quad\quad 3 \rightarrowtail v$$

mit den Graphen

$$G(k) = \{(1,a),(2,b),(3,d),(4,u)\}$$

$$G(\ell) = \{(1,e),(2,h),(3,v)\}$$

Gemäss den Gleichungen (2.2-37) und (2.2-39) bzw. (2.2-38)
und (2.2-40) ist die Menge A das Bild k[I] von I bzgl. k,
bzw. B das Bild $\ell$[J] bzgl. $\ell$ :

$$k[I] = \{k(1),k(2),k(3),k(4)\} = \{a,b,d,u\} = A$$

$$\ell[J] = \{\ell(1),\ell(2),\ell(3)\} = \{e,h,v\} = B$$

Den 2-Tupeln der charakteristischen Funktion $\kappa_{G(R)}$ (im folgenden abgekürzt durch $\kappa$ ) sind gemäss Gleichung (2.2-41) die
Elemente $c_{ij}$ der Relationsmatrix $C_R = (c_{ij})$ zugeordnet:

$$\text{z.B.} \quad 0 = \kappa(a,e) = \kappa(k(1),\ell(1)) = c_{11}$$

$$1 = \kappa(a,h) = \kappa(k(1),\ell(2)) = c_{12} \quad \text{usw.}$$

oder kürzer geschrieben:

$$\kappa \; : \; (a,e) = (k(1),\ell(1)) \rightarrowtail 0 = c_{11}$$
$$(a,h) = (k(1),\ell(1)) \rightarrowtail 1 = c_{12}$$
$$(a,v) = (k(1),\ell(3)) \rightarrowtail 0 = c_{13}$$
$$(d,v) = (k(3),\ell(3)) \rightarrowtail 1 = c_{33} \quad \text{usw.}$$

In allgemeiner Form:

$$\kappa_{G(R)} \; : \; (\mathbf{x},\mathbf{y}) = (k(i),\ell(j)) \rightarrowtail z = c_{ij} \qquad (2.2\text{-}46)$$

$$\text{mit} \quad \mathbf{x}\epsilon A \;, \; \mathbf{y}\epsilon B \;, \; i\epsilon I \;, \; j\epsilon J \;, \; z = 0 \text{ oder } 1$$

$$c_{ij} = \text{Elemente der Relationsmatrix } (c_{ij})$$

Hieraus ergibt sich die Relationsmatrix $C_R$ der Relation R:

$$C_R = \begin{bmatrix} c_{11} & c_{12} & c_{13} \\ c_{21} & c_{22} & c_{23} \\ c_{31} & c_{32} & c_{33} \\ c_{41} & c_{42} & c_{43} \end{bmatrix} = \begin{bmatrix} 0 & 1 & 0 \\ 1 & 0 & 0 \\ 1 & 1 & 1 \\ 0 & 1 & 1 \end{bmatrix}$$

Ist $C_R$ bekannt, so kann mit Hilfe der charakteristischen
Funktion $\kappa_{G(R)}$ der Graph der Relation R direkt durch Gleichung (2.2-42) bestimmt werden.


## 2.2.3.4. Aequivalenzrelation $\rho_C$ in der Menge der Elemente der Relationsmatrix von R

Durch die Bedingungen in (2.2-29) und die Gleichung
(2.2-41) wird in der

$$\text{Menge der Elemente der Relationsmatrix } (c_{ij}) =_{Df} C \qquad (2.2\text{-}47)$$

eine Aequivalenzrelation $\rho_C$ definiert, welche die Bild-
gleichheit in C bezüglich der kanonischen Abbildung p ist
([25]S121).

Die kanonische Abbildung p ist definiert durch

$$p : c_{ij} \rightarrowtail [c_{mn}] \qquad (2.2\text{-}48)$$

und ordnet somit jedem Matrixelement $c_{ij} \epsilon C$ seine Restklasse
(oder Aequivalenzklasse)

$$p(c_{ij}) = [c_{mn}] \; ; \; (i,j),(m,n) \epsilon I \times J \qquad (2.2\text{-}49)$$

zu, wobei $c_{mn}$ ein Repräsentant dieser Restklasse ist (die Indexmengen I , J sind in den Gleichungen (2.2-35) und (2.2-36)
definiert).
Eine Restklasse ist dadurch gekennzeichnet, dass für zwei
ihrer Elemente $c_{i_1 j_1}$ und $c_{i_2 j_2}$ (also mit $[c_{i_1 j_1}] = [c_{i_2 j_2}]$)
gilt:

$$[c_{i_1 j_1}] = [c_{i_2 j_2}] \leftrightarrow$$

$$c_{i_1 j_1} \text{ äquivalent } c_{i_2 j_2} \text{ modulo } \rho_C =_{Df} c_{i_1 j_1} \sim c_{i_2 j_2} \text{ mod } \rho_C$$

$$\qquad (2.2\text{-}50)$$

Beispielsweise gehören alle Elemente aus C mit dem Wert 1
zur gleichen Restklasse $C_1$ modulo der Aequivalenzrelation
$\rho_C$: = "gleicher Wert":

$$\qquad (2.2\text{-}51)$$
$$C_1 =_{Df} [1]_{\rho_C} =_{Df} \text{ Restklasse 1 mod } \rho_C =_{Df} [c_{m_1 n_1}]_{\rho_C}$$

Analog ist die Restklasse $C_0$ von 0 modulo $\rho_C$ definiert:

$$C_0 =_{Df} [0]_{\rho_C} = \text{ Restklasse 0 mod } \rho_C =_{Df} [c_{m_0 n_0}]_{\rho_C} \qquad (2.2\text{-}52)$$

Wird gemäss der Definition im Ausdruck (2.2-6) das Mengensystem $\underline{C}$ der Restklassen $C_0$ und $C_1$ gebildet, so erhält man
die

$$\text{Quotientenmenge von C mod } \rho_C =_{Df} C/\rho_C$$

$$\text{mit } C/\rho_C =_{Df} \{[c_{mn}] | c_{mn} \epsilon C\} = \{[c_{mn}]\}_{c_{mn} \epsilon C} \qquad (2.2\text{-}53)$$

Mit Hilfe der im Ausdruck (2.2-48) gegebenen kanonischen
Abbildung p kann nun der Graph $G(\rho_C)$ der Relation $\rho_C$ definiert werden:

$$G(\rho_C) \;=_{Df}\; \{\,(c_{i_1 j_1}, c_{i_2 j_2}) \in C \times C \,|\, p(c_{i_1 j_1}) = p(c_{i_2 j_2})\,\} \quad (2.2\text{-}54)$$

Für ein gegebenes Element $c_{mn} \in C$ kann die Restklasse modulo
$\rho_C$ – und damit die Menge aller zu $c_{mn}$ modulo $\rho_C$ äquivalenten
Elemente $c_{ij}$ in C – bestimmt werden durch das <u>volle Bild</u>
$\rho_C[[c_{mn}]]$ von $c_{mn}$ bezüglich $\rho_C$:

$$\rho_C[[c_{mn}]] \;=_{Df}\; \rho_C[\{c_{mn}\}] = \{\,c_{ij} \,|\, (c_{mn}, c_{ij}) \in G(\rho_C)\,\} \quad (2.2\text{-}55)$$

wobei $\rho_C[\{c_{mn}\}]$ das Bild der Einermenge $\{c_{mn}\}$ bezüglich
$\rho_C$ ist.
Die Relation $\rho_C$ ist eine Aequivalenzrelation in C, da sie
reflexiv, symmetrisch und transitiv ist ([25]S114), d.h.
für beliebige Elemente $c_{i_1 j_1}$, $c_{i_2 j_2}$, $c_{i_3 j_3} \in C$ gilt:

$$G(\rho_C) \subseteq C \times C \;\wedge\; \forall c_{ij}(c_{ij} \in C \rightarrow c_{ij}\,\rho_C\,c_{ij}) \quad \text{(Reflexivität)} \quad (2.2\text{-}56)$$

$$\forall c_{i_1 j_1} \forall c_{i_2 j_2} (c_{i_1 j_1}\,\rho_C\,c_{i_2 j_2} \rightarrow c_{i_2 j_2}\,\rho_C\,c_{i_1 j_1}) \quad \text{(Symmetrie)}$$
$$(2.2\text{-}57)$$

$$\forall c_{i_1 j_1} \forall c_{i_2 j_2} \forall c_{i_3 j_3} (c_{i_1 j_1}\,\rho_C\,c_{i_2 j_2} \wedge c_{i_2 j_2}\,\rho_C\,c_{i_3 j_3}$$

$$\rightarrow c_{i_1 j_1}\,\rho_C\,c_{i_3 j_3}) \quad \text{(Transitivität)} \quad (2.2\text{-}58)$$

Schliesslich sei noch bemerkt, dass gemäss Satz 5 in
[25]S126 für die Aequivalenzrelation $\rho_C$ in C die Quotientenmenge $C/\rho_C$ aus Gleichung (2.2-53) eine durch $\rho_C$ in C induzierte

$$\text{Partition}\ \underline{C} = \{C_0\,,\,C_1\} \quad\quad\quad (2.2\text{-}59)$$

ist, wobei die Mengen $C_0$ und $C_1$ in den Gleichungen (2.2-51)
und (2.2-52) definiert sind. Für das Mengensystem $\underline{C}$ gelten
daher die in den Ausdrücken (2.2-17) und (2.2-18) festgelegten Eigenschaften:

$$\phi \notin \underline{C} \wedge C_0 \cap C_1 = \phi \wedge C_0 \cup C_1 = C \quad\quad (2.2\text{-}60)$$

**Beispiel**
Für das Beispiel aus Abschnitt 2.2.3.2. erhält man gemäss
den Gleichungen (2.2-48) bis (2.2-52) die kanonische Abbildung

$$p:\quad c_{11} \rightarrowtail [1] \quad c_{12} \rightarrowtail [0] \quad c_{21} \rightarrowtail [0]$$

$$c_{22} \rightarrowtail [1] \quad c_{31} \rightarrowtail [1] \quad c_{32} \rightarrowtail [1]$$

und damit aus Gleichung (2.2-54) den Graphen $G(\rho_C)$ der
Aequivalenzrelation $\rho_C$ in $C = \{c_{11}, c_{12}, c_{21}, c_{22}, c_{31}, c_{32}\}$

$$G(\rho_C) = \{\ (c_{11}, c_{11}), (c_{11}, c_{22}), (c_{11}, c_{31}), (c_{11}, c_{32})$$
$$(c_{12}, c_{12}), (c_{12}, c_{21}), (c_{21}, c_{21}), (c_{21}, c_{12})$$
$$(c_{22}, c_{22}), (c_{22}, c_{11}), (c_{22}, c_{31}), (c_{22}, c_{32})$$
$$(c_{31}, c_{31}), (c_{31}, c_{11}), (c_{31}, c_{22}), (c_{31}, c_{32})$$
$$(c_{32}, c_{32}), (c_{32}, c_{11}), (c_{32}, c_{22}), (c_{32}, c_{31})\ \}$$

Wendet man die allgemein gültige Definitionsgleichung
(2.2-22) des Graphen einer Relation auf die eben definierte
Menge $G(\rho_C)$ an, so gilt auch hier die Definitionsäquivalenz
(2.2-27):

$$c_{i_1 j_1} \rho_C\ c_{i_2 j_2} \leftrightarrow (c_{i_1 j_1},\ c_{i_2 j_2}) \in G(\rho_C)$$

und die Elemente von $G(\rho_C)$ zeigen, dass $\rho_C$ die Eigenschaften
einer Aequivalenzrelation besitzt.
Die Bedingung der Reflexivität in (2.2-56) wird erfüllt durch

$$c_{11} \rho_C c_{11}\ ,\ c_{12} \rho_C c_{12}\ ,\ c_{21} \rho_C c_{21}\ ,\ c_{22} \rho_C c_{22}\ ,\ c_{31} \rho_C c_{31}\ ,$$

$$c_{32} \rho_C c_{32}$$

Ausser diesen erfüllen auch die folgenden Ausdrücke die Sym-
metriebedingung (2.2-57):

$$c_{11} \rho_C c_{22}\ \text{und}\ c_{22} \rho_C c_{11}\ ,\ c_{11} \rho_C c_{31}\ \text{und}\ c_{31} \rho_C c_{11}$$

$$c_{11} \rho_C c_{32}\ \text{und}\ c_{32} \rho_C c_{11}\ ,\ c_{12} \rho_C c_{21}\ \text{und}\ c_{21} \rho_C c_{12}\quad \text{usw.}$$

Die Transitivität in (2.2-58) schliesslich gilt z.B.für

$$c_{11}\rho_C c_{22} \quad c_{22}\rho_C c_{31} \quad \text{und} \quad c_{11}\rho_C c_{31}$$

$$c_{11}\rho_C c_{32} \quad c_{32}\rho_C c_{31} \quad \text{und} \quad c_{11}\rho_C c_{31} \quad \text{usw.}$$

Die Restklasse von 1 mod $\rho_C$ erhält man durch Anwendung der Definitionsgleichungen (2.2-51) und (2.2-55) und unter Berücksichtigung der kanonischen Abbildung p:

$$C_1 = [1]_{\rho_C} = \rho_C[[c_{11}]] = \{c_{11}, c_{22}, c_{31}, c_{32}\}$$

Die Restklasse von 0 mod $\rho_C$ ergibt sich aus (2.2-52) und (2.2-56)

$$C_0 = [0]_{\rho_C} = \rho_C[[c_{12}]] = \{c_{12}, c_{21}\}$$

Die Quotientenmenge von C mod $\rho_C$ (aus Gl.(2.2-53))

$$C/\rho_C = \{[0]_{\rho_C}, [1]_{\rho_C}\}$$

ist eine durch $\rho_C$ in C induzierte Partition

$$\underline{C} = \{C_0, C_1\} = \{\{c_{12}, c_{21}\}, \{c_{11}, c_{22}, c_{31}, c_{32}\}\},$$

denn die Bedingungen (2.2-60) werden erfüllt durch:

$$\phi \notin \underline{C}$$

$$\{c_{12}, c_{21}\} \cap \{c_{11}, c_{22}, c_{31}, c_{32}\} = \phi$$

$$\{c_{12}, c_{21}\} \cup \{c_{11}, c_{22}, c_{31}, c_{32}\} = \{c_{11}, c_{12}, c_{21}, c_{22}, c_{31}, c_{32}\} = C$$

### 2.2.3.5. Aequivalenzrelation $\rho_I$ in der Menge der Indexpaare der Relationsmatrix von R

Die Menge K der Indexpaare der in Gleichung (2.2-32) definierten Relationsmatrix $C_R = (c_{ij})$ ist das in Gl.(2.2-23) definierte kartesische Produkt der Indexmengen I und J aus den Gln.(2.2-35) und (2.2-36):

Menge der Indexpaare für $(c_{ij}) =_{Df} K =_{Df} I \times J$      (2.2-61)

K ist der Definitionsbereich D(F) der zweistelligen

indizierenden Funktion $F: ((i,j) \rightarrowtail c_{ij})_{(i,j) \in K}$      (2.2-62)

$$\text{Definitionsbereich } F =_{Df} D(F) = K \qquad (2.2\text{-}63)$$

Die Funktion F ist injektiv

$$F \text{ injektiv} \leftrightarrow_{Df} \forall x_1 \forall x_2 (x_1, x_2 \in D(F) \wedge F(x_1) = F(x_2)$$
$$\rightarrow x_1 = x_2) \qquad (2.2\text{-}64)$$

d.h. jedes Element $c_{ij} = F(x)$ der Relationsmatrix $C_R$ tritt höchstens einmal als Bild eines Indexpaares $x = (i,j)$ auf.

Die indizierende Funktion $F: K \rightarrow C$ (mit C aus der Definitionsgleichung (2.2-47)) ist auch surjektiv:

$$F \text{ surjektiv} \leftrightarrow_{Df} \forall y (y \in C \rightarrow \exists x (x \in D(F) \wedge F(x) = y)) \qquad (2.2\text{-}65)$$

d.h. für jedes Matrixelement $c_{ij} \in C$ existiert in der Menge K der Indexpaare ein Element, dessen Bild $c_{ij}$ bezüglich F ist - in anderen Worten: jedes Element $c_{ij} \in C$ tritt als Bild auf.

Gemäss [27]S18 heisst jede Abbildung $F: K \rightarrow C$, die sowohl injektiv als auch surjektiv ist, bijektiv und besitzt eine umkehrabbildung $F^{-1}: C \rightarrow K$

$$F \text{ injektiv} \wedge F \text{ surjektiv} \leftrightarrow_{Df} F \text{ bijektiv} \rightarrow F \text{ umkehrbar} \quad (2.2\text{-}66)$$

Für die Existenz der Umkehrabbildung einer Abbildung F genügt es , dass F injektiv ist:

$$F \text{ injektiv} \leftrightarrow F \text{ umkehrbar} \qquad (2.2\text{-}67)$$

Aus der Umkehrbarkeit einer Funktion F folgt:

F umkehrbar $\rightarrow$

$$x \in D(F) \wedge y = F(x) \leftrightarrow y \in W(F) \wedge x = F^{-1}(y) \qquad (2.2\text{-}68)$$

wobei der Definitionsbereich D(F) und der Wertebereich W(F)
der Abbildung F gemäss [25]S42 wie folgt definiert sind:

$$\text{Definitionsbereich } F =_{Df} D(F) =_{Df} \{x \mid \exists y (x,y) \in G(F)\} \qquad (2.2\text{-}69)$$

$$\text{Wertebereich } F =_{Df} W(F) =_{Df} \{y \mid \exists x (x,y) \in G(F)\} \qquad (2.2\text{-}70)$$

wobei G(F) der Graph der Abbildung F ist.
Der Wertebereich der indizierenden Abbildung F im Ausdruck
(2.2-62) ist die Menge C der Elemente $c_{ij}$. Wie oben gezeigt
wurde ist die indizierende Abbildung F auch umkehrbar; die
Aussage (2.2-68) ist also anwendbar, d.h. aus (2.2-62) folgt:

$$F^{-1} : (c_{ij} \rightarrow (i,j))_{(i,j) \in K} \qquad (2.2\text{-}71)$$

In der Menge K der Indexpaare (i,j) sei nun eine Relation $\rho_I$
durch ihren Graphen $G(\rho_I)$ wie folgt definiert

$$G(\rho_I) =_{Df} \{((i_1,j_1),(i_2,j_2)) \mid (i_1,j_1),(i_2,j_2) \in K \wedge F(i_1,j_1)$$

$$= c_{i_1 j_1} \wedge F(i_2,j_2) = c_{i_2 j_2} \wedge c_{i_1 j_1} \rho_C c_{i_2 j_2}\} \qquad (2.2\text{-}72)$$

wobei $\rho_C$ die durch Gl.(2.2-54) in C definierte Aequivalenzrelation ist. Unter Berücksichtigung der aus (2.2-27) sich
ergebenden Definitionsäquivalenz

$$((i_1,j_1),(i_2,j_2)) \in G(\rho_I) \leftrightarrow (i_1,j_1)\rho_I(i_2,j_2) \qquad (2.2\text{-}73)$$

folgt aus Gl. (2.2-72):

$$c_{i_1 j_1} \rho_C c_{i_2 j_2} \leftrightarrow (i_1,j_1)\rho_I(i_2,j_2) \qquad (2.2\text{-}74)$$

Nach der Definition 1 in [28]S18 heisst $\rho_C$ , bzw. $\rho_I$ defi-
nierende Relation der Trägermenge C , bzw. K ;

das Paar $(C, \rho_C)$ , bzw. $(K, \rho_I)$ heisst die durch die binäre
Relation $\rho_C$ , bzw. $\rho_I$ geregelte Menge C, bzw. K.


$$(C, \rho_C) =_{Df} \text{ durch die binäre Relation } \rho_C$$

$$\text{geregelte Menge C} \qquad (2.2\text{-}75)$$

$$(K, \rho_I) =_{Df} \text{ durch die binäre Relation } \rho_I$$

$$\text{geregelte Menge K} \qquad (2.2\text{-}76)$$


Berücksichtigt man (2.2-71) im Ausdruck (2.2-74), so erhält
man

$$c_{i_1 j_1} \rho_C c_{i_2 j_2} \leftrightarrow F^{-1}(c_{i_1 j_1}) \rho_I F^{-1}(c_{i_2 j_2}) \qquad (2.2\text{-}77)$$

$$\leftrightarrow F^{-1} \text{ relationstreu bzgl. } \rho_C , \rho_I$$


Aus Satz 4 in [25]S65 folgt wegen den Aussagen in (2.2-66),
dass $F^{-1}$ eine Bijektion, d.h. eine eineindeutige Abbildung von
C <u>auf</u> K ist.

$$F^{-1}: \text{ eineindeutige Abbildung von C } \underline{\text{auf}} \text{ K} \qquad (2.2\text{-}78)$$


Aus den Aussagen (2.2-75),(2.2-76),(2.2-77) und (2.2-78) ergibt sich gemäss Definition 2 in [28]S19

$$F^{-1}: \text{ Isomorphismus von C auf K bzgl. } \rho_C , \rho_I \qquad (2.2\text{-}79)$$
und
$$(C, \rho_C) \text{ isomorph } (K, \rho_I) =_{Df} (C, \rho_C) \simeq (K, \rho_I) \qquad (2.2\text{-}80)$$
und
$$(C, \rho_C) \text{ isomorph } (K, \rho_C) \text{ mittels } F^{-1} =_{Df}$$

$$(C, \rho_C) \underset{F^{-1}}{\simeq} (K, \rho_I) \qquad (2.2\text{-}81)$$


In Abschnitt 2.2.3.4. wurde gezeigt, dass $\rho_C$ eine Aequivalenzrelation in C ist. Aus (2.2-80) folgt somit gemäss Satz 3
in [28]S20, dass auch $\rho_I$ eine Aequivalenzrelation in K ist;
$\rho_I$ besitzt also die Eigenschaften der Reflexivität, Symmetrie und Transitivität (vgl. die Ausdrücke (2.2-56),(2.2-57)
und (2.2-58)).

$$\rho_I : \text{ Aequivalenzrelation in K} = I \times J \qquad (2.2\text{-}82)$$

Für $\rho_I$ können daher die gleichen Begriffe wie in Abschnitt 2.2.3.4. definiert werden:

$$\text{kanonische Abbildung } p_I : (i,j) \to [F^{-1}(c_{mn})] \qquad (2.2\text{-}83)$$

$$K_1 =_{Df} \text{Restklasse von } F^{-1}(c_{m_1 n_1}) \text{ mod } \rho_I =_{Df}$$

$$[F^{-1}(c_{m_1 n_1})]_{\rho_I} = F^{-1}[[1]_{\rho_C}] \qquad (2.2\text{-}84)$$

$$K_0 =_{Df} \text{Restklasse von } F^{-1}(c_{m_0 n_0}) \text{ mod } \rho_I =_{Df}$$

$$[F^{-1}(c_{m_0 n_0})]_{\rho_I} = F^{-1}[[0]_{\rho_C}] \qquad (2.2\text{-}85)$$

$$\text{Quotientenmenge } K/\rho_I =_{Df} \{[F^{-1}(c_{mn})]_{\rho_I} \mid$$

$$c_{mn} \epsilon C \wedge (m,n) \epsilon K\} \qquad (2.2\text{-}86)$$

$$\text{Graph } G(\rho_I) =_{Df} \{((i_1,j_1),(i_2,j_2)) \epsilon K \times K \mid$$

$$p_I(i_1,j_1) = p_I(i_2,j_2)\} \qquad (2.2\text{-}87)$$

$$\rho_I[[(m,n)]] = \{(i,j) \mid ((m,n),(i,j)) \epsilon G(\rho_I)\} \qquad (2.2\text{-}88)$$

$$\text{Partition } \underline{K} = \{K_0,K_1\}; \quad K_0 \cap K_1 = \phi; \quad K_0 \cup K_1 = K \qquad (2.2\text{-}89)$$

<u>Beispiel</u>
Die Weiterführung des Beispiels aus Abschnitt 2.2.3.4. ergibt, wenn $(1,1) = F^{-1}(c_{11})$, bzw. $(1,2) = F^{-1}(c_{12})$ als Repräsentanten von $K_1$ , bzw. $K_0$ gewählt werden:

$$p_I: (1,1) \to [F^{-1}(c_{11})] = [(1,1)] \quad (1,2) \to [F^{-1}(c_{12})] = [(1,2)]$$

$$(2,1) \to [F^{-1}(c_{12})] = [(1,2)] \quad (2,2) \to [F^{-1}(c_{11})] = [(1,1)]$$

$$(3,1) \to [F^{-1}(c_{11})] = [(1,1)] \quad (3,2) \to [F^{-1}(c_{11})] = [(1,1)]$$

$$K_1 = [F^{-1}(c_{m_1 n_1})]_{\rho_I} = \rho_I[[(1,1)]] = \{(1,1),(2,2),(3,1),(3,2)\}$$

$$K_0 = [F^{-1}(c_{m_1 n_1})]_{\rho_I} = \rho_I[[(1,2)]] = \{(1,2),(2,1)\}$$

Wegen der Relationstreue von $F^{-1}$, die in (2.2-77) zum Ausdruck kommt, kann jede Restklasse von $\rho_I$ auch als Bild einer Restklasse von $\rho_C$ bzgl. $F^{-1}$ bestimmt werden (diese Möglich-

keit wurde schon in den Gleichungen (2.2-84) und (2.2-85)
berücksichtigt):

$$K_1 = F^{-1}[[1]_{\rho_C}] = F^{-1}[\{c_{11},c_{22},c_{31},c_{32}\}]$$

$$= \{(1,1),(2,2),(3,1),(3,2)\}$$

$$K_0 = F^{-1}[[0]_{\rho_C}] = F^{-1}[\{c_{12},c_{21}\}] = \{(1,2),(2,1)\}$$

Da $C_1 = [1]_{\rho_C}$ und $C_0 = [0]_{\rho_C}$ Teilmengen der Elemente $c_{ij}$
der Relationsmatrix $(c_{ij})$ sind, heisst nach [25]S50 die Abbildung $F^{-1}$ in (2.2-84) bzw. (2.2-85) die auf $C_1$ bzw. $C_0$
eingeschränkte Abbildung, bezeichnet mit $F^{-1}|C_1$ bzw. $F^{-1}|C_0$.
Es gilt somit :

$$K_1 = F^{-1}[C_1] = W(F^{-1}|C_1) \leftrightarrow F^{-1}|C_1: C_1 \rightarrow K_1 \qquad (2.2-90)$$

$$K_0 = F^{-1}[C_0] = W(F^{-1}|C_0) \leftrightarrow F^{-1}|C_0: C_0 \rightarrow K_0 \qquad (2.2-91)$$

wobei die Funktion $W(,)$ in Gl.(2.2-70) definiert worden ist.
Der Graph $G(F|C_X)$ einer auf die Menge $C_X$ eingeschränkten Ab-
bildung F ist gegeben durch:

$$G(F|C_X) = G(F) \cap (C_X \times W(F)) \qquad (2.2-92)$$


## 2.2.3.6. Anwendungen der Aequivalenzrelationen $\rho_C$ und $\rho_I$

Die Ausdrücke (2.2-27),(2.2-42), sowie (2.2-51) bis (2.2-55)
zeigen, dass eine Relation R zwischen zwei Teilmengen A und
B in einer Menge M durch die Quotientenmenge $C/\rho_C$ definiert
werden kann. Dabei liefert die Restklasse $[1]_{\rho_C}$ alle Paare
(a,b) des kartesischen Produktes A×B, die in der Relation R
stehen:

$$c_{ij}\epsilon[1]_{\rho_C} \wedge a = k(i) \wedge b = \ell(j) \rightarrow (aRb \leftrightarrow (a,b)\epsilon G(R)) \qquad (2.2-93)$$

$$c_{ij}\epsilon[0]_{\rho_C} \wedge a = k(i) \wedge b = \ell(j) \rightarrow a \text{ non } Rb \qquad (2.2-94)$$

Hierbei bedeutet

$$a \text{ non } Rb \leftrightarrow_{Df} (a,b) \epsilon G(R) \leftrightarrow_{Df} a \text{ und } b \text{ stehen}$$
$$\text{nicht in der Relation } R \qquad (2.2\text{-}95)$$

In den Ausdrücken (2.2-33) bis (2.2-36) wurden die Abbildungen k und $\ell$ als Bijektionen definiert; hieraus folgt wegen (2.2-66), dass k und $\ell$ umkehrbare Abbildungen sind:

$$k^{-1} : A \to I \qquad \text{und} \qquad \ell^{-1} : B \to J$$
$$\text{mit} \quad A,B \subset M \qquad \text{und} \qquad I,J \subset \mathbf{N}^* \qquad (2.2\text{-}96)$$

Aus der Umkehrbarkeit ergibt sich, analog wie für die Funktion F in (2.2-78), die Eineindeutigkeit der Umkehrabbildungen $k^{-1}$ und $\ell^{-1}$

$$k \text{ eineindeutig} \leftrightarrow k \text{ umkehrbar} \leftrightarrow k^{-1} \text{ eineindeutig}$$
$$(2.2\text{-}97)$$
$$\ell \text{ eineindeutig} \leftrightarrow \ell \text{ umkehrbar} \leftrightarrow \ell^{-1} \text{ eineindeutig}$$

d.h. es kann jedem Element $a \epsilon A$ bzw. $b \epsilon B$ eindeutig ein Element $i \epsilon I$ bzw. $j \epsilon J$ zugeordnet werden:

$$k^{-1}(a) = i \qquad \text{und} \qquad \ell^{-1}(b) = j \qquad (2.2\text{-}98)$$

In dieser Form können die Umkehrfunktionen $k^{-1}$ und $\ell^{-1}$ zur Bestimmung der Elemente $c_{ij}$ der Relationsmatrix $C_R$ einer Relation R benützt werden:

$$aRb \to i = k^{-1}(a) \wedge j = \ell^{-1}(b) \wedge (c_{ij} \epsilon [1]_{\rho_C} \leftrightarrow c_{ij} = 1)$$
$$(2.2\text{-}99)$$

Sind die in den Gleichungen (2.2-84) und (2.2-85) definierten Restklassen $K_1$ und $K_0$ aller modulo $\rho_I$ äquivalenten Indexpaare $(i,j) \epsilon K = K_1 \cup K_0$ bekannt, so können auf einfache Weise Teilmengen ausgewählter Elemente der Menge M bestimmt werden, in welcher die Relation R definiert ist.
Gegeben sei z.B. ein bestimmtes Element $a_1$ der Teilmenge A aus M. Sucht man die Menge der Elemente $b \epsilon B$, für die $a_1 Rb$ gilt, so kann zunächst das durch die Abbildung $k^{-1}$ dem

Element $a_1$ zugeordnete Element $i_1 \epsilon I$ bestimmt werden:

$$i_1 = k^{-1}(a_1) \qquad\qquad (2.2\text{-}100)$$

Mit Hilfe der Restklasse $K_1 \subset K/\rho_I$ lässt sich dann die folgende Teilmenge $J_1$ in der Menge $J$ definieren:

$$J \supset J_1 =_{Df} \{j \mid j \epsilon J \wedge i_1 \epsilon I \wedge (i_1,j) \epsilon K_1\} \qquad (2.2\text{-}101)$$

Das Bild $\ell[J_1]$ der Menge $J_1$ bzgl. der Abbildung $\ell$ liefert
schliesslich die gesuchte Teilmenge $B_1$ von Elementen $b \epsilon B$

$$B_1 =_{Df} \ell[J_1] = \{b \mid b \epsilon B \wedge j \epsilon J_1 \wedge \ell(j) = b\} \qquad (2.2\text{-}102)$$

Eine andere nützliche Problemstellung besteht darin,bei
gegebenem Element $b_2 \epsilon B$ alle Elemente $a \epsilon A$ zu bestimmen,
die in der Relation R mit $b_2$ stehen, wobei A und B wiederum Teilmengen in M sind, zwischen denen R definiert ist.
Da man in diesem Fall nicht mehr von der Teilmenge A,
sondern von der Teilmenge B ausgeht, ist es sinnvoll,
durch den Graphen $G(\hat{R})$ die konverse Relation $\hat{R}$ der Relation R in der Menge M zu definieren:

$$\text{Graph konverse Relation } \hat{R} =_{Df} G(\hat{R}) \qquad (2.2\text{-}103)$$

$$\text{mit } G(\hat{R}) =_{Df} \{(b,a) \mid b \epsilon B \wedge a \epsilon A \wedge (a,b) \epsilon G(R)\}$$

Aus dieser Definition und der Definition der Relationsmatrix $(c_{ij})$ von R in (2.2-46) ist leicht ersichtlich, dass
sich die

$$\text{Relationsmatrix der konversen Relation } \hat{R} =_{Df} (\hat{c}_{ij}) \quad (2.2\text{-}104)$$

durch einfache Transposition der Relationsmatrix $(c_{ij})$
ergibt :

$$(\hat{c}_{ij}) = (c_{ij})^{T} \qquad\qquad (2.2\text{-}105)$$

Gemäss [24]S35 ist zu bemerken, dass im Gegensatz zur Umkehrabbildung $R^{-1}$ die konverse $\hat{R}$ immer existiert, da eine
Transposition der Relationsmatrix $(c_{ij})$ von R immer möglich
ist; die Umkehrbarkeit einer Abbildung F erfordert dagegen

- wie in den Aussagen (2.2-97)- ihre Eineindeutigkeit, d.h. ihre Relationsmatrix $(c_{ij})$ muss die folgenden Bedingungen erfüllen

$$F(\text{binär})\ \text{umkehrbar} \leftrightarrow F\ \text{eineindeutig} \leftrightarrow$$

$$\text{Relationsmatrix } (c_{ij})\ \text{quadratisch (card I = card J)}$$

$$\wedge\ \forall i(i \in I \to \exists!!j(j \in J \wedge c_{ij} = 1))$$

$$\wedge\ \forall j(j \in J \to \exists!!i(i \in I \wedge c_{ij} = 1)) \tag{2.2-106}$$

wobei nach [23]S30  "$\exists!!$" ein logisches Symbol ist mit der Bedeutung:

$$\text{es gibt genau ein} =_{Df} \exists!! \tag{2.2-107}$$

Wegen der Gleichung (2.2-105) gehören zur Relationsmatrix $(\hat{c}_{ij})$ der konversen Relation $\hat{R}$ die den Abbildungen (2.2-33) entsprechenden Abbildungen k' und ℓ' :

$$\ell = k': \ I' \to B \quad \text{und} \quad k = \ell': \ J' \to A \tag{2.2-108}$$

mit
$$B, A \subset M \quad \text{und} \quad I' = J \subset \mathbb{N}^* \quad \text{und} \quad J' = I \subset \mathbb{N}^* \tag{2.2-109}$$

Analog wie in (2.2-96) ergeben sich die Umkehrabbildungen

$$k'^{-1}: \ B \to I' \quad \text{und} \quad \ell'^{-1}: \ A \to J' \tag{2.2-110}$$

Für die Elemente $\hat{c}_{ij}$ der Relationsmatrix $(\hat{c}_{ij})$ können analog zu (2.2-53) und (2.2-86) die Quotientenmengen $C'/\rho'_C$ und $K'/\rho'_I$ definiert werden, wodurch auch die zu (2.2-84) und (2.2-85) analogen Restklassen $K'_1$ und $K'_0$ bestimmt sind. Damit kann dann das gestellte Problem der Bestimmung der Teilmenge $A_2$ aller mit einem Element $b_2 \in B$ in der Relation R stehenden Elemente $a \in A$ analog wie in den Gleichungen (2.2-100) bis (2.2-102) gelöst werden :

$$i_2 = k'^{-1}(b_2) \tag{2.2-111}$$

$$J' \supset J_2 =_{Df} \{j \mid j \in J' \wedge i_2 \in I' \wedge (i_2, j) \in K'_1\} \tag{2.2-112}$$

$$A_2 = \ell'[J_2] = \{a \mid a \in A \wedge j \in J_2 \wedge \ell'(j) = b\} \tag{2.2-113}$$

<u>Beispiel:</u>
Zur Illustration der in diesem Abschnitt beschriebenen Anwen-
dungsmöglichkeiten sei in einer Menge

$$M = \{d,e,f,g,h,v\}$$

zwischen den Teilmengen

$$A = \{d,h,v\} \ , \ B = \{d,e,f,g,v\} \ , \ A,B \subset M$$

eine Relation R durch die Bijektionen:

$$k \ : \ 1\rightarrowtail h \quad 2\rightarrowtail v \quad 3\rightarrowtail d \quad , \quad I = [1,3]$$

$$\ell \ : \ 1\rightarrowtail v \quad 2\rightarrowtail d \quad 3\rightarrowtail e \quad 4\rightarrowtail f \quad 5\rightarrowtail g \quad , \quad J = [1,5]$$

und die Relationsmatrix

$$(c_{ij}) \ = \ \begin{bmatrix} 1 & 0 & 0 & 0 & 0 \\ 0 & 1 & 0 & 0 & 1 \\ 0 & 0 & 1 & 1 & 0 \end{bmatrix} \quad i\epsilon I \ , \ j\epsilon J$$

definiert.


Gesucht sei z.B. die Teilmenge D der Elemente aus M, die
in der Relation R mit d stehen.

$$D =_{Df} \{x \,|\, x,d\epsilon M \wedge (dRx \vee xRd)\} \qquad (2.2\text{-}114)$$

Zunächst kann man bemerken, dass - wegen

$$d\epsilon A \qquad und \qquad A = b_{v}R \qquad\qquad (2.2\text{-}115)$$

wobei $b_{v}R$ in Gl.(2.2-11) definiert ist - alle Paare (x,d)
des Graphen G(R) gemäss der Definitionsgl. (2.2-103) als
Paare (d,x) Elemente des Graphen $G(\hat{R})$ der konversen Relation $\hat{R}$ sind:

$$(x,d)\,\epsilon G(R) \leftrightarrow (x,d)\,\epsilon G(\hat{R}) \qquad\qquad (2.2\text{-}116)$$

Hieraus folgt, dass D die Vereinigung der beiden Teilmengen $B_1$ und $A_2$ in den Gln. (2.2-102) und (2.2-113) ist:

$$D = B_1 \cup A_2 \qquad\qquad (2.2\text{-}117)$$

denn die Definition von $B_1$ in (2.2-99) ist äquivalent zu

$$B_1 =_{Df} \{x_1 | x_1, d \epsilon M \wedge dRx_1\} \qquad\qquad (2.2\text{-}118)$$

und die Definition von $A_2$ in (2.2-110) ist äquivalent zu

$$A_2 =_{Df} \{x_2 | x_2, d \epsilon M \wedge d\hat{R}x_2\} \qquad\qquad (2.2\text{-}119)$$

Durch Vereinigung der in den Gln.(2.2-118) und (2.2-119) definierten Teilmengen aus M erhält man bei Berücksichtigung von (2.2-116) den Ausdruck in Gl. (2.2-114), was der Aussage (2.2-117) entspricht.
Als erstes soll $B_1$ bestimmt werden. Wie aus Gl.(2.2-101) hervorgeht, benötigt man hierzu die Restklasse $K_1$ der Quotientenmenge $K/\rho_I$, die ihrerseits mit Hilfe der Gln. (2.2-51), (2.2-52),(2.2-84),(2.2-85) und (2.2-86) unter Verwendung der Relationsmatrix $(c_{ij})$, gefunden werden kann:

$$C_0 = [0]_{\rho_C} = \{c_{12}, c_{13}, c_{14}, c_{15}, c_{21}, c_{23}, c_{24}, c_{31}, c_{32}, c_{35}\}$$

$$C_1 = [1]_{\rho_C} = \{c_{11}, c_{22}, c_{25}, c_{33}, c_{34}\}$$

$$K/\rho_I = \{K_0, K_1\}$$

$$\text{mit} \quad K_1 = F^{-1}[[1]_{\rho_C}] = \{(1,1),(2,2),(2,5),(3,3),(3,4)\}$$

Die Inverse der Abbildung k

$$k^{-1}: \quad h \rightarrowtail 1 \quad\quad v \rightarrowtail 2 \quad\quad d \rightarrowtail 3$$

liefert das Element $i_1$ in Gl.(2.2-100):

$$i_1 = k^{-1}(d) = 3$$

Aus (2.2-101) und (2.2-102) erhält man:

$$J_1 = \{3,4\}$$

$$B_1 = \ell[J_1] = \ell[\{3,4\}] = \{e,f\}$$

Gemäss Gl. (2.2-119) kann die Teilmenge $A_2$ bestimmt werden, wenn die konverse Relation $\hat{R}$ bekannt ist. $\hat{R}$ lässt sich definieren mit Hilfe ihrer Relationsmatrix $(\hat{c}_{ij})$, die sich aus Gl.(2.2-105) ergibt:

$$(\hat{c}_{ij}) = \begin{bmatrix} 1 & 0 & 0 \\ 0 & 1 & 0 \\ 0 & 0 & 1 \\ 0 & 0 & 1 \\ 0 & 1 & 0 \end{bmatrix} \qquad i \in I' \; , \; j \in J'$$

wobei man die Mengen I' und J' aus den Gln.(2.2-109) erhält:

$$I' = J = [1,5] \qquad\qquad J' = I = [1,3]$$

Die in (2.2-105) definierten Abbildungen sind

$$k': \; 1 \rightarrowtail v \quad 2 \rightarrowtail d \quad 3 \rightarrowtail e \quad 4 \rightarrowtail f \quad 5 \rightarrowtail g$$

und

$$\ell': \; 1 \rightarrowtail h \quad 2 \rightarrowtail v \quad 3 \rightarrowtail d$$

Als Quotientenmengen $C'/\rho'_C$ und $K'/\rho'_I$ erhält man:

$$C'/\rho'_C = \{C'_0 \, , \, C'_1\}$$

mit

$$C'_0 = [0]_{\rho'_C} = \{\hat{c}_{12}, \hat{c}_{13}, \hat{c}_{21}, \hat{c}_{23}, \hat{c}_{31}, \hat{c}_{32}, \hat{c}_{41}, \hat{c}_{42}, \hat{c}_{51}, \hat{c}_{53}\}$$

$$C'_1 = [1]_{\rho'_C} = \{\hat{c}_{11}, \hat{c}_{22}, \hat{c}_{33}, \hat{c}_{43}, \hat{c}_{52}\}$$

$$K'/\rho'_I = \{K'_0 \, , \, K'_1\}$$

mit

$$K'_1 = W(F'^{-1} | C'_1) = \{(1,1),(2,2),(3,3),(4,3),(5,2)\}$$

Die Inverse $k'^{-1}$

$$k'^{-1}: v \rightarrowtail 1 \quad d \rightarrowtail 2 \quad e \rightarrowtail 3 \quad f \rightarrowtail 4 \quad g \rightarrowtail 5$$

liefert das Element $i_2$ in Gl.(2.2-111):

$$i_2 = k'^{-1}(d) = 2$$

Aus (2.2-112) und (2.2-113) erhält man:

$$J_2 = \{2\}$$

$$A_2 = \ell'[J_2] = \ell'[\{2\}] = \{v\}$$

Aus Gl.(2.2-117) ergibt sich schliesslich:

$$D = B_1 \cup A_2 = \{e,f\} \cup \{v\} = \{e,f,v\}$$


## 2.2.4. Strukturrelation R und abstraktes System

Ausgehend von der Definition der Strukturrelation R
(vgl. Def. 2-4) sei, in Anlehnung an die Ausführungen von
BELLERT in [17]S476, das abstrakte (oder mengentheoretische)
System wie folgt definiert:

Definition 2-5
   Der Graph G(R) einer Relation R, die strukturell ist in
   der Menge M eines topologischen Raumes $(\Psi,\underline{\Psi})$ (vgl. Def.2-1)
   heisst abstraktes (oder mengentheoretisches) System. Ele-
   mente $g_R$ des Graphen G(R) der Relation R (vgl. Abschnitt
   2.2.3.1.) heissen Elemente des mengentheoretischen Systems.

Aus der Gl.(2.2-10) geht hervor, dass die Menge M das Feld
Fd R der Strukturrelation R ist. Die Elemente x dieses Feldes
heissen Ecken (oder Knoten) des abstrakten Systems G(R)

$$x \in Fd\ R \;\leftrightarrow_{Df}\; x \text{ Knoten oder Ecke} \tag{2.2-120}$$

Die Elemente $g_R$ des mengentheoretischen Systems G(R) sind geordnete Paare von Ecken $x,y \in Fd\ R$ des abstrakten Systems:

$$g_R = (x,y) \in G(R) \quad ; \quad x,y \in Fd\ R \qquad (2.2\text{-}121)$$

Das Vorderglied x des Elementes $g_R \in G(R)$ werde als Vorderecke $e_v g_R$ und dessen Nachglied y als Nachecke $e_n g_R$ des Elementes $g_R$ bezeichnet:

Für $g_R = (x,y) \in G(R)$ gilt:

$$x =_{Df} e_v g_R =_{Df} \text{Vorderecke von } g_R$$

$$y =_{Df} e_n g_R =_{Df} \text{Nachecke von } g_R \qquad (2.2\text{-}122)$$

Die Menge $E(g_R)$ der Ecken von $g_R$ sei definiert durch:

$$\text{Ecken von } g_R =_{Df} E(g_R) =_{Df} \{e_v g_R, e_n g_R\} \qquad (2.2\text{-}123)$$

Aus den Beziehungen (2.2-27) sowie (2.2-11) und (2.2-12) folgt somit, dass alle Vorderecken $x = e_v g_R$ Elemente des Vorderbereichs $b_v R$ und alle Nachecken $y = e_n g_R$ Elemente des Nachbereichs $b_n R$ der Strukturrelation R sind:

$$e_v g_R \in b_v R \quad \text{und} \quad e_n g_R \in b_n R \qquad (2.2\text{-}124)$$

BELLERT unterscheidet in [17], je nach den Eigenschaften der Strukturrelation R, verschiedene Arten von mengentheoretischen Systemen. Im Zusammenhang mit Bonddiagrammen sind vor allem die folgenden Definitionen von Bedeutung:

<u>Definition 2-6</u>
   Ein abstraktes System heisst <u>orientiertes System</u>, wenn die dieses System bestimmende Strukturrelation R asymmetrisch ist, d.h. wenn R die folgende Bedingung erfüllt:

$$\forall x \forall y ((x,y \in M \wedge xRy) \to \dot{y} \text{ non } Rx) \qquad (2.2\text{-}125)$$

   Ein abstraktes System heisst <u>teilweise orientiert</u>, wenn die Bedingung (2.2-125) nicht für alle Elemente x,y der Menge M erfüllt ist:

teilweise orientiertes System $G(R)$ $\leftrightarrow_{Df}$

$$\exists x \exists y (x,y \in M \wedge xRy \wedge yRx) \qquad (2.2\text{-}126)$$

Ein abstraktes System heisst <u>nicht orientiert</u>, wenn z.B.
die es bestimmende Relation R symmetrisch ist in der Menge M

$$\forall x \forall y ((x,y \in M \wedge xRy) \rightarrow yRx) \qquad (2.2\text{-}127)$$

Zur weiteren Charakterisierung des abstrakten Systems werden
die folgenden Definitionen eingeführt:


<u>Definition 2-7</u>
   Die Menge X der <u>Eingänge</u> des abstrakten Systems sei diejenige Teilmenge in M, deren Ecken ausschliesslich Elemente des Vorderbereichs $b_v R$ der Strukturrelation R des
abstrakten Systems sind.

$$\text{Menge der Systemeingänge} =_{Df} X =_{Df} \{x \mid x \in b_v R \wedge x \notin b_n R\} \qquad (2.2\text{-}128)$$

Dies entspricht der von KLAUA in [25]S19 gegebenen allgemeinen Definition der Differenz $A \backslash B$ zweier Mengen A,B,
d.h. also

$$X =_{Df} b_v R \backslash b_n R \qquad (2.2\text{-}129)$$

Analog werden die Ausgänge des Systems definiert:

<u>Definition 2-8</u>
   Die Menge Y der <u>Ausgänge</u> des abstrakten Systems sei diejenige Teilmenge in M, deren Ecken ausschliesslich Elemente des Nachbereichs $b_n R$ der Strukturrelation R des
abstrakten Systems sind.

$$\text{Menge der Systemausgänge} =_{Df}$$

$$Y =_{Df} \{y \mid y \in b_n R \wedge y \notin b_v R\} =_{Df} b_n R \backslash b_v R \qquad (2.2\text{-}130)$$

<u>Definition 2-9</u>
   Die Vereinigung der Menge der Eingänge X und der Menge Y
der Ausgänge des abstrakten Systems heisst <u>Grenze</u> $G_S$ des
abstrakten Systems.

Systemgrenze $=_{Df}$                                  (2.2-131)

$$G_S =_{Df} X \cup Y = (b_v R \setminus b_n R) \cup (b_n R \setminus b_v R) =_{Df} b_v R \,\triangle\, b_n R$$

Die Elemente der Menge $G_S$ heissen <u>Grenzecken</u> des Systems.

x Grenzecke $\leftrightarrow_{Df} x \in G_S = b_v R \,\triangle\, b_n R$          (2.2-132)

In der letzten Gleichung wurde die in [25]S21 gegebene allgemeine Definition der symmetrischen Differenz $A \,\triangle\, B$ zweier Mengen A,B verwendet:

symmetrische Differenz A,B $=_{Df}$

$$A \,\triangle\, B =_{Df} (A \setminus B) \cup (B \setminus A) = (A \cup B) \setminus (A \cap B)$$          (2.2-133)

<u>Definition 2-10</u>
  Die Teilmenge $I_S$ in M, deren Elemente keine Grenzecken des abstrakten Systems sind, heisst das <u>Innere</u> des Systems.

Systeminneres $=_{Df}$

$$I_S =_{Df} \{x \mid x \in M \wedge x \notin G_S \;= C_M G_S = M \setminus G_S$$          (2.2-134)

wobei das Komplement $C_M G_S$ von $G_S$ bzgl. M analog wie in Gl.(2.2-8) definiert ist.

Da gemäss der Definition 2-5 des abstrakten Systems dessen bestimmende Relation R eine Strukturrelation ist, gilt gemäss den Gln.(2.2-9) und (2.2-10):

$$M = b_v R \cup b_n R = Fd\ R$$          (2.2-135)

Das Systeminnere $I_S = M \setminus G_S$ umfasst also alle Elemente der Bereiche $b_v R$ und $b_n R$ ausser den Grenzecken des Systems, d.h. ausser denjenigen Ecken, die entweder ausschliesslich zu $b_v R$ oder ausschliesslich zu $b_n R$ gehören; in anderen Worten: $I_S$ ist die Menge derjenigen Ecken, die gleichzeitig Elemente von $b_v R$ und $b_n R$ sind:

$$I_S = \{x \mid x \in b_v R \wedge x \in b_n R\} =_{Df} b_v R \cap b_n R$$          (2.2-136)

Die Elemente der Menge $I_S$ heissen <u>Innenecken</u> des Systems

$$x \text{ Innenecke} \leftrightarrow_{Df} x \epsilon I_S = b_v R \cap b_n R \qquad (2.2\text{-}137)$$

BELLERT führt in [17] u.a. die folgenden Definitionen ein:

<u>Definition 2-11</u>
   Ein mengentheoretisches System heisst <u>isoliert</u>, wenn es
   keine Grenze $G_S$ besitzt:

$$\text{Isoliertes System} \leftrightarrow_{Df} b_v R \,\Delta\, b_n R = \phi \qquad (2.2\text{-}138)$$

<u>Definition 2-12</u>
   Ein mengentheoretisches System heisst <u>relativ isoliert</u>,
   wenn es sowohl Eingänge als auch Ausgänge besitzt, d.h.
   X und Y nichtleere Mengen sind.

$$\text{Relativ isoliertes System} \leftrightarrow_{Df}$$

$$b_v R \setminus b_n R \neq \phi \wedge b_n R \setminus b_v R \neq \phi \qquad (2.2\text{-}139)$$

Betrachtet man ein relativ isoliertes abstraktes System,
das auch Innenecken besitzt, so sind die Mengen $X, Y, I_S$
des Systems nichtleere Mengen:

$$X \, , \, Y \, , \, I_S \neq \phi \qquad (2.2\text{-}140)$$

Aus den Definitionsgleichungen (2.2-128), (2.2-130) und
(2.2-136) folgt ausserdem, dass alle drei Teilmengen X,Y
und $I_S$ von M paarweise disjunkt sind:

$$X \cap Y = \phi \; ; \; X \cap I_S = \phi \; ; \; Y \cap I_S = \phi \qquad (2.2\text{-}141)$$

Aus den Gln.(2.2-131) und (2.2-134) erhält man

$$I_S \cup X \cup Y = I_S \cup G_S = (M \setminus G_S) \cup G_S = M \qquad (2.2\text{-}142)$$

Berücksichtigt man nun die Definitionsäquivalenz (2.2-17),
so wird deutlich, dass die Potenzmenge $\underline{P}(M) = \{X, Y, I_S\}$ der

Menge M eine Zerlegung $\underline{Z}$(M) von M ist:

$$\underline{P}(M) = \{X, Y, I_S\} = \underline{Z}(M) \qquad (2.2\text{-}143)$$

<u>Beispiel</u>
Der Graph G(R) einer binären Relation R in einer Menge M
eines topologischen Raumes $(\Psi, \underline{\Psi})$

$$M = \{c, d, e, f, g, h\}$$

sei gegeben durch

$$G(R) = \{(c,d), (c,e), (h,c), (h,f), (g,h)\}$$

Mit Hilfe der Definitionsäquivalenz (2.2-27) ergibt sich
die folgende Listendefinition der binären Relation R:

$$cRd \ , \ cRe \ , \ hRc \ , \ hRf \ , \ gRh$$

Es gibt, entsprechend der Anzahl Elemente von M ,

$$card \ M = 6$$

verschiedene Partitionen $(\underline{Z}_i)_{i \in [1,6]}$ der Form
$\{\{a\}, C_M\{a\}\}, a \in M$, (vgl. Gl.(2.2-8)) von M in zwei Komponenten $A_i = \{a\}$ , $B_i = C_M\{a\}$:

$$\underline{Z}_1 = \{\{c\}, \{d,e,f,g,h\}\} \quad \underline{Z}_2 = \{\{d\}, \{c,e,f,g,h\}\}$$

$$\underline{Z}_3 = \{\{e\}, \{c,d,f,g,h\}\} \quad \underline{Z}_4 = \{\{f\}, \{c,d,e,g,h\}\}$$

$$\underline{Z}_5 = \{\{g\}, \{c,d,e,f,h\}\} \quad \underline{Z}_6 = \{\{h\}, \{c,d,e,f,g\}\}$$

Durch Vergleich dieser Partitionen von M mit der Liste
der Relation R erhält man für

$$\underline{Z}_1 \ : \ c \in A_1 \wedge d \in B_1 \wedge cRd$$

$$\underline{Z}_2 \ : \ d \in A_2 \wedge c \in B_2 \wedge cRd$$

$$\underline{Z}_3 \ : \ e \in A_3 \wedge c \in B_3 \wedge cRe$$

$$\underline{Z}_4 \ : \ f \in A_4 \wedge h \in B_4 \wedge hRf$$

$$\underline{Z}_5 \ : \ g \in A_5 \wedge h \in B_5 \wedge gRh$$

$$\underline{Z}_6 \ : \ h \in A_6 \wedge c \in B_6 \wedge hRc$$

Da die Komponenten $(A_i)_{i\epsilon[1,6]}$ alle möglichen Einermengen in M sind und für jede Partition $\underline{Z}_i = \{A_i,B_i\}_{i\epsilon[1,6]}$ mindestens eine der Beziehungen aRb oder bRa (mit $a\epsilon A_i, b\epsilon B_i$) gilt, muss auch für jede andere Partition von M in zwei Komponenten die Bedingung (2.2-7) in der Definition 2-4 einer Strukturrelation erfüllt sein.
R ist also eine Strukturrelation und damit ist gemäss der Definition 2-5 G(R) ein mengentheoretisches oder abstraktes System, und M ist gemäss Gl.(2.2-135) das Feld Fd R der Relation R:

$$M = Fd\ R = \{c,d,e,f,g,h\}$$

Aus den Definitionsgln.(2.2-11) und (2.2-12) und der Liste der Strukturrelation R erhält man den Vorbereich $b_v R$ und den Nachbereich $b_n R$ von R:

$$b_v R = \{c,h,g\}$$

$$b_n R = \{d,e,c,f,h\}$$

Die Vereinigung der Mengen $b_v R$ und $b_n R$ erfüllt die Definitionsgl.(2.2-15) und somit auch die Gl.(2.2-135):

$$b_v R \cup b_n R = \{c,h,g\} \cup \{d,e,c,f,h\} = \{c,d,e,f,g,h\} = Fd\ R = M$$

Da alle Elemente der Liste der Relation R die Bedingung (2.2-125) erfüllen, ist das abstrakte System dieses Beispiels ein orientiertes System.
Die Menge X der Systemeingänge und die Menge Y der Systemausgänge ergeben sich aus den Definitionsgln.(2.2-129) und (2.2-130):

$$X = b_v R \setminus b_n R = \{c,h,g\} \setminus \{d,e,c,f,h\} = \{g\}$$

$$Y = b_n R \setminus b_v R = \{d,e,c,f,h\} \setminus \{c,h,g\} = \{d,e,f\}$$

Systemgrenze $G_S$ und Systeminneres $I_S$ erhält man aus den Gln.(2.2-131) und (2.2-136):

$$G_S = b_v R \triangle b_n R = \{g\} \cup \{d,e,f\} = \{g,d,e,f\}$$

$$I_S = b_v R \cap b_n R = \{c,h,g\} \cap \{d,e,c,f,h\} = \{c,h\}$$

Die Teilmengen X, Y und $I_S$ erfüllen die Bedingungen (2.2-140), (2.2-141) und (2.2-142), und sind daher gemäss

Gl.(2.2-143) die Elemente einer Zerlegung von M:

$$\underline{Z}(M) = \{\{g\},\{d,e,f\},\{c,h\}\}$$

G(R) ist also ein relativ isoliertes System.


## 2.3. Das topologische Systemmodell


### 2.3.1. Der Begriff des eindimensionalen Simplexes

In [17]S477 führt BELLERT den Begriff des <u>eindimensionalen
Simplexes</u> s als homöomorphe Transformation eines durch
seine Endpunkte x und y im euklidischen Raum $(\mathbb{R}^n,d)$ bestimmten Segmentes ein (ein solches Segment bezeichnet BELLERT
als geometrischen Simplex).
Nach der Definition 7 in [25]S67 versteht man unter Transformation T(A) der Menge A eine umkehrbar eindeutige Abbildung von A auf A

$$\text{Transformation Menge A} =_{Df} T(A)$$

$$\text{T umkehrbar eindeutige Abbildung von A auf A} \leftrightarrow_{Df}$$

$$T^{-1} \circ T = T \circ T^{-1} = Id_A \wedge D(T) = W(T) = A$$

$$(2.3-1)$$

Hierbei bedeuten:

$$T^{-1} =_{Df} \text{Umkehrabbildung von T}$$

$$\text{mit } G(T^{-1}) =_{Df} \{(a_2,a_1) \mid (a_1,a_2) \in G(T)\}$$

$$(2.3-2)$$

$$Id_A =_{Df} \text{identische Abbildung über A}$$

$$\text{mit } G(Id) =_{Df} \{(a,a) \mid a \in A\}$$

$$(2.3-3)$$

$$T \circ T^{-1} =_{Df} \text{Produktabbildung (oder Komposition) } T,T^{-1}$$

$$(2.3-4)$$

$$\text{mit } G(T \circ T^{-1}) =_{Df} \{(a_1,a_2) \mid \exists a'((a_1,a') \in G(T) \wedge (a',a_2) \in G(T^{-1}))\}$$

D(T) und W(T) entsprechen den in den Definitionsgln.(2.2-69)
und (2.2-70) festgelegten Begriffen des Definitions- und
Wertebereichs einer Abbildung.

Der euklidische Raum $(\mathbb{R}^n, d)$

$$\text{euklidischer Raum} =_{Df} (\mathbb{R}^n, d) \qquad (2.3\text{-}5)$$

ist ein metrischer Raum $(\Psi, d)$, dessen Elemente $x$ n-Tupel aus der Menge $\mathbb{R}$ der reellen Zahlen sind,

$$\Psi = \mathbb{R}^n =_{Df} \{x = (x_1, \ldots, x_n) \mid x_i \in \mathbb{R}\} \qquad (2.3\text{-}6)$$

und dessen Metrik $d : \Psi \times \Psi \to \mathbb{R}$ die <u>euklidische Metrik</u> ist mit der Definition

$$d(x,y) =_{Df} \sqrt{\sum_{i=1}^{n} (x_i - y_i)^2} \qquad (2.3\text{-}7)$$

Mit Hilfe der Metrik $d$ kann auf der Menge $\Psi = \mathbb{R}^n$ des metrischen Raumes $(\Psi = \mathbb{R}^n, d)$ ein Mengensystem $\underline{\Psi} \subseteq \underline{P}(\Psi)$ (vgl. Abschnitt 2.2.1.) wie folgt definiert werden:

$$\underline{\Psi} =_{Df} \{G_i \mid i \in I \wedge G_i \subset \Psi \wedge G_i \text{ offen}\} \qquad (2.3\text{-}8)$$

d.h. $\underline{\Psi}$ ist ein System von offenen Mengen $G_i \subset \Psi = \mathbb{R}^n$, die ihrerseits definiert sind durch

$$\Psi = \mathbb{R}^n \supset G_i \text{ offen} \leftrightarrow_{Df}$$
$$\forall x (x \in G_i \to \exists \varepsilon (\varepsilon \in \mathbb{R}^+ \wedge U(x, \varepsilon) \subset G_i)) \qquad (2.3\text{-}9)$$

Hierbei bedeuten:

$$\mathbb{R}^+ =_{Df} \{x \mid x \in \mathbb{R} \wedge x > 0\} \qquad (2.3\text{-}10)$$

$$\varepsilon - \text{Umgebung von } x =_{Df} U(x, \varepsilon)$$

$$\text{mit } U(x, \varepsilon) =_{Df} \{y \mid d(x,y) < \varepsilon\} \qquad (2.3\text{-}11)$$

$d$ ist die in (2.3-7) definierte euklidische Metrik. In [22]S19 wurde gezeigt, dass das Mengensystem $\underline{\Psi} = \mathbb{R}^n$ in Gl. (2.3-8) den in Abschnitt 2.2.1 aufgeführten Axiomen (2.2-2) bis (2.2-4) genügt, und daher eine von der Metrik $d$ auf $\Psi = \mathbb{R}^n$ induzierte Topologie ist. Gemäss De-

finition 2-1 in Abschnitt 2.2.1 ist $(\mathbb{R}^n, \mathbb{R}^n)$ ein topologischer Raum; somit ist die in (2.3-1) für den euklidischen Raum $(\mathbb{R}^n, d)$ definierte Transformation T die
Transformation eines topologischen Raumes. Zudem wurde
oben T als homöomorphe Transformation definiert, d.h.
sie erfüllt die Bedingungen (vgl. [22]S52, Satz 1.5.6.):

$$T \text{ homöomorph} \quad \leftrightarrow_{Df} \quad T \epsilon [A,B]_{\underline{\theta}} \wedge$$
$$\text{(oder topologisch)}$$

$$T \text{ bijektiv} \wedge T, T^{-1} \text{ stetig} \qquad (2.3\text{-}12)$$

wobei:

$$\underline{\theta} =_{Df} \text{Kategorie bestehend aus}$$

$$* \quad |\underline{\theta}| =_{Df} \text{Klasse aller topologischen Räume}$$

$$A = (\Psi_1, \underline{\Psi}_1), \quad B = (\Psi_2, \underline{\Psi}_2), \quad C = (\Psi_3, \underline{\Psi}_3), \ldots \qquad (2.3\text{-}13)$$

$$* \quad [A,B]_{\underline{\theta}} =_{Df} \text{Menge aller stetigen Abbildungen}$$

$$\text{von A in B für alle } A,B \epsilon |\underline{\theta}| \qquad (2.3\text{-}14)$$

$$* \quad \text{einer Komposition } g \circ f \text{ zu jedem Paar}$$

$$(f,g) \epsilon [A,B]_{\underline{\theta}} \times [B,C]_{\underline{\theta}} \quad \text{von stetigen Abbil-}$$

$$\text{dungen } f \epsilon [A,B]_{\underline{\theta}} \text{ und } g \epsilon [B,C]_{\underline{\theta}} \text{ (die Elemente}$$

$$\text{f bzw. g heissen Morphismen von A nach B}$$

$$\text{bzw. von B nach C)} \qquad (2.3\text{-}15)$$

T ist also nur dann eine homöomorphe (oder topologische) Transformation, wenn sie und ihre Umkehrfunktion $T^{-1}$ stetig sind; diese Bedingung ist nach Satz
1.4.8. in [22]S45 genau dann erfüllt, wenn T bzw. $T^{-1}$
in jedem Punkt $x_0 \epsilon \mathbb{R}^n = \Psi$ stetig ist:

$$T : \Psi \to \Psi \text{ stetig} \leftrightarrow \forall x_0 (x_0 \epsilon \Psi \to T \text{ stetig in } x_0) \qquad (2.3\text{-}16)$$

Nach Definition 1.4.5. in [22]S43 heisst eine Abbildung T
zwischen zwei topologischen Räumen dann stetig in einem
Punkt $x_0$, wenn zu jeder Umgebung V von $T(x_0)$ eine Umgebung
U von $x_0$ (vgl. Definitionsgl.(2.3-11) existiert, deren Bild

T[U] bzgl. T eine Teilmenge der Umgebung V von $T(x_0)$ ist:

$$T : \Psi \to \Psi \text{ stetig in } x_0 \leftrightarrow$$

$$\forall V (V \in \underline{U}' (T(x_0))) \to \exists U (U \in \underline{U}(x_0) \wedge T[U] \subset V)) \qquad (2.3-17)$$

wobei $\underline{U}'$ und $\underline{U}$ Umgebungssysteme mit den folgenden allge-
meingültigen Definitionen sind:

$$\text{Umgebungssystem von } x \in (\Psi, \underline{\Psi}) =_{Df} \underline{U}(x)$$

$$\text{mit } \underline{U}(x) =_{Df} \{U \mid U \subset \Psi \wedge \underset{i \in I}{\exists} G_i (G_i \in \underline{\Psi} \wedge G_i \supset U)\}$$

$$\text{d.h. } \underline{U}(x) =_{Df} \{U \mid U \text{ Umgebung von } x\} \qquad (2.3-18)$$

$$\underline{U}'(T(x)) =_{Df} \{V \mid V \text{ Umgebung von } T(x)\} \qquad (2.3-19)$$

Die Definition eines eindimensionalen Simplexes s mit den
Ecken x und y als umkehrbar eindeutige, topologische Trans-
formation im obigen Sinne gewährleistet, dass s wegen der
Gln.(2.3-19), (2.3-17) und (2.3-16) als Punktmenge des to-
pologischen Raumes $(\mathbb{R}^n, \mathbb{R}^n)$ Umgebung eines jeden seiner
Punkte ist, wobei im euklidischen Raum die Umgebung eines
Punktes x durch die Definitionsgl.(2.3-11) gegeben ist.


## 2.3.2. Das topologische System $\Gamma(R)$


Ist ein abstraktes System gemäss Definition 2-5 in Abschnitt
2.2.4. durch den Graphen G(R) der Strukturrelation R in einer Teilmenge M des euklidischen Raumes $(\mathbb{R}^n, d)$ gegeben, so
sind die Elemente $g_R \in G(R)$ Elemente des mengentheoretischen
Systems.

Durch eine Transformation

$$\Gamma : g_R \to S_g \qquad (2.3-20)$$

wird jedem Element $g_R$ des mengentheoretischen Systems eine
nichtleere Teilmenge $S_g$ von eindimensionalen Simplexen zugeordnet, deren Ecken x und y die Ecken des Elementes
$g_R = (x,y)$ sind.

Die Teilmenge $S_g$ sei definiert als Restklasse aller eindimensionalen Simplexe, welche die Wertbereiche einer Familie $(T_i)_{i \in I}$ von topologischen Transformationen des Segmentes $\overline{xy}$ mit den Endpunkten $x, y \in (\mathbb{R}^n, d)$ sind; $S_g$ hat also als Elemente die eindimensionalen Simplexe $s_i$, welche die Wertebereiche $W(T_i)$ der topologischen Transformationen $T_i$ des Segments $\overline{xy}$ sind:

$$T_i \; : \; \overline{xy} \to s_i, \; i \in I \qquad\qquad (2.3\text{-}21)$$

Wird die Vereinigung S aller Teilmengen $S_g$ als <u>geometrische Repräsentation</u> des Systems G(R) bezeichnet:

$$S \;=_{Df} \; \bigcup_{g_R \in G(R)} \; S_g \;=_{Df} \; \bigcup_{g_R \in G(R)} \; \Gamma(g_R) \qquad\qquad (2.3\text{-}22)$$

so ergeben sich die Restklassen $S_g$ als Quotientenmenge $S/\rho_S$ von S modulo der Aequivalenzrelation $\rho_S$, deren Graph definiert ist durch die Menge:

$$G(\rho_S) \;=_{Df} \; \{(s_i, s_j) \mid i, j \in I \wedge s_i = W(T_i) \wedge s_j = W(T_j) \wedge D(T_i) = D(T_j)\}$$

$$(2.3\text{-}23)$$

d.h. diejenigen Simplexe $s_i$ sind äquivalent mod $\rho_S$, deren Definitionsbereich $D(T_i)$ das gleiche Segment mit den Enden $x, y \in (\mathbb{R}^n, d)$ ist. Für die Wertebereiche $W(T_i)_{i \in I}$ der topologischen Transformationen $T_i$ gilt dabei die allgemeine Definitionsgl.(2.2-70) in Abschnitt 2.2.3.5. Aus der Definitionsgl.(2.3-23) des Graphen $G(\rho_S)$ ist ersichtlich, dass die Relation $\rho_S$ mit Recht als Aequivalenzrelation bezeichnet wird, da sie die in (2.2-56) bis (2.2-58) aufgeführten Bedingungen der Reflexivität, Symmetrie und Transitivität erfüllt. Als Repräsentant einer Restklasse $S_g \subset S$ kann eines ihrer Elemente

$$s = T(\overline{xy}) \;=_{Df} \; \begin{array}{l}\text{eindimensionaler Simplex} \\ \quad \text{mit den Ecken x und y}\end{array} \qquad (2.3\text{-}24)$$

gewählt werden.

Die Definition einer Restklasse $S_g \subset S$ modulo der Aequivalenzrelation $\rho_S$ lautet dann:

$$S_g \;=_{Df} \; [T(\overline{xy})]_{\rho_S} \qquad\qquad (2.3\text{-}25)$$

und für die Quotientenmenge von S modulo $\rho_S$ erhält man bei
Anlehnung an die Gl.(2.2-53):

$$S/\rho_S = \{[T(\overline{xy})] \mid T(\overline{xy}) = s \in S\} \qquad (2.3\text{-}26)$$

Aus den Gln.(2.3-25) und (2.3-22) folgt, dass die Vereinigung $\cup S/\rho_S$ aller Restklassen des Restsystems $S/\rho_S$ eine geometrische Repräsentation $\Gamma(R)$ des abstrakten Systems $G(R)$
ist; $\Gamma(R)$ heisst topologisches System auf $G(R)$ gemäss der
folgenden Definition:

Definition 2-13
  Die Menge S, welche die Vereinigung aller Restklassen von
  eindimensionalen Simplexen modulo der Aequivalenzrelation
  $\rho_S$ mit dem in Gl.(2.3-23) definierten Graphen $G(\rho_S)$ ist,
  heisst das auf der Strukturrelation R entfaltete <u>topolo-
  gische System</u> $\Gamma(R)$

$$S =_{Df} \Gamma(R) =_{Df} \Gamma[G(R)] =_{Df} \bigcup_{g_R \in G(R)} \Gamma(g_R) =_{Df} \bigcup_{[T(xy)]_{\rho_S} \in S/\rho_S} S/\rho_S$$

$$(2.3\text{-}27)$$

Ein wichtiger Spezialfall liegt dann vor, wenn eine
Restklasse $[T(\overline{xy})]_{\rho_S} = S_g$ des Restsystems $S/\rho_S$ nur ein einziges Element $T(\overline{xy}) = s$ enthält. In diesem Fall wird durch die
Transformation $\Gamma(g_R)$ in (2.3-20) dem Element $g_R \in G(R)$ nur ein
einziger Simplex $s \in S$ zugeordnet. Simplexe $s \in S$ werden als <u>Zweig</u>
oder Element des topologischen Systems bezeichnet:

$$s \in S \leftrightarrow_{Df} s =_{Df} \text{Zweig des topologischen Systems} \qquad (2.3\text{-}28)$$

Die Ecken x und y des eindimensionalen Simplexes $s = T(\overline{xy})$
heissen <u>Ecken oder Knoten des topologischen Systems S</u>.
Die Zweiermenge $E(s)$ der Ecken des Simplexes $s \in S$ sei definiert durch:

$$\text{Ecken (Knoten) von } T(\overline{xy}) = s \in S =_{Df} E(s)$$

$$\text{mit } E(s = T(\overline{xy})) =_{Df} \{x,y\} \qquad (2.3\text{-}29)$$

Damit können die Ecken (oder Knoten) des topologischen Systems wie folgt definiert werden:

$$x \text{ Ecke (oder Knoten) des topologischen Systems S} \leftrightarrow_{Df}$$

$$x \in \bigcup_{s \in S} E(s) \qquad (2.3\text{-}30)$$

### 2.3.3. Das orientierte topologische System $\vec{\Gamma}(R)$

Die bisher in (2.3-20) und (2.3-21) definierten Transformationen $\Gamma$ und $T_i$ liefern keine Aussage über die Orientierung
eines eindimensionalen Simplexes, wodurch die besonderen
Eigenschaften der Elemente $g_R \epsilon G(R)$ eines durch die Definition 2-6 in Abschnitt 2.2.4. bestimmten orientierten oder
nicht orientierten abstrakten Systems berücksichtigt werden
könnten. Diesem Zweck dienen die folgenden Definitionen:

$$\text{orientierter Simplex} =_{Df} \vec{s} =_{Df} \langle x,y \rangle \qquad (2.3\text{-}31)$$

$$\text{mit } x =_{Df} e_v\vec{s} =_{Df} \text{Vorderecke von } \vec{s}$$
$$\left. \phantom{x} \right\}$$
$$y =_{Df} e_n\vec{s} =_{Df} \text{Nachecke von } \vec{s} \qquad (2.3\text{-}32)$$

Der Zusammenhang mit der Definitionsgl.(2.3-29) ist gegeben
durch

$$E(s) =_{Df} \{e_v\vec{s}, e_n\vec{s}\} = \{x,y\} = E(s = T(\overline{xy})) \qquad (2.3\text{-}33)$$

Die der Definition (2.3-20) entsprechende, neu definierte
Transformation $\vec{\Gamma}$ ist dann

$$\vec{\Gamma} : g_R \rightarrowtail \vec{s}_g \qquad (2.3\text{-}34)$$

$$\text{mit } \vec{s}_g =_{Df} \{\vec{s} \mid (x,y) = g_R \epsilon G(R) \wedge e_v\vec{s} = e_v g_R \wedge e_n\vec{s} = e_n g_R\}$$
$$(2.3\text{-}35)$$

wobei Vorderecke $e_v g_R$ und Nachecke $e_n g_R$ eines Elementes $g_R = (x,y)$ des mengentheoretischen Systems $G(R)$ in Abschnitt 2.2.4. definiert sind.
Die Definition eines orientierten topologischen Systems $\vec{S}$
lautet somit in Analogie zur Gl.(2.3-27):

$$S \text{ orientiert} =_{Df} \vec{S} =_{Df} \vec{\Gamma}(R) =_{Df} \vec{\Gamma}[G(R)] =_{Df}$$

$$\bigcup_{g_R \epsilon G(R)} \vec{s}_g =_{Df} \bigcup_{g_R \epsilon G(R)} \vec{\Gamma}(g_R) \qquad (2.3\text{-}36)$$

Die Anwendung der Definitionen (2.3-34) bis (2.3-36) führt
bei vollständiger Berücksichtigung der Definition 2-6 zur
Definition des <u>teilweise orientierten</u> und des <u>nicht orientierten topologischen Systems</u>.
Im übrigen sollen alle für das abstrakte System $G(R)$ eingeführten Begriffe auf seine geometrische Repräsentation

$S = \Gamma(R)$ übertragen werden. Beispielsweise erhält man bei Uebertragung der Definitionen (2.2-11), (2.2-12) und (2.2-15) aus Abschnitt 2.2.2. für das orientierte topologische System $\vec{S}$ die folgenden Definitionen:

$$\text{Vorbereich } \vec{S} =_{Df} b_v\vec{S} =_{Df} \{x \mid \exists y(<x,y>\epsilon\vec{S})\} = b_v R \qquad (2.3\text{-}37)$$

$$\text{Nachbereich } \vec{S} =_{Df} b_n\vec{S} =_{Df} \{y \mid \exists x(<x,y>\epsilon\vec{S})\} = b_n R \qquad (2.3\text{-}38)$$

$$\text{Feld } \vec{S} =_{Df} \text{Fd } \vec{S} =_{Df} b_v\vec{S} \cup b_n\vec{S} = \text{Fd } R = M \qquad (2.3\text{-}39)$$

Durch Uebertragung der Definitionen 2-7 bis 2-12 aus Abschnitt 2.2.4. ergibt sich:

$$\text{Eingänge } \vec{S} =_{Df} X =_{Df} b_v\vec{S} \setminus b_n\vec{S} \qquad (2.3\text{-}40)$$

$$\text{Ausgänge } \vec{S} =_{Df} Y =_{Df} b_n\vec{S} \setminus b_v\vec{S} \qquad (2.3\text{-}41)$$

$$\text{Grenze } \vec{S} =_{Df} G_S =_{Df} b_v\vec{S} \triangle b_n\vec{S} \qquad (2.3\text{-}42)$$

$$\text{Innere } \vec{S} =_{Df} I_S =_{Df} b_v\vec{S} \cap b_n\vec{S} \qquad (2.3\text{-}43)$$

$$\vec{S} \text{ isoliert} \leftrightarrow_{Df} b_v\vec{S} \triangle b_n\vec{S} = \phi \qquad (2.3\text{-}44)$$

$$\vec{S} \text{ relativ isoliert} \leftrightarrow_{Df} b_v\vec{S} \setminus b_n\vec{S} \neq \phi \wedge b_n\vec{S} \setminus b_v\vec{S} \neq \phi \qquad (2.3\text{-}45)$$

Schliesslich können in der Menge der topologischen Systeme bestimmte Operationen wie die Summe und das Produkt

$$S_1 \cup S_2 \ , \quad S_1 \cap S_2$$

zweier topologischer Systeme im Sinne der Mengen-Algebra definiert werden. Die Summe $S = S_1 \cup S_2$ ist nur dann ein topologisches System, wenn die Relation R, auf der S entfaltet ist, eine Strukturrelation ist, d.h. wenn S eine zusammenhängende Menge in diesem Sinn ist. Im anderen Fall stellt S ein Paar von Systemen dar.


## 2.3.4. Struktur des Systems


Aus der Aequivalenz modulo $\rho_S$ aller Simplexe einer Restklasse des in Gl.(2.3-27) definierten topologischen Systems folgt, dass die Zweige dieses Systems beliebig ausgebreitet werden können ohne Aenderung der topologischen

Eigenschaften des Systems, weil letztere nur von der bestimmten Konfiguration der Verknüpfungen der Systemelemente abhängen.

Dies zeigt sich noch deutlicher, wenn man einen eindimensionalen Simplex $s_i$ des topologischen Systems S betrachtet, wie er in (2.3-21) in Abschnitt 2.3.2. durch die to-
pologische Transformation $T_i$ $(i \epsilon I)$ eines Segments $\overline{xy}$ des
euklidischen Raumes $(\mathbb{R}^n, d)$ gegeben ist. Ist $T_j(j \epsilon I)$ eine
zweite topologische Transformation von $\overline{xy}$, so gehört
$s_j = T_j(\overline{xy})$ zur gleichen Restklasse $[T(\overline{xy})]_{\rho_S}$ und die Umkehrabbildung $T_j^{-1}$ ist nach der Definition (2.3-12) in Ab-
schnitt 2.3.1. auch stetig und somit auch ein Morphismus
der in (2.3-13) bis (2.3-15) definierten Kategorie $\underline{\theta}$. Aus
der Aussage (2.3-15) folgt dann, dass die Komposition
$t = T_j^{-1} \circ T_i$ auch ein Morphismus in $\underline{\theta}$ und somit eine topologische Transformation $t: s_j \rightarrow s_i$ ist.

$$\forall i \forall j (i,j \epsilon I \wedge s_i, s_j \epsilon [T(\overline{xy})]_{\rho_S} \wedge t =_{Df} T_j^{-1} \circ T_i$$

$$\rightarrow (t: s_j \rightarrow s_i \text{ ist topologisch} \leftrightarrow_{Df} t \text{ Homöomorphismus})) \qquad (2.3\text{-}46)$$

Durch eine topologische Transformation $t(S_1)$ eines topologischen Systems $S_1$ auf ein System $S_2$

$$S_2 = t(S_1) =_{Df} \bigcup_{s \epsilon S_1} t(s) \qquad (2.3\text{-}47)$$

werden nur die Zweige von $S_1$ transformiert, während die
Konfiguration der Verknüpfungen der Systemelemente die
gleiche bleibt. Da die Transformation t ein Homöomorphismus ist , heissen $S_1$ und $S_2$ homöomorph, mit dem Symbol
$S_1 \underset{t}{\simeq} S_2$, gemäss der Definitionsgl.(2.2-81) (denn Homöomor-
phismen sind Isomorphismen in $\underline{\theta}$):

$$\text{Homöomorphismus } t: S_1 \rightarrow S_2 \leftrightarrow_{Df} S_1, S_2 \text{ homöomorph mittels } t$$

$$\leftrightarrow_{Df} S_1 \underset{t}{\simeq} S_2 \qquad (2.3\text{-}48)$$

Mit Hilfe der Definitionsgl.(2.3-47) können die oben für
die topologischen Transformationen $T_i$, $T_j(i,j \epsilon I)$ eines Segmentes $\overline{xy}$ des topologischen Raumes $(\mathbb{R}^n, \mathbb{R}^n)$ angestellten
Ueberlegungen auf das ganze topologische System S übertra-
gen werden: Aus (2.3-1) in Abschnitt 2.3.1. geht zunächst
hervor, dass $Id_{S_1} = t^{-1} \circ t$ (d.h. die identische Abbildung
$Id_{S_1}: S_1 \rightarrow S_1$, die jedes Element auf sich abbildet) ein Homöomorphismus ist.

$$\text{Id}_{S_1} \; : \; S_1 \to S_1 \; : \; \text{Homöomorphismus} \qquad (2.3\text{-}49)$$

Ist t ein Homöomorphismus, so folgt aus (2.3-12) in Abschnitt 2.3.1., dass auch $t^{-1}$ ein Homöomorphismus ist:

$$t : S_1 \to S_2 \text{ Homöomorphismus} \leftrightarrow t^{-1} : S_2 \to S_1 \text{ Homöomorphismus} \qquad (2.3\text{-}50)$$

Ebenso ist die Komposition $t_1 \circ t_2$ eine topologische Transformation:

$$t_1 : \; S_1 \to S_2 \wedge t_2 : \; S_2 \to S_3 \; \text{Homöomorphismen}$$

$$\to t = t_1 \circ t_2 : S_1 \to S_3 \; \text{Homöomorphismus} \qquad (2.3\text{-}51)$$

Ein Vergleich der Ergebnisse (2.3-49) bis (2.3-51) mit den Formulierungen (2.2-56) bis (2.2-58) in Abschnitt 2.2.3.4. zeigt bei Berücksichtigung der Definitionsaequivalenz (2.3-48), dass die Relation $\simeq$ der Homöomorphie zwischen topologischen Systemen die Bedingungen der Reflexivität, Symmetrie und Transitivität erfüllt. $\simeq$ ist also eine Aequivalenzrelation auf der in (2.3-13) in Abschnitt 2.3.1. definierten Klasse $|\underline{\theta}|$ aller topologischen Räume $(\Psi, \underline{\Psi})$ und es gilt:

$$G(\simeq) \subset |\underline{\theta}| \times |\underline{\theta}| \qquad (2.3\text{-}52)$$

Die Restklassen $[S]_{\simeq}$ sind <u>Homöomorphieklassen</u>. Auf diesen Ueberlegungen gründet die folgende Definition des Strukturtyps eines topologischen Systems:

<u>Definition 2-14</u>
   <u>Strukturtyp</u> oder kurz <u>Struktur</u> eines topologischen Systems heisst die Homöomorphieklasse $[S]_{\simeq}$, zu welcher dieses System gehört.

$$\text{Struktur(-typ)} \; S_1 =_{\text{Df}} [S]_{\simeq} \qquad (2.3\text{-}53)$$

<u>Definition 2-15</u>
   Eine homöomorphe Transformation (d.h. eine Transformation, welche die Bedingungen (2.3-12) in Abschnitt 2.3.1. erfüllt) heisst <u>isostrukturelle Transformation</u>

$$t \; \text{homöomorph} \leftrightarrow_{\text{Df}} t \; \text{isostrukturell} \qquad (2.3\text{-}54)$$

Homöomorphe Systeme heissen <u>isostrukturell</u> d.h. sie haben dieselbe Struktur und erfüllen die Bedingung:

$$(S_1, S_2 \; \text{isostrukturell} \leftrightarrow_{\text{Df}} S_1, S_2 \; \text{homöomorph}) \leftrightarrow [S_1]_{\simeq} = [S_2]_{\simeq} \qquad (2.3\text{-}55)$$

<u>Definition 2-16</u>
   Jede nicht homöomorphe Transformation eines topologischen
   Systems heisst <u>strukturelle Transformation</u>.

## 2.3.5. Das determinierte System

Für das topologische System S wird auf ähnliche Weise wie
z.B. in Gl.(2.2-44) in Abschnitt 2.2.3.3. in der Menge $\mathbb{N}^*$
der natürlichen Zahlen (ohne 0) eine Teilmenge N wie folgt
definiert:

$$N =_{Df} [1, \text{card } S ] =_{Df} \{ n \in \mathbb{N}^* \mid 1 \le n \le \text{card } S \} \qquad (2.3\text{-}56)$$

wobei card S die Anzahl Elemente, d.h. der eindimensionalen Simplexe s des topologischen Systems ist.
Im nächsten Schritt werden zwei einstellige indizierende
Funktionen $f_s$ und $f_n$ (vgl.(2.2-62) in Abschnitt 2.2.3.5.)
wie folgt definiert:

$$f_s : N \to S \qquad (2.3\text{-}57)$$

$$f_n : N \to \mathbb{N}^* \qquad (2.3\text{-}58)$$

Auf diese Weise werden über der

Indexmenge N

zwei <u>Elementefamilien</u> (oder Familien) definiert, die als
Tripel symbolisch wie folgt geschrieben werden:

$$\text{Familie } f_s =_{Df} (N, f_s, S) =_{Df} (s_i)_{i \in N} \qquad (2.3\text{-}59)$$

$$\text{Familie } f_n =_{Df} (N, f_n, f_n[N] \subset \mathbb{N}^*) =_{Df} (\alpha_i)_{i \in N} \qquad (2.3\text{-}60)$$

Dabei sind die <u>Glieder</u> $s_i$ und $\alpha_i$ der beiden Familien mengentheoretische Terme, die für jedes $i \in N$ den Wert $f_s(i)$ bzw.
$f_n(i)$ bezeichnen

$$\text{Glied } i \text{ von } f_s =_{Df} s_i =_{Df} f_s(i) \qquad (2.3\text{-}61)$$

$$\text{Glied } i \text{ von } f_n =_{Df} \alpha_i =_{Df} f_n(i) \qquad (2.3\text{-}62)$$

Die beiden indizierenden Funktionen $f_s$ und $f_n$ (und damit auch die beiden Familien $(s_i)_{i \in N}$ und $(\alpha_i)_{i \in N}$) können ähnlich, wie dies in Abschnitt 2.2.3.1. für eine Relation R beschrieben wurde, durch ihre Graphen $G(f_s)$ und $G(f_n)$ definiert werden:

$$G(f_s) =_{Df} \{(i,s) \mid i \in N \wedge s \in S\} \tag{2.3-63}$$

$$G(f_n) =_{Df} \{(i,\alpha) \mid i \in N \wedge \alpha \in \mathbf{N}^*\} \tag{2.3-64}$$

Das determinierte System kann nun wie folgt definiert werden:

Definition 2-17
  Ein determiniertes System ist ein Zweitupel [S,f], wobei S ein topologisches System und f eine als determinierende Funktion bezeichnete Bijektion ist mit der folgenden Defition:

$$\text{determinierende Funktion von } S =_{Df} f: \{s_i\}_{i \in N} \to \{\alpha_i\}_{i \in N} \tag{2.3-65}$$

$$\text{mit } \{s_i\}_{i \in N} =_{Df} W(f_s) \tag{2.3-66}$$

$$\text{und } \{\alpha_i\}_{i \in N} =_{Df} W(f_n) \tag{2.3-67}$$

Das determinierte System [S,F] sei definiert als Graph $G(f)$ der determinierenden Funktion f:

$$\text{determiniertes System von } S =_{Df} [S,f] =_{Df} G(f) \tag{2.3-68}$$

Wurde das topologische System S durch die Transformation $\vec{T}$ in Gl. (2.3-36) des Abschnitts 2.3.3. in ein orientiertes System $\vec{S}$ übergeführt, so müssen die Gleichungen und Definitionen (2.3-56), (2.3-57), (2.3-59), (2.3-61), (2.3-63), (2.3-65), (2.3-66) und (2.3-68) wie folgt neu formuliert werden:

$$N =_{Df} [1, \text{card } \vec{S}] = [1, \text{card } S] \tag{2.3-69}$$

$$f_{\vec{s}}: N \to \vec{S} \tag{2.3-70}$$

$$\text{Familie } f_{\vec{s}} =_{Df} (N, f_{\vec{s}}, \vec{S}) =_{Df} (\vec{s}_i)_{i \in N} \tag{2.3-71}$$

$$\text{Glied } i \text{ von } f_{\vec{s}} =_{Df} \vec{s}_i =_{Df} f_{\vec{s}}(i) \tag{2.3-72}$$

$$\text{Graph } G(f_{\vec{s}}) =_{Df} \{(i,\vec{s}) \mid i \in N \wedge \vec{s} \in \vec{S}\} \tag{2.3-73}$$

determinierende Funktion von $\vec{S} =_{Df} \vec{f} : \{\vec{s}_i\}_{i \in N} \rightarrow \{\alpha_i\}_{i \in N}$     (2.3-74)

mit $\{\vec{s}_i\}_{i \in N} =_{Df} W(f_{\vec{S}})$     (2.3-75)

determiniertes System von $\vec{S} =_{Df} [\vec{S}, \vec{f}] =_{Df} G(\vec{f})$     (2.3-76)

mit $G(\vec{f}) =_{Df} \{\vec{s}^{\alpha i}\}_{i \in N}$     (2.3-77)

wobei $\vec{s}^{\alpha i} =_{Df} (\vec{s}_i, \alpha_i)$     (2.3-78)


## Beispiel

Es sei das gleiche abstrakte System $G(R)$ wie im Illustrationsbeispiel des Abschnitts 2.2.4. gegeben, mit

$$G(R) = \{(c,d),(c,e),(h,c),(h,f),(g,h)\}$$

Enthält jede Restklasse $[T(\overline{xy})]_{R_S} = S_g$ in der Definitionsgl. (2.3-27) nur einen eindimensionalen Simplex, so erhält man mit Hilfe der Transformation $\vec{T}$ aus (2.3-34) in Abschnitt 2.3.3.

$\vec{T}$: $(c,d) \rightarrowtail \{<c,d>\}$     $(c,e) \rightarrowtail \{<c,e>\}$.     $(h,c) \rightarrowtail \{<h,c>\}$

$(h,f) \rightarrowtail \{<h,f>\}$     $(g,h) \rightarrowtail \{<g,h>\}$

gemäss den Definitionsgln. (2.3-35) und (2.3-36) das folgende orientierte topologische System:

$$\vec{S} = \{<c,d>,<c,e>,<h,c>,<h,f>,<g,h>\}$$

Aus der für ein orientiertes System gültigen Gl. (2.3-69) ergibt sich die folgende Menge $N$

$$N = [1, \text{card } \vec{S}] = [1,5]$$

Die Graphen $G(f_{\vec{S}})$ und $G(f_n)$ seien gemäss den Definitionsgln. (2.3-73) und (2.3-64) gegeben durch

$$G(f_{\vec{S}}) = \{(1,<c,d>),(2,<c,e>),(3,<h,c>),(4,<h,f>),(5,<g,h>)\}$$

und $G(f_n) = \{(1,2),(2,4),(3,5),(4,7),(5,9)\}$

Mit den formalen Schreibweisen (2.3-72) und (2.3-62) der Glieder $\vec{s}_i$ und $\alpha_i$ der Familien $(\vec{s}_i)_{i \in N}$ und $(\alpha_i)_{i \in N}$ sind die indizierenden Funktionen $f_{\vec{s}}$ und $f_n$ wie folgt definiert:

$$f_{\vec{s}}: \quad 1 \rightarrowtail\,<c,d> = \vec{s}_1 \quad 2 \rightarrowtail\,<c,e> = \vec{s}_2 \quad 3 \rightarrowtail\,<h,c> = \vec{s}_3$$

$$4 \rightarrowtail\,<h,f> = \vec{s}_4 \quad 5 \rightarrowtail\,<g,h> = \vec{s}_5$$

$$\text{und } f_n: \quad 1 \rightarrowtail 2 = \alpha_1 \quad 2 \rightarrowtail 4 = \alpha_2 \quad 3 \rightarrowtail 5 = \alpha_3 \quad 4 \rightarrowtail 7 = \alpha_4 \quad 5 \rightarrowtail 9 = \alpha_5$$

Die in den Gln. (2.3-75) und (2.3-67) definierten Wertebereiche $W(f_{\vec{s}})$ und $W(f_n)$ sind die Mengen:

$$W(f_{\vec{s}}) = \{\vec{s}_1, \vec{s}_2, \vec{s}_3, \vec{s}_4, \vec{s}_5\}$$

$$= \{<c,d>, <c,e>, <h,c>, <h,f>, <g,h>\}$$

und

$$W(f_n) = \{\alpha_1, \alpha_2, \alpha_3, \alpha_4, \alpha_5\}$$

$$= \{2,\ 4,\ 5,\ 7,\ 9\ \}$$

Mit Hilfe der in Gl. (2.3-74) definierten determinierenden Funktion $\vec{f}$ von $\vec{S}$

$$\vec{f}: \quad \vec{s}_1 \rightarrowtail 2 \quad \vec{s}_2 \rightarrowtail 4 \quad \vec{s}_3 \rightarrowtail 5 \quad \vec{s}_4 \rightarrowtail 7 \quad \vec{s}_5 \rightarrowtail 9$$

erhält man schliesslich das determinierte System $\vec{S}$ in Gl. (2.3-76)

$$[\vec{S},\vec{f}] = G(\vec{f}) = \{ (<c,d>,2), (<c,e>,4), (<h,c>,5), (<h,f>,7),$$
$$(<g,h>,9) \}$$

Fig. 2.3-1 zeigt ein Diagramm des so definierten Systems; die Knoten des Systems sind durch kleine Kreise dargestellt.

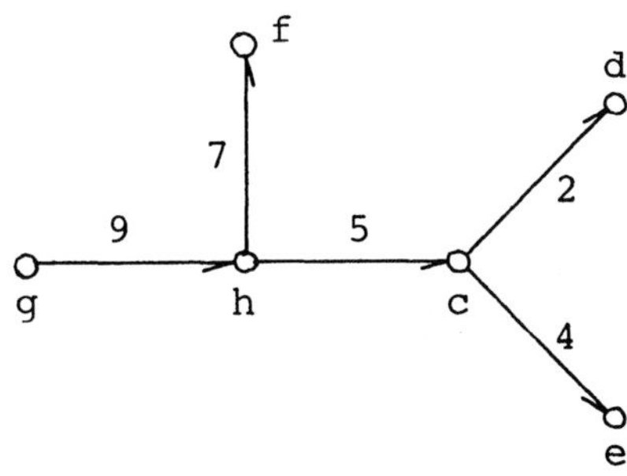


Fig. 2.3-1   Diagramm eines determinierten, orientierten topologischen Systems

## 2.4. Das konkrete Systemmodell

Im Unterschied zu den Ausführungen von S.BELLERT in [17],
in denen die Elemente des konkreten Systems als Signale,
d.h. als Funktionen der Zeit betrachtet werden, werden diese Elemente hier als die in den Abschnitten 1.2.1. und 1.2.2.
beschriebenen idealen Elemente $\omega_i \in \Omega$ der Bonddiagramme definiert.
Während dort die eindimensionalen Simplexe $s \in S$ und ihre
Ecken $x,y \in M$ beide auf Signale abgebildet werden (die durch
ideale Elemente miteinander verknüpft sind), werden hier
Knoten und Zweige des determinierten Systems $[S,f]$ wie folgt
abgebildet: Den Knoten $x \in Fd\,R$ (vgl.(2.2-120) in Abschnitt
2.2.3.) werden durch die Funktion, d.h. die eindeutige Abbildung, $f_\omega$ ideale Bonddiagrammelemente $\omega \in \Omega$ zugeordnet:

$$f_\omega : x \rightarrowtail \omega \text{ mit } x \in Fd\,R \text{ und } \omega \in \Omega, \; f_\omega \text{ eindeutig} \qquad (2.4-1)$$

Den Zweigen $s^i$ des in der Gl.(2.3-68) in Abschnitt 2.3.4.
definierten determinierten Systems $[S,f]$ werden durch die
eindeutige Abbildung $f_p$ zeitabhängige Signale $p_i = p_i(t)$
zugeordnet:

$$f_p : s^i \rightarrowtail p_i \text{ mit } s^i \in [S,f], \; f_p \text{ eindeutig} \qquad (2.4-2)$$

Aus Abschnitt 1.2.1., insbesondere der Gl.(1.2-6), geht hervor, dass es sich bei den Signalen $p_i$ im allgemeinen Fall
für Bonddiagramme um Momentanleistungen handelt; nur im speziellen Fall der in Fig.1.2-3 Abschnitt 1.2.2. skizzierten
aktivierten Bindung wird $p_i$ durch eine ihrer beiden Leistungsvariablen ersetzt.

Soll die Richtung des Leistungsaustausches, d.h. des Energieflusses zwischen Elementen gekennzeichnet werden, wie
dies in Abschnitt 1.2.3. für Bonddiagramme erläutert worden
ist, so kann dies durch eine entsprechende Transformation $\vec{T}$
(vgl. Gl.(2.3-36)) des topologischen Systems $S$ in ein orientiertes topologisches System $\vec{S}$ geschehen mit anschliessender
Anwendung der für das System definierten determinierenden
Funktion $\vec{f}$ (Gl.(2.3-74)) wodurch man das determinierte orientierte System $[\vec{S},\vec{f}]$ erhält. Die Definition der Funktion $\vec{f}_p$,
welche die orientierten Zweige $\vec{s}^i \in [\vec{S},\vec{f}]$ auf die Signale
$p_i = p_i(t)$ abbildet, lautet dann:

$$\vec{f}_p : \vec{s}^i \rightarrowtail p_i \text{ mit } \vec{s}^i \in [\vec{S},\vec{f}], \; \vec{f}_p \text{ eindeutig} \qquad (2.4-3)$$

Die Zweige $\vec{s}^i$ des determinierten und orientierten topologischen Systems $[\vec{S},\vec{f}]$ sind somit im wichtigen Spezialfall

eines Bonddiagramms dessen durchnumerierten und orientierten Bindungen gleichzusetzen.
Schliesslich lässt sich aus den obigen Ueberlegungen die
folgende auf Bonddiagramme bezogene Definition des konkreten Modells eines abstrakten Systems G(R) (vgl. Definition
2-5 in Abschnitt 2.2.4.) ableiten:

<u>Definition 2-18</u>
  Das <u>konkrete Modell</u> eines abstrakten Systems G(R) ist ein
  Tripel [[S,f], $f_\omega$, $f_p$], also ein 4-Tupel [S,f,$f_\omega$,$f_p$], wobei S das in Gl.(2.3-27) definierte, auf der Strukturre-
  lation R entfaltete topologische System, f die in Gl.
  (2.3-65) definierte determinierende Funktion und $f_\omega$ sowie
  $f_p$ die als <u>konkretisierende Funktionen</u> bezeichneten und
  in den Gln.(2.4-1) und (2.4-2) definierten eindeutigen
  Abbildungen sind.


Konkretes Modell von G(R) $=_{Df}$ [S,f,$f_\omega$,$f_p$]           (2.4-4)


Konkretisierende Funktionen von [S,f] $=_{Df}$ $f_\omega$,$f_p$     (2.4-5)


Wird auf das determinierte System [S,f] zunächst nur die
konkretisierende Funktion $f_\omega$ angewandt, so erhält man ein
topologisches System, dessen Knoten durch Symbole $\omega\in\Omega$ der
idealen Bonddiagrammelemente bezeichnet sind.

<u>Definition 2-19</u>
  Die <u>Struktur des konkreten Modells</u> eines abstrakten Systems G(R) ist ein Tripel [S,f,$f_\omega$], wobei $f_\omega$ diejenige
  konkretisierende Funktion ist, durch welche den Ecken
  des auf der Strukturrelation R entfalteten, determinierten topologischen Systems [S,f] ideale Bonddiagrammelemente $\omega$ zugeordnet werden.


Struktur des konkreten Systemmodells $=_{Df}$ [S,f,$f_\omega$]   (2.4-6)


<u>Definition 2-20</u>
  Die zeichnerische Darstellung der Struktur des konkreten
  Modells eines abstrakten Systems G(R) heisst Bonddiagramm
  des abstrakten Systems G(R).

Für ein determiniertes und auch orientiertes topologisches
System [$\vec{S}$,$\vec{f}$] (vgl. die Gln.(2.3-76), (2.3-74) sowie die Gln.
(2.3-36), (2.3-34) und (2.3-35) müssen in den Definitionen
2-18 und 2-19 die Symbole S,f und $f_p$ durch die Symbole $\vec{S}$, $\vec{f}$
und $\vec{f}_p$ ersetzt werden und man erhält die folgenden neuen
Definitionsgleichungen:

Orientiertes konkretes Modell von G(R) $=_{Df}$ [$\vec{S}$,$\vec{f}$,$f_\omega$,$\vec{f}_p$] (2.4-7)


Konkretisierende Funktionen von [$\vec{S}$,$\vec{f}$] $=_{Df}$ $f_\omega$,$\vec{f}_p$       (2.4-8)

Struktur des orientierten konkreten Systemmodells

$$=_{Df} \; [\vec{S},\vec{f},f_\omega] \qquad (2.4\text{-}9)$$

<u>Beispiel</u>
Im Beispiel des Abschnitts 2.3.5. ergab sich das folgende
orientierte determinierte topologische System:

$$[\vec{S},\vec{f}] = \{\,(<c,d>,2),(<c,e>,4),(<h,c>,5),(<h,f>,7),(<g,h>,9)\,\}$$

$$\text{mit } \vec{S} = \{<c,d>,<c,e>,<h,c>,<h,f>,<g,h>\}$$

Mit Hilfe der Gln.(2.3-37) bis (2.3-39) erhält man den Vorbereich $b_v R$, den Nachbereich $b_n R$ und das Feld Fd R der Strukturrelation R:

$$b_v\vec{S} = b_v R = \{c,h,g\}$$

$$b_n\vec{S} = b_n R = \{d,e,c,f,h\}$$

$$M = Fd\,R = Fd\,\vec{S} = b_v\vec{S} \cup b_n\vec{S} = \{c,d,e,f,g,h\}$$

Nach der Definition 2-13 in Abschnitt 2.3.2. ist ein auf
einer Strukturrelation R entfaltetes topologisches System
$\Gamma(R)$ ein Restsystem $S/\rho_S$, wobei nach der Definition (2.3-20)
jedem Element $g_R$ des abstrakten Systems G(R) eine in Gl.
(2.3-25) definierte Restklasse $S_g = [T(\overline{xy})]_{\rho_S}$ $(x,y =_{Df}$ Ecken
von $g_R$) zugeordnet wird. Aus Satz 5 in [25]S126 folgt, dass
$S/\rho_S$ eine Zerlegung von S modulo $\rho_S$ ist, woraus gemäss der
Definitionsäquivalenz (2.2-17) in Abschnitt 2.2.2. folgt,
dass alle Restklassen von $S/\rho_S$ paarweise disjunkt und nicht
leer sind. Durch die Abbildung $\Gamma$ wird also jedem Element
$g_R \in G(R)$ genau eine Restklasse in $S/\rho_S$ zugeordnet d.h. die
Abbildung $\Gamma$ erfüllt die Bedingungen (2.2-64) und (2.2-65)
und ist somit gemäss (2.2-66) bijektiv, also auch umkehrbar:

$$\Gamma: G(R) \to S \text{ bijektiv} \leftrightarrow \Gamma \text{ umkehrbar} \qquad (2.4\text{-}10)$$

Die in den Gln.(2.3-36) und (2.3-34) definierte Abbildung $\vec{\Gamma}$
ist also auch bijektiv und umkehrbar, d.h. gemäss der Aussage (2.2-68) gilt:

$$\vec{\Gamma}: G(R) \to \vec{S} \text{ bijektiv} \to G(R) = \vec{\Gamma}^{-1}[\vec{S}] \qquad (2.4\text{-}11)$$

Aus der Definitionsgl.(2.3-34) folgt, dass durch die Abbil-
dung $\vec{\Gamma}$ ausserdem die Ordnung der Paare $(x,y) = g_R \in G(R)$ er-

halten bleibt, wodurch die Schreibweise $G(R) = \vec{r}^{-1}[\vec{S}]$ in
Gl.(2.4-11) gerechtfertigt ist.
Wendet man Gl.(2.4-11) im vorliegenden Beispiel an, so er-
hält man den Graphen $G(R)$ der Strukturrelation $R$:

$$G(R) = \vec{r}^{-1}[\vec{S}] = \{ (c,d), (c,e), (h,c), (h,f), (g,h) \}$$

Aus den Gln.(2.2-44) und (2.2-45) erhält man die Definitionsbereiche $I$ und $J$

$$I = [1, \text{ card } b_v R] = [1,3]$$

$$J = [1, \text{ card } b_n R] = [1,5]$$

der in (2.2-33) definierten Bijektionen $k$ und $\ell$, die für
das Beispiel durch die folgenden Zuweisungen gegeben seien:

$$k: \quad 1 \rightarrowtail c \quad 2 \rightarrowtail h \quad 3 \rightarrowtail g$$

$$\ell: \quad 1 \rightarrowtail d \quad 2 \rightarrowtail e \quad 3 \rightarrowtail c \quad 4 \rightarrowtail f \quad 5 \rightarrowtail h$$

Durch Anwendung dieser beiden Funktionen erhält der Graph
$G(R)$ die folgende Schreibform:

$$G(R) = \{ (k(1),\ell(1)), (k(1),\ell(2)), (k(2),\ell(3)), (k(2),\ell(4)),$$
$$(k(3),\ell(5)) \}$$

Gemäss den Definitionsgln.(2.2-41) und (2.2-42) sind die
Elemente des Graphen $G(R)$ diejenigen Paare $(k(i), \ell(j))$,
deren Werte bzgl. der charakteristischen Funktion $\kappa_{G(R)}$
die Elemente $c_{ij}$ der Relationsmatrix von $R$ mit dem
Wert 1 sind, d.h. die Elemente der in Gl.(2.2-51) definierten Restklasse $[1]_{\rho_C}$ :

$$\kappa_{G(R)}: \quad G(R) \rightarrow [1]_{\rho_C} \xleftrightarrow{\text{Df}} \kappa_{G(R)}[G(R)] = [1]_{\rho_C} = C_1 \qquad (2.4\text{-}12)$$

$$\kappa_{G(R)}[G(R)] = \{c_{11}, c_{12}, c_{23}, c_{24}, c_{35}\} = [1]_{\rho_C}$$

Da jedes Restsystem, wie schon erwähnt, eine Partition ist,
ist auch die in Gl.(2.2-53) definierte Quotientenmenge $C/\rho_C$
eine Zerlegung der in Gl.(2.2-47) definierten Menge $C$ der
Elemente der Relationsmatrix $(c_{ij})$ modulo der Aequivalenzrelation $\rho_C$, die ihrerseits durch ihren Graphen $G(\rho_C)$ wie in
Gl. (2.2-54) definiert ist.

Die in Gl.(2.2-52) definierte Restklasse $C_0$ von 0 modulo $\rho_C$
erhält man daher als Differenz von C und $[1]_{\rho_C}$

$$C_0 = [0]_{\rho_C} = C\backslash[1]_{\rho_C} \qquad (2.4\text{-}13)$$

In (2.2-33) ist I bzw. J als Indexmenge der Zeilen bzw. der
Spalten der Relationsmatrix $(c_{ij})$ bezeichnet. Die Menge C
der Elemente $c_{ij}$ ist daher bestimmt durch den Ausdruck:

$$C = \{c_{ij}\}_{(i,j)\,\in I\times J} \qquad (2.4\text{-}14)$$

Da hier gilt $I = [1,3]$ und $J = [1,5]$ erhält man für C:

$$C = \{c_{11},\ c_{12},\ c_{13},\ c_{14},\ c_{15},\ c_{21},\ c_{22},\ c_{23},\ c_{24},\ c_{25},$$
$$c_{31},\ c_{32},\ c_{33},\ c_{34},\ c_{35}\}$$

Aus (2.4-13) ergibt sich dann die Restklasse $C_0$:

$$C_0 = [0]_{\rho_C} = \{c_{13},\ c_{14},\ c_{15},\ c_{21},\ c_{22},\ c_{25},\ c_{31},\ c_{32},\ c_{33},\ c_{34}\}$$

Gemäss den Definitionen der Restklassen modulo $\rho_C$ haben
alle Elemente von $C_1$ den Wert 1 und alle Elemente von
$C_0$ den Wert 0.
$C_1$ und $C_0$ definieren also die folgende Relationsmatrix
$C_R = (c_{ij})$ der Strukturrelation R:

$$C_R = (c_{ij}) = \begin{bmatrix} c_{11} & c_{12} & c_{13} & c_{14} & c_{15} \\ c_{21} & c_{22} & c_{23} & c_{24} & c_{25} \\ c_{31} & c_{32} & c_{33} & c_{34} & c_{35} \end{bmatrix} = \begin{bmatrix} 1 & 1 & 0 & 0 & 0 \\ 0 & 0 & 1 & 1 & 0 \\ 0 & 0 & 0 & 0 & 1 \end{bmatrix}$$

Die in Gl.(2.2-86) definierte Quotientenmenge $K/\rho_I$ ist das
System der in den Gln.(2.2-84) und (2.2-85) gegebenen Restklassen $K_1$ und $K_0$ der Indexpaare für $(c_{ij})$ modulo $\rho_I$. Demnach können $K_1$ und $K_0$ mit Hilfe der Umkehrfunktion $F^{-1}$ der in
Gl.(2.2-62) definierten indizierenden Funktion bestimmt
werden:

$$K_1 = F^{-1}[[1]_{\rho_C}] = \{(1,1),\ (1,2),\ (2,3),\ (2,4),\ (3,5)\}$$

$$K_0 = F^{-1}[[0]_{\rho_C}] = \{(1,3),\ (1,4),\ (1,5),\ (2,1),\ (2,2),$$
$$(2,5),\ (3,1),\ (3,2),\ (3,3),\ (3,4)\}$$

Die konkretisierende Funktion $f_\omega$ (Gl.(2.4-1)) sei im vorliegenden Beispiel wie folgt definiert:

$$f_\omega: \quad c \rightarrowtail P \quad d \rightarrowtail J \quad e \rightarrowtail C \quad f \rightarrowtail R \quad g \rightarrowtail E \quad h \rightarrowtail S$$

mit dem Graph $G(f_\omega)$:

$$G(f_\omega) = \{(c,P),\ (d,J),\ (e,C),\ (f,R),\ (g,E),\ (h,S)\}$$

Der Wertebereich $W(f_\omega)$ der konkretisierenden Funktion kann
eine echte oder unechte Teilmenge der in Gl.(1.2-1) definierten Menge $\Omega$ der Bonddiagrammsymbole $\omega$ sein.

$$\Omega_S \ =_{Df} \ W(f_\omega) \subseteq \Omega \tag{2.4-15}$$

wobei $\Omega$ die Vereinigung aller in den Gln.(1.2-2) bis
(1.2-5) definierten Mengen ist:

$$\Omega \ =_{Df} \ Q \cup \Pi \cup U \cup \Phi = \{E,\ I,\ R,\ J,\ C,\ T,\ G,\ S,\ P\} \tag{2.4-16}$$

$$\text{Aus} \quad \text{card } \Omega = 9 \tag{2.4-17}$$

folgt, dass hier 9 alphanumerische Bonddiagrammsymbole eingeführt worden sind.
In Fig. 2.4-1a ist die Struktur $[\vec{S},\vec{f},f_\omega]$ des orientierten
konkreten Systemmodells (vgl. Gl.(2.4-9)) für die oben definierte konkretisierende Funktion $f_\omega$ des Beispiels graphisch dargestellt.

a)                                                    b)

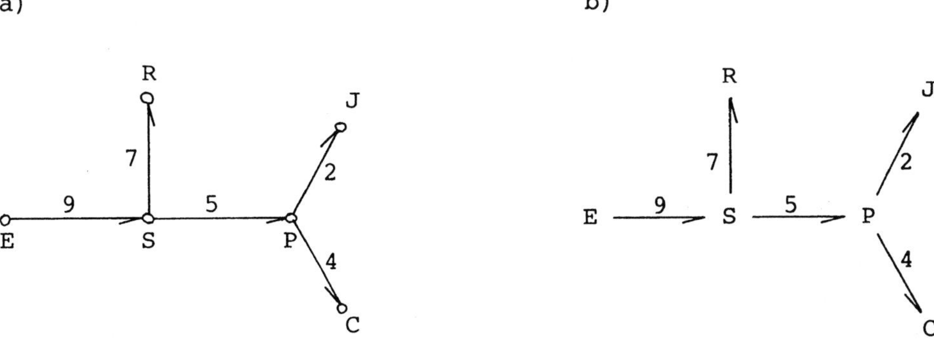



Fig. 2.4-1  a) Diagramm der Struktur $[\vec{S},\vec{f},f_\omega]$ eines
               orientierten konkreten Systemmodells

            b) orientiertes Bonddiagramm

Die Darstellung in Fig. 2.4-1a kann vereinfacht werden, indem man die durch kleine Kreise dargestellten Knoten des topologischen Systems direkt durch die den Knoten zugeordneten Bonddiagrammsymbole ersetzt. Man erhält dann die Darstellung in Fig. 2.4-1b, die - wie ein Vergleich mit Fig. 1.2-8 zeigt - dem Symbolismus der Bonddiagramme entspricht.

# 3. Grundbegriffe der Strukturzahlentheorie

## 3.1. Zerlegung eines topologischen Systems

Die Ausführungen von S.BELLERT in [17] zeigen, dass er bei
seinen Ueberlegungen von der klassischen graphentheoretischen Darstellung und Analyse von Systemen ausgeht. In diesem klassischen Modell ist dem System ein <u>Graph</u> zugeordnet,
dessen Zweige den Systemelementen und dessen Punkte den
idealen Verbindungen dieser Elemente entsprechen.

Für die Systemanalyse werden in Gesamtgraphen verschiedene
Arten von <u>Teilgraphen</u> definiert, die zwar bestimmte, jedoch
nicht alle Punkte und Zweige des Gesamtgraphen enthalten.
Ein solcher Teilgraph kann ein <u>Kreis</u> sein, der aus einer un-
unterbrochenen Folge von Zweigen besteht, auf der man an den
Anfangspunkt zurückkehrt, und die keinen Punkt zweimal enthält; ein Kreis ist also ein geschlossener Weg des Graphen.
Eine weitere, für das Aufstellen der Systemgleichungen wichtige Gruppe von Teilgraphen umfasst die <u>Bäume</u> eines Graphen.
Ein Baum ist ein Teilgraph, der alle Punkte des Gesamtgraphen enthält und verbindet, aber keine Kreise aufweist. Die
verschiedenen Bäume, die zu einem Graphen gehören, enthalten
alle die gleiche Anzahl von Zweigen. Die Zweige eines Baumes
werden als <u>Aeste</u> bezeichnet; ihre Zahl ist immer gleich der
minimalen Anzahl Zweige, die notwendig sind, um alle Knoten
eines Graphen zu verbinden.

Betrachtet man nun einen Graphen als Sonderfall des in der
Definition 2-13 in Abschnitt 2.3.2. bestimmten topologischen
Systems, so kann jeder Baum als Vereinigung von eindimensionalen Simplexen und somit das gesamte topologische System
als Vereinigung aller seiner Bäume aufgefasst werden.

<u>Beispiel</u>

Fig. 3.1-1a zeigt die Darstellung eines im Sinne der Definition 2-17 aus Abschnitt 2.3.5. determinierten topologischen
Systems mit 3 Ecken und 4 Zweigen. In Fig. 3.1-1b sind alle
möglichen <u>determinierten Dendrite ( = Bäume)</u> des topologischen Systems aufgezeichnet.

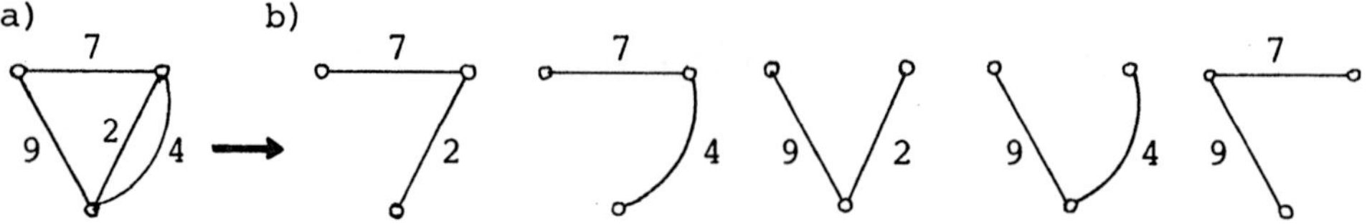

Fig. 3.1-1 Zerlegung eines determinierten topologischen
           Systems


Durch die in Gl.(2.3-65) definierte determinierende Funktion
f des gegebenen topologischen Systems sind den $m = 2$ Zweigen
$s_i$ eines einzelnen der $n = 5$ Dendrite des Systems $m = 2$ der
Elemente $\alpha_i$ zugeordnet, die für jeden Dendriten $k \in [1,n]$
eine Menge $a_k = \{\alpha_{\ell k}\}_{\ell \in [1,m]}$ definieren.
Die Glieder der Mengenfamilie $(a_k)_{k \in [1,n]}$ sind daher die
Elemente des Mengensystems $\underline{A} = \{a_k\}_{k \in [1,n]}$, das für das Beispiel durch die folgenden Ausdrücke gegeben ist:


$$\underline{A} = \{a_1,\ a_2,\ a_3,\ a_4,\ a_5\}$$

$$= \{\{\alpha_{11},\ \alpha_{21}\},\ \{\alpha_{12},\ \alpha_{22}\},\ \{\alpha_{13},\ \alpha_{23}\},\ \{\alpha_{14},\ \alpha_{24}\},\ \{\alpha_{15},\ \alpha_{25}\}\}$$

$$= \{\{2,\ 7\},\ \{4,\ 7\},\ \{2,\ 9\},\ \{4,\ 9\},\ \{7,\ 9\}\}$$


Die determinierten Dendrite können als Bilder der Mengen $a_k$
und das gesamte topologische System als geometrisches Bild
des Mengensystems $\underline{A}$ betrachtet werden.



## 3.2. Die Strukturzahl und ihr geometrisches Bild


<u>Definition 3-1</u>

   Die Strukturzahl A ist das System $\underline{A}$ der Mengenfamilie
   $(a_k)_{k \in [1,n]}$, deren Glieder $a_k$ alle voneinander verschieden
   und Teilmengen der Menge $\mathbf{N}^*$ (vgl. die Definitionsgl.

(2.2-34) in Abschnitt 2.2.3.3.) sind und als Spalten ihrer
jeweiligen Elementefamilie $(\alpha_{\ell k})_{\ell \in [1,m]}$ geschrieben werden.

$$A =_{Df} \{a_1, a_2, \ldots, a_n\} =_{Df} \begin{bmatrix} \alpha_{11} & \alpha_{12} & \cdots & \alpha_{1n} \\ \alpha_{21} & \alpha_{22} & \cdots & \alpha_{2n} \\ \vdots & \vdots & & \vdots \\ \alpha_{m1} & \alpha_{m2} & \cdots & \alpha_{mn} \end{bmatrix} \qquad (3.2-1)$$

mit $a_i \neq a_j$ für $i \neq j$

und $a_k =_{Df} \{\alpha_{1k}, \alpha_{2k}, \ldots, \alpha_{mk}\}$ wobei $\alpha_{\ell k} \in \mathbb{N}^*$ $\qquad (3.2-2)$

Die allgemeinere Definition der Strukturzahl A lässt auch
zu, dass die Spalten von A verschiedene Anzahlen von Elementen enthalten, also card $a_i \neq$ card $a_j$ für $i \neq j$. Die oben
definierte Strukturzahl mit Spalten gleicher Elementezahl
wird in diesem Zusammenhang als konstantzeilige Strukturzahl bezeichnet:

$$A \text{ konstantzeilig} \leftrightarrow_{Df} \text{card } a_i = \text{card } a_j, \; i \neq j \qquad (3.2-3)$$

Die Definition der determinierenden Funktion f in Gl.
(2.3-65) und das Beispiel aus Abschnitt 3.1. zeigen, dass
jede Spalte $a_k$ einer Strukturzahl A im Sinne der Definitionen (2.2-37) und (2.2-38) in Abschnitt 2.2.3.3. als
Bild eines Dendriten $D_k$ eines topologischen Systems S betrachtet werden kann. Es muss also dabei vorausgesetzt
werden, dass jede Spalte $a_k$ von A der Wertebereich der
auf die Menge der eindimensionalen Simplexe eines Dendriten $D_k \subseteq S$ eingeschränkten determinierenden Funktion f ist:

$$a_k =_{Df} W(f|D_k) = f[D_k] \qquad (3.2-4)$$

Der Graph $G(f|D_k)$ der auf $D_k$ eingeschränkten determinieren-
den Funktion f ist gemäss Gl.(2.2-92) gegeben durch die Menge:

$$G(f|D_k) = G(f) \cap (D_k \times W(f)) \qquad (3.2-5)$$

Die präzise Definition eines Dendriten $D_k \subseteq S$ setzt die Definitionen einer Kette und eines Zyklus in einem topologischen System S voraus.

<u>Definition 3-2</u>

Eine <u>Kette</u> $K_S$ der Länge m in dem auf der Strukturrelation R entfalteten topologischen System $S = \Gamma(R)$ (vgl. Definition 2-13 in Abschnitt 2.3.2.) ist eine Familie $(s_i)_{i \in [1,m]}$ von eindimensionalen Simplexen $s_i \in S$, deren Ecken $E(s_i) = \{x_{i-1}, x_i\}$ (vgl. Definitionsgl. (2.3-29)) die Glieder einer Familie $(x_i)_{i \in [0,m]}$ von Knoten des topologischen Systems ( = Feld der Relation R) sind.

$$K_S \quad \text{Kette} \leftrightarrow_{Df} \qquad\qquad\qquad\qquad (3.2\text{-}6)$$

$$K_S =_{Df} \{s_i \mid i \in [1,m] \land (s_i \in S) \land E(s_i) = \{x_{i-1}, x_i\} \subseteq M = Fd\ R\}$$

Eine Kette $K_S$ heisst <u>einfach</u>, wenn jede Restklasse $[T(\overline{x_{i-1}x_i})]_{\rho_S}$ (vgl. die Gln. (2.3-22) und (2.3-25)) nur ein einziges Element $T(\overline{x_{i-1}x_i}) = s_i$ enthält und alle $x_i$ verschiedene Knoten von S sind.

$$K_S \quad \text{einfach} \leftrightarrow_{Df}$$

$$\forall x_{i-1} x_i \left( [T(\overline{x_{i-1}x_i})]_{\rho_S} \subseteq K_S \rightarrow [T(\overline{x_{i-1}x_i})]_{\rho_S} = \{s_i\} \right)$$

$$\land\ \forall x_i\ \forall x_j\ (i,j \in [1,m] \rightarrow x_i \neq x_j) \qquad\qquad (3.2\text{-}7)$$

Der Begriff des (einfachen) Zyklus kann auf Grund der Definition der (einfachen) Kette festgelegt werden.

<u>Definition 3-3</u>

Die (einfache) Kette der Knotenfamilie $(x_i)_{i \in [0,m]}$ eines topologischen Systems S ist ein (<u>einfacher</u>) <u>Zyklus</u> $Z_S$ ($Z_S^*$), wenn es zu den Ecken $x_0$ und $x_m$ (genau) einen eindimensionalen Simplex $s_{m+1}$ in S gibt.

$$Z_S^* \quad \text{einfacher Zyklus} \leftrightarrow_{Df} Z_S^* =_{Df} K_S \cup \{s_{m+1}\} \qquad (3.2\text{-}8)$$

$$\text{wobei } s_{m+1} = \iota s_i (s_i \in S \land E(s_i) = \{x_m, x_0\} \subseteq E[K_S] = (x_i)_{i \in [0,m]}$$

$$\land\ [T(\overline{x_m x_0})]_{\rho_S} = \{s_i\}) \qquad\qquad (3.2\text{-}9)$$

$$\text{mit dem logischen Symbol: } \iota =_{Df} \text{dasjenige} \qquad\qquad (3.2\text{-}10)$$

$$\text{und dem Bild: } E[K_S] =_{Df} \{E(s_i) \mid s_i \in K_S\} \qquad\qquad (3.2\text{-}11)$$

Bevor nun die Definition des Dendriten gegeben werden kann,
müssen noch zwei weitere Begriffe eingeführt werden: die
Begriffe des azyklischen und des zusammenhängenden topologischen Systems.

Definition 3-4

  Ein topologisches System S heisst azyklisch, wenn es
  keine Zyklen $Z_S$ besitzt.

Definition 3-5

  Ein topologisches System S heisst zusammenhängend, wenn
  in ihm jeder Knoten y von jedem anderen Knoten x aus erreichbar ist.
  In S wird ein Knoten y als vom Knoten x aus erreichbar
  bezeichnet, falls es in S eine Kette $K_S$ der Knotenfamilie $(x_i)_{i \in [0,m]}$ mit $x_0 = x$ und $x_m = y$ gibt.

$$S \text{ zusammenhängend} \leftrightarrow_{Df} S = \Gamma(R) \wedge \forall x \forall y (x, y \in \mathrm{Fd}\, R$$

$$\exists K_S (K_S \subseteq S \wedge E[K_S] = (x_i)_{i \in [0,m]} \wedge x_0 = x \wedge x_m = y)) \qquad (3.2\text{-}12)$$

Mit Hilfe der obigen Begriffe kann nun die Definition des
Dendriten $D_k$ sehr einfach wie folgt formuliert werden:

Definition 3-6

  Ein azyklisches zusammenhängendes topologisches System
  heisst Dendrit $D_k$. Meistens ist ein Dendrit $D_k$ nur ein
  Teil $D_k \subset S$ eines topologischen Systems S.

  Ein Baum ist ein Zweitupel $[D_k, f_k]$, wobei $D_k$ ein Dendrit
  eines topologischen Systems S ist und $f_k$ die gemäss Gl.
  (3.2-5) auf $D_k$ eingeschränkte determinierende Funktion f
  von S, wie sie durch Gl.(2.3-65) definiert ist.

$$[D_k, f_k] \text{ Baum} \leftrightarrow_{Df} D_k \text{ Dendrit} \wedge D_k \subseteq S \wedge f_k = f|D_k \qquad (3.2\text{-}13)$$

Zwei Bäume $[D_1, f_1]$ und $[D_2, f_2]$ heissen ähnlich (in Symbolen: $[D_1, f_1] \sim [D_2, f_2]$), wenn die Wertebereiche $W(f_1) =$
$f_1[D_1]$ und $W(f_2) = f_2[D_2]$ gleich sind.

$$[D_1, f_1], [D_2, f_2] \text{ ähnlich} \leftrightarrow_{Df} [D_1, f_1] \sim [D_2, f_2]$$

$$\leftrightarrow_{Df} f_1[D_1] = f_2[D_2] \qquad (3.2\text{-}14)$$

Mit Hilfe der Definition der Bäume eines determinierten topologischen Systems und der Gl.(3.2-4) kann schliesslich die Definition des geometrischen Bildes einer Strukturzahl gegeben werden.

<u>Definition 3-7</u>

Sind die Spalten $a_k$ der Strukturzahl A die Bilder $f[D_k]$ aller Bäume $[D_k, f_k = f|D_k]$ des determinierten topologischen Systems $[S,f] = [\Gamma(R),f]$, so heisst dieses System <u>geometrisches Bild</u> <u>B</u> der Strukturzahl A.

$$\text{geometrisches Bild von } A \leftrightarrow_{Df} \Gamma =_{Df} [\Gamma(R),f] =_{Df} \underline{B}(A)$$

$$\leftrightarrow_{Df} \forall a_k (a_k \epsilon A \rightarrow \exists [D_k, f_k]([D_k, f_k] \subseteq [\Gamma(R),f] \wedge f_k[D_k] = a_k))$$

$$\wedge \forall [D_k, f_k]([D_k, f_k] \subseteq [\Gamma(R),f] \rightarrow \exists a_k (a_k \epsilon A \wedge f_k^{-1}[a_k] = D_k))$$

$$(3.2\text{-}15)$$

<u>Beispiel</u>

Das in Fig.3.1-1a dargestellte determinierte topologische System ist bestimmt durch die Menge

$$\Gamma_1 = [\Gamma(R),f] = \{(s_1, 2), (s_2, 4), (s_3, 7), (s_4, 9)\}$$

$\Gamma_1$ sei in abgekürzter Schreibweise gegeben durch (vgl. Gl.

$$(2.3\text{-}78)$$

$$\Gamma_1 = \{s^2, s^4, s^7, s^9\}$$

Der Zerlegung dieses Systems in Fig.3.1-1b entsprechen die folgenden Bäume

$$[D_1, f_1] = \{s^2, s^7\} \text{ mit } f_1[D_1] = \{2,7\}$$

$$[D_2, f_2] = \{s^4, s^7\} \text{ mit } f_2[D_2] = \{4,7\}$$

$$[D_3, f_3] = \{s^2, s^9\} \text{ mit } f_3[D_3] = \{2,9\}$$

$$[D_4, f_4] = \{s^4, s^9\} \text{ mit } f_4[D_4] = \{4,9\}$$

$$[D_5, f_5] = \{s^7, s^9\} \text{ mit } f_5[D_5] = \{7,9\}$$

Schreibt man das Mengensystem <u>A</u> aus dem Beispiel in Abschnitt 3.1. in der Form, wie sie durch die Definition 3-1 bestimmt ist, so erhält man die folgende Strukturzahl A:

$$A = \begin{bmatrix} 2 & 4 & 2 & 4 & 7 \\ 7 & 7 & 9 & 9 & 9 \end{bmatrix}$$

Ein Vergleich der Bilder $f_k[D_k]$ der Bäume des topologischen Systems $\Gamma_1 = [\Gamma(R),f]$ mit den Spalten der Strukturzahl A bestätigt, dass $\Gamma_1$ ein Bild $\underline{B}_1(A)$ der Strukturzahl A im Sinne der Definition 3-7 ist.

In Fig.3.2-1a ist ein topologisches System $\Gamma_2$ dargestellt, dessen Bäume in Fig.3.2-1b den Bäumen von $\Gamma_1$ gemäss der Definitionsäquivalenz (3.2-14) ähnlich sind.

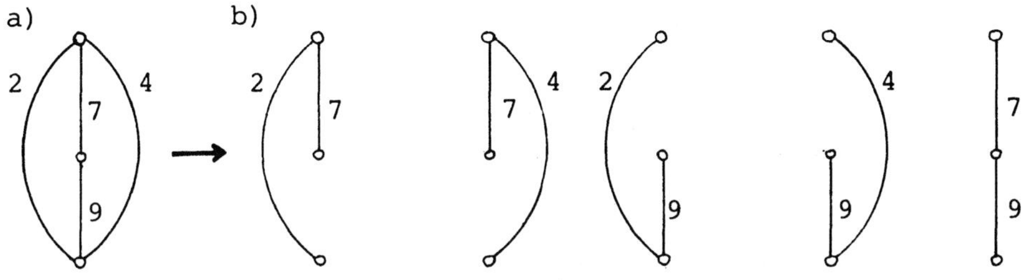


Fig.3.2-1 Determiniertes topologisches System $\Gamma_2$
          und dessen Bäume

## 3.3. Algebra der Strukturzahlen

Nach [28]S16 ist eine algebraische Struktur ein Tripel $[A,\omega,n]$, wo die Menge A als Träger bezeichnet wird, $n = (n_i)_{i\in I}$ eine Familie natürlicher Zahlen $n_i \neq 0$ ist und $\omega = (\omega_i)_{i\in I}$ eine Familie $n_i$-stelliger Operationen $\omega_i$ in A. Eine Operation $\omega_i$ in A ist eine eindeutige Abbildung von $A \times A$ in A.

$$\omega_i \text{ Operation in } A \leftrightarrow_{Df} (\omega_i: A \times A \to A) \wedge \omega_i \text{ eindeutig} \qquad (3.3-1)$$

Träger der Algebra der Strukturzahlen ist die Menge $M_A$ aller Strukturzahlen A,B,C,.... Gemäss der Definition 3-1 in Abschnitt 3.2. sind somit die Elemente von $M_A$ Systeme von Mengenfamilien $(a_k)_{k\in[1,n]}$. Da zwei Mengen als gleich bezeichnet werden, wenn sie die gleichen Elemente enthalten, sind zwei Strukturzahlspalten $a_j$ und $a_k$ gleich, wenn ihre Elemente $\alpha_{\ell j}$ bzw. $\alpha_{\ell k}$ gleich sind, unabhängig von deren Reihenfolge in $a_j$ bzw. $a_k$. Da die Spalten a wiederum Elemente

von Strukturzahlen sind, gilt für die Gleichheit zweier
Strukturzahlen $A, B \epsilon M_A$ die folgende Bedingung:

$$A = B \underset{Df}{\leftrightarrow} \forall a (a \epsilon A \leftrightarrow a \epsilon B) \tag{3.3-2}$$

Aus den obigen Ueberlegungen folgt auch, dass in einer
Strukturzahl A jede Spalte a von A und in einer Spalte a
jedes Element $\alpha$ von a nur ein einziges Mal vorkommen
sollen.
Diese Aussage kann präzisiert werden, wenn man die Elemente
$\alpha$ oder die Spalten a als Glieder einer endlichen Folge über
$\mathbb{N}$ * der Gestalt

$$\text{Folge } (x_1, x_2, \ldots, x_i, \ldots, x_n)$$

auffasst und eine Funktion $r(x_i)$ der Folgenglieder $x_i$ definiert, die jedem $x_i$ die Anzahl der Wiederholungen des Wertes
von $x_i$ in der gegebenen Folge zuordnet.

$$r(x_i) \underset{Df}{=} \text{Repetition (Anzahl der Wiederholungen)}$$
$$\text{des Wertes des Folgengliedes } x_i \tag{3.3-3}$$

Im nächsten Abschnitt sollen in der Menge $M_A$ der Strukturzahlen eine additiv (+) und eine multiplikativ ($\cdot$) geschrie-
bene Operation definiert werden.

<u>Beispiele</u>

Die beiden folgenden Strukturzahlen A und B sind gemäss der
Definitionsäquivalenz (3.3-2) gleich:

$$A = \begin{bmatrix} 3 & 3 & 1 & 1 \\ 5 & 4 & 3 & 2 \\ 6 & 6 & 4 & 3 \end{bmatrix} \qquad B = \begin{bmatrix} 5 & 3 & 3 & 1 \\ 3 & 4 & 4 & 2 \\ 6 & 1 & 6 & 3 \end{bmatrix} \rightarrow A = B$$

Die Spalten von A sind:

$$a_1 = \{3, 5, 6\} \qquad a_2 = \{3, 4, 6\}$$
$$a_3 = \{1, 3, 4\} \qquad a_4 = \{1, 2, 3\}$$

Die Repetitionen der Spalten von A sind alle gleich 1:

$$r(a_1) = r(a_2) = r(a_3) = r(a_4) = 1$$

Ebenso sind die Repetitionen der Elemente einer Spalte
gleich 1; z.B. gilt für Spalte $a_1$:

$$r(3) = r(5) = r(6) = 1$$

In der folgenden Folge sind jedoch nicht alle Repetitionen
gleich 1:

Folge (3, 2, 4, 2, 5, 2, 3)

$$r(3) = 2 \quad r(2) = 3 \quad r(4) = 1 \quad r(5) = 1$$


### 3.3.1. Die Operationen der Addition und Multiplikation


In diesem Abschnitt sind nur die bzgl. der vorliegenden Arbeit wichtigen Ergebnisse der Theorie der Strukturzahlen zusammengestellt; für ausführlichere Begründungen und Beweise
sei auf die Publikationen [16] bis [21] von S.BELLERT verwiesen.

Definition 3-8

Die Summe zweier Strukturzahlen A und B ist die Strukturzahl C, welche ausser den gemeinsamen Spalten alle Spalten von A und B enthält.

$$C = A + B \leftrightarrow_{Df} C = \{a \mid (a \in A \vee a \in B) \wedge a \notin A \cap B\} \qquad (3.3\text{-}4)$$

Im mengentheoretischen Sinn der Definitionsgl.(2.2-133) ist
C also die symmetrische Differenz von A und B.

$$C = A + B \leftrightarrow_{Df} A \triangle B \qquad (3.3\text{-}5)$$

Beispiel 1

$$\begin{bmatrix} 1 & 1 & 2 \\ 2 & 3 & 3 \end{bmatrix} + \begin{bmatrix} 2 & 2 & 3 & 1 \\ 3 & 4 & 4 & 3 \end{bmatrix} = \begin{bmatrix} 1 & 2 & 3 \\ 2 & 4 & 4 \end{bmatrix}$$

Eine Strukturzahl die keine Spalte enthält, heisst Null-
element 0 der Strukturzahlen.

$$[ \ ] =_{Df} 0 =_{Df} \text{Nullelement in } M_a \qquad (3.3\text{-}6)$$

0 ist neutrales Element der Addition:

$$A + 0 = A \tag{3.3-7}$$

Gemäss der Definition 3-8 gelten auch die folgenden Beziehungen:

$$A + A = 0 \tag{3.3-8}$$

$$A = \sum_{k=1}^{n} \{a_k\} \tag{3.3-9}$$

Die letzte Gleichung zeigt, dass jede Strukturzahl als Summe der Strukturzahlen ihrer n Spalten geschrieben werden kann.

## Definition 3-9

Das <u>Produkt zweier Strukturzahlen</u> A und B ist die Strukturzahl C, deren Spalten die Vereinigungen a ∪ b aller möglichen Kombinationen {a,b} von (im Sinne der Definitionsäquivalenz (2.2-18) in Abschnitt 2.2.2.) disjunkten Spalten a∈A und b∈B mit ungeradzahliger Repetition r(a ∪ b).

$$C = A \cdot B \leftrightarrow_{Df} C = \{a \cup b \mid a \in A \wedge b \in B \wedge a \cap b = \phi$$

$$\wedge\, r(a \cup b) \in \{1,3,5,\ldots\}\} \tag{3.3-10}$$

## Beispiel 2

$$A = \begin{bmatrix} 1 & 2 & 3 \end{bmatrix} \qquad B = \begin{bmatrix} 2 & 1 \\ 3 & 2 \end{bmatrix}$$

Bei der Bestimmung des Produktes C = A·B geht man am besten schrittweise vor, indem zunächst alle Vereinigungen a∪b gebildet werden:

$$\begin{bmatrix} 1 & 1 & 2 & 2 & 3 & 3 \\ 2 & 1 & 2 & 1 & 2 & 1 \\ 3 & 2 & 3 & 2 & 3 & 2 \end{bmatrix}$$

Gemäss der Definition 3-9 müssen nun alle Spalten, die ein Element α mehrfach enthalten, weggelassen werden:

$$\begin{bmatrix} 1 & 1 & 2 & 2 & 3 & 3 \\ 2 & 1 & 2 & 1 & 2 & 1 \\ 3 & 2 & 3 & 2 & 3 & 2 \end{bmatrix} = \begin{bmatrix} 1 & 3 \\ 2 & 1 \\ 3 & 2 \end{bmatrix}$$

Schliesslich müssen noch die Spalten mit geradzahliger Repetition gestrichen werden:

$$\begin{bmatrix} 1 & 3 \\ 2 & 1 \\ 3 & 2 \end{bmatrix} = [\ ] = 0$$

Für das Produkt von A und B gilt also:

$$[1 \quad 2 \quad 3] \cdot \begin{bmatrix} 2 & 1 \\ 3 & 2 \end{bmatrix} = [\ ] = 0$$

Aus Beispiel 2 geht hervor, dass das Produkt $A \cdot B = 0$ sein kann, ohne dass notwendigerweise auch eine der Strukturzahlen A und B gleich 0 sein müsste:

$$A \cdot B \not\rightarrow A = 0 \lor B = 0 \tag{3.3-11}$$

Von $[\ ] = 0$ muss die Strukturzahl $[\phi]$, deren eine Spalte die leere Menge $\phi$ ist, unterschieden werden; $[\phi]$ ist als <u>Einselement</u> 1 der Strukturzahlen definiert.

$$[\phi] =_{Df} 1 =_{Df} \text{Einselement in } M_A \tag{3.3-12}$$

1 ist neutrales Element der Multiplikation, denn es gilt:

$$A \cdot [\phi] = A \cdot 1 = A \tag{3.3-13}$$

Dies folgt aus $a \cup \phi = a$.
Aus der Definition 3-9 des Produktes ergibt sich auch, dass für $B = [\ ] = 0$ die Bedingung $b \in B$ in der Definitionsäquivalenz (3.3-10) nicht erfüllt werden kann, da B keine Spalte b enthält. Es kann also für das Produkt C auch keine Spalte $a \cup b$ gebildet werden und man erhält daher die folgende Beziehung

$$A \cdot [\ ] = A \cdot 0 = [\ ] = 0 \tag{3.3-14}$$

Für eine Strukturzahl der Form $A = \{\phi, a\}$ erhält man wegen $\phi \cap \phi = \phi$ und $a \cap a \neq \phi$ das Produkt

$$A \cdot A = 1 \leftrightarrow \phi \in A \tag{3.3-15}$$

d.h. jede Strukturzahl, die eine leere Spalte enthält, ergibt mit sich selber multipliziert das Produkt 1.

Enthält A hingegen keine leere Spalte $\phi$, so erhält man wegen $a_k \cap a_k \neq \phi$ und $r(a_j \cup a_k) \in \{2,4,\ldots\}$ für alle $j,k \in [1,n]$, $j \neq k$:

$$\phi \not\in A \;\leftrightarrow\; A \cdot A = 0 \tag{3.3-16}$$

## 3.3.2. Ring der konstantzeiligen Strukturzahlen

Zusammenfassend kann die Algebra $A_S =_{Df} [M_A,+,\cdot,2,2]$ der konstantzeiligen Strukturzahlen A unter Verwendung der Definitionen in [27]§6§20 wie folgt charakterisiert werden:

Für alle $A,B,C \in M_A$ gilt bzgl. der zweistelligen Operationen in $M_A$:

$$(A+B)+C = A+(B+C) \quad \text{Assoziativität} \tag{3.3-17}$$

$$(A \cdot B) \cdot C = A \cdot (B \cdot C) \quad \text{Assoziativität} \tag{3.3-18}$$

Es folgt daraus

$A_S$ Halbgruppe bzgl.$+$ und bzgl.

$$\leftrightarrow_{Df} [M_A,+,2] \text{ Halbgruppe} \wedge [M_A,\cdot,2] \text{ Halbgruppe} \tag{3.3-19}$$

Aus den Definitionen der Gleichheit zweier Strukturzahlen in (3.3-2) und der Summe in (3.3-4) folgt, dass es in $M_A$ nur eine Strukturzahl X gibt, welche für alle $A,B \in M_A$ die Gleichungen $A+X = B$ und $X+A = B$ erfüllt. Mit Hilfe des in Gl. (2.2-107) definierten logischen Symbols kann dies wie folgt formuliert werden:

$$\forall A \forall B (A,B \in M_A \rightarrow \exists!!X(X \in M_A \wedge (X+A = B) \wedge A+X = B) \tag{3.3-20}$$

Aus (3.3-19) und (3.3-20) folgt dann:

$$A_S \text{ Gruppe bzgl.} + \leftrightarrow_{Df} [M_A,+,2] \text{ Gruppe} \tag{3.3-21}$$

Aus der Definition 3-8 der Summe folgt ausserdem, dass für alle $A,B \in M_A$ der Gruppe $[M_A,+,2]$ das kommutative Gesetz

$$A+B = B+A \quad \text{Kommutativität} \tag{3.3-22}$$

gültig ist, d.h.

$$A_S \text{ abelsche Gruppe bzgl.} + \leftrightarrow_{Df} \text{Gruppe } [M_A,+,2] \text{ abelsch} \tag{3.3-23}$$

Wie aus den Definitionen 3-8 und 3-9 der Summe und des
Produktes direkt bewiesen werden kann, gelten für alle Elemente $A,B,C \epsilon A_S$ die Distributivgesetze.

$$\left. \begin{array}{l} A \cdot (B+C) = A \cdot B + A \cdot C \\ (A+B) \cdot C = A \cdot C + B \cdot C \end{array} \right\} \quad \text{Distributivität} \qquad (3.3\text{-}24)$$

In diesen Ausdrücken ist $\cdot$ stärker bindend als $+$ .
Aus (3.3-19), (3.3-23) und (3.3-24) folgt, dass die algebraische Struktur $A_S = [M_A,+,\cdot,2,2]$ ein Ring ist.

$$A_S = [M_A,+,\cdot,2,2] \text{ Ring } \leftrightarrow_{Df} [M_A,\cdot,2] \text{ Halbgruppe}$$

$$\wedge M_A,+,2] \text{ abelsche Gruppe}$$

$$\wedge \cdot \text{distributiv bzgl. } + \qquad (3.3\text{-}25)$$

Aus der Definition 3-9 kann die Kommutativität der Multiplikation $\cdot$ für alle $A,B \epsilon A_S$ bewiesen werden.

$$A \cdot B = B \cdot A \quad \text{Kommutivität von } \cdot \qquad (3.3\text{-}26)$$

Der Ring der gleichzeiligen Strukturzahlen ist also kom-
mutativ.

$$A_S = [M_A,+,\cdot,2,2] \text{ kommutativer Ring}$$

$$\leftrightarrow_{Df} A_S \text{ Ring } \wedge \cdot \text{ kommutativ} \qquad (3.3\text{-}27)$$

Aus Beispiel 2 und den Aussagen (3.3-11) und (3.3-16)
folgt schliesslich, dass im kommutativen Ring $A_S$ für
ein als <u>Nullteiler</u> bezeichnetes Element $A \neq 0$ ein Element
$B \neq 0$ existiert, so dass $A \cdot B = 0$ oder $B \cdot A = 0$.
Die algebraische Struktur der konstantzeiligen Strukturzahlen ist somit ein kommutativer Ring mit Nullteiler.

$$A_S = [M_A,+,\cdot,2,2] : \text{kommutativer Ring mit Nullteiler} \qquad (3.3\text{-}28)$$

Abschliessend sei noch folgendes festgehalten:

Aus der Definition 3-9 folgt, dass jede einspaltige Strukturzahl $A = \{a_k\}$ als Produkt aller einelementigen Strukturzahlen $[\alpha_{\ell k}]$ ihrer Elemente geschrieben werden kann:

$$\{a_k\} = \prod_{\ell=1}^{m} [\alpha_{\ell k}] \; ; \quad [\alpha_{\ell k}] =_{Df} \text{strukturelle Einheit} \qquad (3.3\text{-}29)$$

Bei Berücksichtigung der Gl.(3.3-9) ergibt sich, dass die Strukturzahlen immer in der Gestalt der Gleichung

$$A = \sum_{k=1}^{n} \prod_{\ell=1}^{m} [\alpha_{\ell k}] \qquad (3.3-30)$$

dargestellt werden können.

## 3.4. Die komplementäre Strukturzahl und ihr geometrisches Cobild

Definition 3-10

Komplementäre Strukturzahl der Strukturzahl A heisst die Strukturzahl $\overline{A}$, deren Spalten $b_k$ die Komplemente $C_L a_k$ (im Sinne der Definitionsgl.(2.2-8) der Spalten $a_k$ von A bzgl. der Menge L(A) aller Elemente $\alpha_{\ell k}$ der Spalten $a_k$ sind.

$$\overline{A} =_{Df} \{b_k | b_k = C_L a_k \wedge a_k \in A\} \qquad (3.4-1)$$

$$\text{wobei} \quad C_L a_k = L(A) \backslash a_k \qquad (3.4-2)$$

$$\text{mit} \quad L(A) =_{Df} \bigcup_{k=1}^{n} a_k \qquad (3.4-3)$$

$$\text{und} \quad A = \{a_1, a_2, \ldots, a_n\}$$

Beispiel 1

$$A = \begin{bmatrix} 2 & 4 & 2 & 4 & 7 \\ 7 & 7 & 9 & 9 & 9 \end{bmatrix} \qquad \text{d.h.} \quad A = \{a_1, a_2, a_3, a_4, a_5\}$$

Daraus ergibt sich die Menge L(A) der Elemente durch

$$L(A) = a_1 \cup a_2 \cup a_3 \cup a_4 \cup a_5 = \{2, 4, 7, 9\}$$

Als komplementäre Strukturzahl von A erhält man

$$\overline{A} = \begin{bmatrix} 4 & 2 & 4 & 2 & 2 \\ 9 & 9 & 7 & 7 & 4 \end{bmatrix}$$

Die folgenden Beziehungen können für Strukturzahlen $A \in M_A$ leicht nachgeprüft werden:

$$\overline{A+B} = \overline{A}+\overline{B} \qquad\qquad (3.4\text{-}4)$$

$$\text{falls} \quad \phi \notin A \rightarrow \overline{\overline{A}} = A \qquad\qquad (3.4\text{-}5)$$

Beispiel 2

Im Anwendungsbeispiel von Abschnitt 3.2. wurde gezeigt, dass das in Fig. 3.2-1a dargestellte topologische System $\Gamma_1 = [S,f]$ ein geometrisches Bild $\underline{B}(A)$ der Strukturzahl A aus Beispiel 1 dieses Abschnitts ist. Bildet man die Komplemente $C_{\Gamma_1}[D_k, f_k]$ aller Bäume $[D_k, f_k]$ bezgl. des geometrischen Bildes $\Gamma_1 = \{s^2, s^4, s^7, s^9\}$ der Strukturzahl A, so ergeben sich die Teilmengen

$$C_{\Gamma_1}[D_k, f_k] = \Gamma_1 \setminus [D_k, f_k] =_{Df} [D_k^*, f_k^* = f|D_k^*], \quad k \in [1,5]$$

wobei $D_k^* =_{Df} S \setminus D_k$ und $f_k^*$ die auf $D_k^*$ eingeschränkte determinierende Funktion f ist. Für das Beispiel ausgeschrieben erhält man die folgenden Teilmengen $[D_k^*, f_k^*]$ und Bilder $f_k^*[D_k^*]$:

$$[D_1^*, f_1^*] = \Gamma_1 \setminus \{s^2, s^7\} = \{s^4, s^9\} \text{ mit } f_1^*[D_1^*] = \{4, 9\}$$

$$[D_2^*, f_2^*] = \Gamma_1 \setminus \{s^4, s^7\} = \{s^2, s^9\} \text{ mit } f_2^*[D_2^*] = \{2, 9\}$$

$$[D_3^*, f_3^*] = \Gamma_1 \setminus \{s^2, s^9\} = \{s^4, s^7\} \text{ mit } f_3^*[D_3^*] = \{4, 7\}$$

$$[D_4^*, f_4^*] = \Gamma_1 \setminus \{s^4, s^9\} = \{s^2, s^7\} \text{ mit } f_4^*[D_4^*] = \{2, 7\}$$

$$[D_5^*, f_5^*] = \Gamma_1 \setminus \{s^7, s^9\} = \{s^2, s^4\} \text{ mit } f_5^*[D_5^*] = \{2, 4\}$$

Ein Vergleich zeigt, dass die Spalten $b_k$ der komplementären Strukturzahl $\overline{A}$ die Bilder $f_k^*[D_k^*]$ sind. In Analogie zur Definition 3-7 aus Abschnitt 3.2. wird die Menge $\Gamma$ aller $[D_k^*, f_k^*]$ daher als geometrisches Cobild $\underline{B}^*(\overline{A})$ der Strukturzahl $\overline{A}$ bezeichnet.

Die im Beispiel 2 aufgezeigten Beziehungen gelten allgemein für jedes determinierte topologische System $\Gamma$, das im Sinne der Definition 3-5 in Abschnitt 3.2. ein zusammenhängendes System ist.
Man definiert daher:

Definition 3-11

Das zusammenhängende determinierte topologische System $\Gamma$ heisst geometrisches Cobild $\underline{B}^*(A)$ der Strukturzahl A, wenn $\Gamma$ das geometrische Bild $\underline{B}(\overline{A})$ der komplementären Strukturzahl $\overline{A}$ von A ist.

$$\text{geometrisches Cobild von } A =_{Df} \underline{B}^*(A) \qquad\qquad (3.4\text{-}6)$$

$$\Gamma = \underline{B}^*(A) \leftrightarrow_{Df} \underline{B}^*(A) = \underline{B}(\overline{A}) \qquad\qquad (3.4\text{-}7)$$

Die Komplemente $C_\Gamma[D_k, f_k]$ der Bäume $[D_k, f_k]$ bzgl.
$\Gamma = [S, f] = [\Gamma(R), f] = \underline{B}(\overline{A})$ heissen <u>Cobäume</u> $[D_k^*, f_k^* = f|D_k^*]$
von $\Gamma$; ihre Bilder $f_k^*[D_k^*]$ sind die Spalten $a_k$ von A.

$$[D_k^*, f_k^*] =_{Df} C_\Gamma[D_k, f_k] =_{Df} \text{Cobaum von } \Gamma = [S, f] = \underline{B}(\overline{A})$$
$$(3.4\text{-}8)$$

$$\text{mit} \quad D_k^* =_{Df} S\backslash D_k \qquad\qquad (3.4\text{-}9)$$

$$\text{und} \quad f_k^* =_{Df} f|D_k^* \qquad\qquad (3.4\text{-}10)$$

wobei $D_k$ ein Dendrit und f die determinierende Funktion
des topologischen Systems S sind.

<u>Beispiel 3</u>

In Fig. 3.4-1a sind das geometrische Bild $\Gamma = \underline{B}(\overline{A})$ und somit
das geometrische Cobild $\underline{B}^*(A)$ der Strukturzahl A aus Beispiel 1 und alle Bäume $[\overline{D}_k, f_k]$ von $\Gamma = \underline{B}(\overline{A})$ dargestellt.

Fig. 3.4-1b zeigt die Cobäume $[D_k^*, f_k^*]$ von $\Gamma = \underline{B}(\overline{A})$, deren

Bilder $f^*[D_k^*]$ die Spalten $a_k$ der Strukturzahl

$$A = \begin{bmatrix} 2 & 4 & 2 & 4 & 7 \\ 7 & 7 & 9 & 9 & 9 \end{bmatrix}$$

sind.

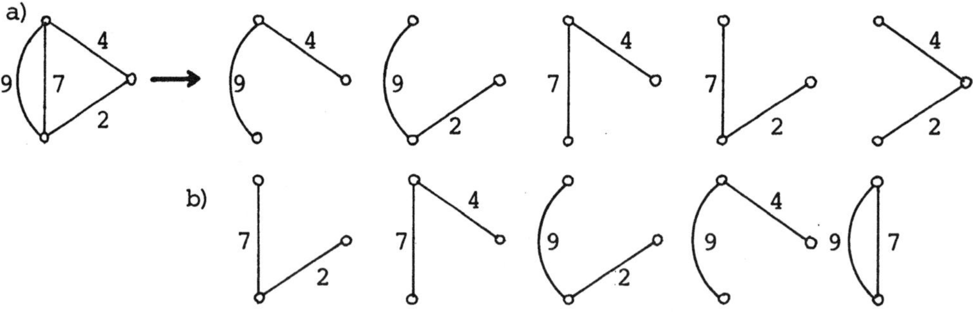


Fig. 3.4-1  a) Cobild $\Gamma$ der Strukturzahl A und Bäume von $\Gamma$
            b) Cobäume von $\Gamma$

Fig. 3.4-2a zeigt die dem Beispiel 2 entsprechenden Ver-
hältnisse, d.h. das geometrische Bild $\Gamma = \underline{B}(A)$, also das
geometrische Cobild $\underline{B}^*(\overline{A})$ der Strukturzahl $\overline{A}$ und alle Bäume $[D_k, f_k]$ von $\Gamma = \underline{B}(A)$.

In Fig. 3.4-2b sind die Cobäume $[D_k^*, f_k^*]$ von $\Gamma = \underline{B}(A)$ dargestellt, deren Bilder $f^*[D_k^*]$ die Spalten $b_k$ der Strukturzahl

$$\overline{A} = \begin{bmatrix} 4 & 2 & 4 & 2 & 2 \\ 9 & 9 & 7 & 7 & 4 \end{bmatrix}$$

sind.

a)

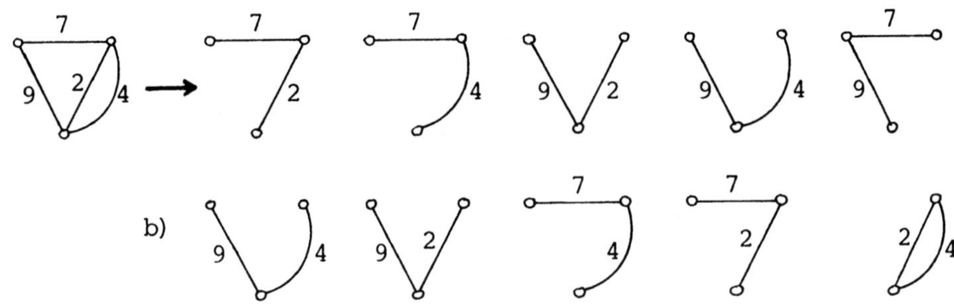

b)

Fig. 3.4-2  a) Cobild $\Gamma = \underline{B}^*(\overline{A})$ der Strukturzahl $\overline{A}$ und

   Bäume von $\Gamma$

   b) Cobäume von $\Gamma$


# 3.5. Bestimmung der Strukturzahl eines zusammenhängenden topologischen Systems


## 3.5.1. Unabhängige Zyklen und Fasern eines Systems


Ist ein zusammenhängendes determiniertes topologisches System $\Gamma$ gegeben, so können in $\Gamma$ zwei wichtige Arten von Subsystemen definiert werden:

### Definition 3-12

Das System $\underline{Z}_{Sd}^*$ der m unabhängigen einfachen Zyklen $z_{d\ell}^*$
des zusammenhängenden determinierten topologischen Sys-
tems $\Gamma$ ist die Menge aller einfachen Zyklen (vgl. Definition 3-3 in Abschnitt 3.2) in $\Gamma$, wobei jeder Zyklus
$z_{d\ell}^*$ mindestens einen Zweig $s^i$ (vgl. Definitionsgl.(2.3-28))

enthält, der in den anderen $m-1$ einfachen Zyklen nicht auftritt ($m = \text{card}\,\Gamma - \xi$ mit $\xi$ aus Gl.(3.5-9)).

System unabhängiger einfacher Zyklen in $\Gamma =_{Df} \underline{Z}^*_{Sd}$

$$\underline{Z}^*_{Sd} =_{Df} \{Z^*_{d\ell} \mid Z^*_{d\ell} \subset \Gamma \wedge \ell \in [1,m] \wedge \exists s^i [s^i \in Z^*_{d\ell} \wedge \forall Z^*_{dk} (Z^*_{dk} \subset \Gamma$$

$$\wedge\, k \in [1,m] \wedge k \neq \ell \rightarrow s^i \notin Z^*_{dk})]\} \qquad (3.5\text{-}1)$$

$$\text{mit} \quad Z^*_{d\ell} =_{Df} [Z^*_\ell, f_\ell = f \mid Z^*_\ell] \qquad (3.5\text{-}2)$$

$$\text{und} \quad \underline{Z}^*_{Sd} =_{Df} [\underline{Z}^*_S, f_z = \bigcup_{\ell \in [1,m]} f_\ell], \; f \text{ determinierende}$$
$$\text{Funktion von } \Gamma = [S,f] \qquad (3.5\text{-}3)$$

<u>Definition 3-13</u>

Ist $M = \text{Fd}\,R$ das Feld der Strukturrelation $R$ (vgl.Definition 2-4 in Abschnitt 2.2.2.), auf der das zusammenhängende topologische System $\Gamma(R)$ des determinierten Systems $\Gamma = [\Gamma(R), f]$ entfaltet ist (vgl. Definition 2-13 in Abschnitt 2.3.2.), $M_i$ eine Teilmenge von $M$ und $s_{k,i}$ der Zweig eines Baumes $[D_k, f_k] \subset \Gamma$, wobei genau eine der Ecken $E(s_{k,i})$ Element von $M_i$ ist, so heisst die Restklasse $[s_{k,i}]_{\rho_{M_i}}$ modulo der Aequivalenzrelation $\rho_{M_i}$ <u>Faser</u> über $s_{k,i}$ modulo $\rho_{M_i}$ in der Menge $\Gamma = [S,f]$ der determinierten Zweige $s^r = (s_{i_r}, r)$, wobei $\rho_{M_i}$ die Aequivalenzrelation "besitzt genau eine Ecke aus $M_i$" ist.

Für $M_i \subset M = \text{Fd}\,R$ mit $\Gamma = [\Gamma(R), f]$ gilt also:

$$s^r \rho_{M_i} s^t \leftrightarrow_{Df} \text{card}(E(s_{i_r}) \cap M_i) = \text{card}(E(s_{i_t}) \cap M_i) = 1 \qquad (3.5\text{-}4)$$

wobei $E(s)$ in der Gl.(2.3-29) und $\text{card}(X)$ in den Gln. (2.2-43) definiert sind.

Für einen Zweig $s_{k,i} \in [D_k, f_k] \subset \Gamma$ mit $E(s_{k,i}) \cap M_i = \{x\}$ gilt:

$$\text{Faser über } s_{k,i} \bmod \rho_{M_i} =_{Df} [s_{k,i}]_{\rho_{M_i}} =_{Df} F_{di} \qquad (3.5\text{-}5)$$

$$\text{mit} \quad [s_{k,i}]_{\rho_{M_i}} =_{Df} \{s^j \mid s^j \in \Gamma \wedge s^j \rho_{M_i} s_{k,i}\} \qquad (3.5\text{-}6)$$

$$\text{und} \quad F_{di} =_{Df} [F_i, f_i] =_{Df} [F_i, f_i = f \mid F_i] \qquad (3.5\text{-}7)$$

Ist w die Anzahl der Knoten des Systems $\Gamma = [\Gamma(R), f]$

$$w =_{Df} \text{card } M = \text{card Fd } R \qquad (3.5\text{-}8)$$

so besitzt jeder Baum $[D_k, f_k] \subset \Gamma$ die Anzahl Elemente

$$\xi =_{Df} \text{card } [D_k, f_k] = w-1 \qquad (3.5\text{-}9)$$

Der Index i des Zweiges $s_{k,i} \in [D_k, f_k] \subset \Gamma$ ist also ein Element des Intervalls $[1, \xi]$ d.h.

$$\{s_{k,i}\}_{i \in [1, \xi]} = [D_k, f_k] \qquad (3.5\text{-}10)$$

wobei $[D_k, f_k]$ ein beliebiger Baum des Systems $\Gamma$ ist.
Für einen Baum $[D_k, f_k]$ kann somit ein System von $\xi$ Fasern
modulo $(\rho_{M_i})_{i \in [1, \xi]}$ gebildet werden.

## Definition 3-14

Das __Fasernsystem__ $\underline{F}_{dk}$ bzgl. des Baumes $[D_k, f_k]$ eines zusammenhängenden determinierten topologischen Systems
$\Gamma = [\Gamma(R), f]$ ist das System aller $\xi = \text{card}(\text{Fd } R) -1$ Fasern
$[s_{k,i}]_{\rho_{M_i}}$ mit $i \in [1, \xi]$ über den Elementen $s_{k,i} \in [D_k, f_k]$
modulo den Aequivalenzrelationen $\rho_{M_i}$.

Fasernsystem des Baumes $[D_k, f_k] \subset \Gamma =_{Df} \underline{F}_{dk}$ $\qquad (3.5\text{-}11)$

mit $\underline{F}_{dk} =_{Df} \{[s_{k,i}]_{\rho_{M_i}} \mid i \in [1, \xi] \wedge s_{k,i} \in [D_k, f_k] \subset \Gamma\}$ $\quad (3.5\text{-}12)$

und $\underline{F}_{dk} =_{Df} [\underline{F}_k, f_F = \bigcup_{i \in [1, \xi]} f_i]$ mit $f_i$ gemäss $\qquad (3.5\text{-}13)$
$\qquad\qquad\qquad\qquad\qquad\qquad$ Gl.(3.5-7)

## Beispiel 1

Für das in Fig. 3.1-1 dargestellte zusammenhängende determinierte topologische System $\Gamma_1 = \{s^2, s^4, s^7, s^9\}$ erhält
man aus Gl.(3.5-8) die Anzahl der Knoten $w = 3$ und aus Gl.
(3.5-9) die Anzahl Elemente jedes Baumes $[D_k, f_k] \subset \Gamma_1$ :

$$\xi = 2$$

Aus der Definition 3-12 geht hervor, dass jedes mögliche System $\underline{Z}^*_{Sd}$ unabhängiger einfacher Zyklen $Z^*_{d\ell} \subset \Gamma_1$

$$m = \text{card } \Gamma_1 - \xi = 4 - 2 = 2$$

Elemente enthält. Nach der Definitionsgl.(3.5-1) wäre ein solches System z.B.

$$\underline{Z}^*_{Sd} = \{\{s^2, s^7, s^9\}, \{s^2, s^4\}\}$$

$$\text{mit } Z^*_{d1} = \{s^2, s^7, s^9\} \text{ und } Z^*_{d2} = \{s^2, s^4\}$$

$$\text{wobei z.B. } s^7 = \iota s^i (s^i \in Z^*_{d1} \wedge s^i \notin Z^*_{d2})$$

## Beispiel 2

Im Beispiel in Abschnitt 3.2. wurden die Bäume $[D_k, f_k]$ von $\Gamma_1$ bestimmt. Einer dieser Bäume ist

$$[D_1, f_1] = \{s^2, s^7\}$$

d.h. $k = 1$ und die Elemente $s_{k,i}$ in $[D_1, f_1]$ sind $s_{1,1} = s^2$ und $s_{1,2} = s^7$.

In Fig. 3.5-1 sind die Knoten des topologischen Systems $\Gamma_1$ mit den Symbolen a, b und c bezeichnet d.h. es gilt

$$M = \text{Fd } R = \{a, b, c\}$$

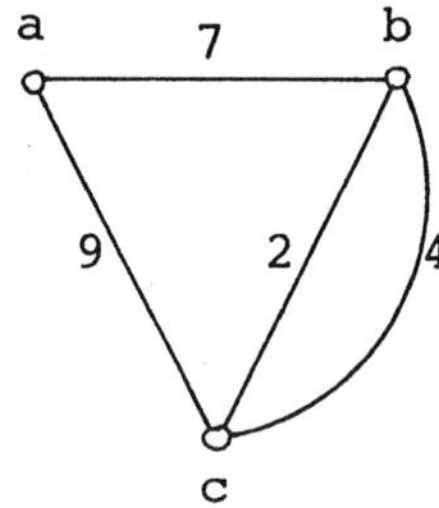


Fig. 3.5-1 Determiniertes topologisches System $\Gamma_1$

Durch die Bezeichnungen der Ecken von $\Gamma_1$ in Fig. 3.5-1 sind die folgenden Zweiermengen definiert:

$$E(s^2) = E(s^4) = \{b, c\}$$

$$E(s^7) = \{a, b\}$$

$$E(s^9) = \{a, c\}$$

Für die Elemente des in $\Gamma_1$ gewählten Baumes $[D_1, f_1]$ gilt:

$$E(s_{1,1}) = E(s^2) = \{b, c\}$$

$$E(s_{1,2}) = E(s^7) = \{a, b\}$$

Da $\xi = 2$ sind zur Bestimmung des Fasernsystems $\underline{F}_{d1}$ bzgl. des gewählten Baumes $[D_1, f_1]$ wegen $(M_i)_{i \in [1,\xi]}$ zwei Teilmengen $M_1$ und $M_2$ in M zu bilden. Am einfachsten wählt man so weit als möglich als Mengen $M_i$ Einermengen mit Elementen aus

$$\bigcup_{i \in [1,\xi]} E(s_{k,i}).$$

Für das vorliegende Beispiel gilt:

$$\bigcup_{i \in [1,\xi]} E(s_{k,i}) = E(s_{1,1}) \cup E(s_{1,2}) = \{a, b, c\}$$

Als Menge $M_1$ kann also z.B. gewählt werden:

$$M_1 = \{c\}$$

$$\text{mit } E(s_{1,1}) \cap M_1 = \{b, c\} \cap \{c\} = \{c\}$$

Für die Aequivalenzrelation $\rho_{M_1} =_{Df}$ "besitzt genau eine Ecke aus $M_1 = \{c\}$" findet man mit $s_{1,1} = s^2$

$$s^2 \rho_{M_1} s_{1,1} \ , \quad s^9 \rho_{M_1} s_{1,1} \ , \quad s^4 \rho_{M_1} s_{1,1}$$

Damit erhält man die Faser $[s_{1,1}]_{\rho_{M_1}}$ über $s_{1,1}$ modulo $\rho_{M_1}$:

$$[s_{1,1}]_{\rho_{M_1}} = \{s^2, s^9, s^4\}$$

Zur Illustration sei $M_2$ nicht als Einermenge, sondern als Zweiermenge in M gewählt, z.B.

$$M_2 = \{a, c\}$$

Wie an den Zweiermengen $E(s^i)$ abzulesen ist, kommt für die Faser $[s_{1,2}]_{\rho_{M_2}}$ über $s_{1,2} = s^7$ modulo der Aequivalenzrelation $\rho_{M_2} =_{Df}$ "besitzt genau eine Ecke aus $M_2 = \{a, c\}$" der Zweig $s^9$ nicht als Element in Betracht, da

$$\text{card } (E(s_9) \cap M_2) = \text{card } (\{a, c\}) = 2 \neq 1$$

Die Aequivalenzrelation $\rho_{M_2}$ mit $s_{1,2} = s^7$ ist gegeben durch die Liste:

$$s^7 \rho_{M_2} s_{1,2} \ , \quad s^2 \rho_{M_2} s_{1,2} \ , \quad s^4 \rho_{M_2} s_{1,2}$$

denn es gilt gemäss der Definitionsäquivalenz (3.5-4):

$$\text{card } (E(s^7) \cap M_2) = \text{card } (\{a, b\} \cap \{a, c\}) = \text{card } \{a\} = 1$$

$$\text{card } (E(s^2) \cap M_2) = \text{card } (\{b, c\} \cap \{a, c\}) = \text{card } \{c\} = 1$$

$$\text{card } (E(s^4) \cap M_2) = \text{card } (E(s^2) \cap M_2) = 1$$

Aus Gl.(3.5-6) ergibt sich damit die Faser $[s_{1,2}]_{\rho_{M_2}}$

$$[s_{1,2}]_{\rho_{M_2}} = \{s^7, s^2, s^4\}$$

Zusammenfassend erhält man laut Definitionsgl.(3.5-12) das Fasernsystem:

$$\underline{F}_{d1} = \{[s_{1,1}]_{\rho_{M_1}}, \ [s_{1,2}]_{\rho_{M_2}}\} = \{\{s^2, s^9, s^4\}, \{s^7, s^2, s^4\}\}$$

In Fig. 3.5-2a ist das System $\underline{Z}^*_{Sd}$ unabhängiger einfacher Zyklen und in Fig. 3.5-2b das Fasernsystem $\underline{F}_{d1}$ des determinierten topologischen Systems $\Gamma_1$ dargestellt.

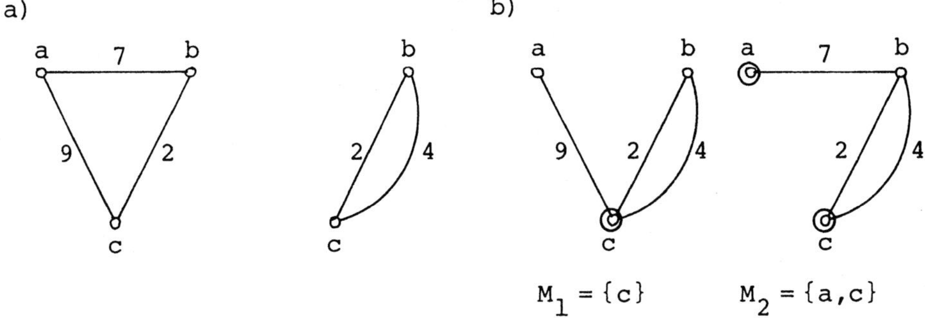



Fig. 3.5-2  a) unabhängige Zyklen und

b) Fasern des determinierten topologischen
Systems $\Gamma_1$

## 3.5.2. Aehnlichkeitsklassen topologischer Systeme und System-synthese; Beziehungen zur Graphentheorie

Die Tragweite des Konzeptes des topologischen Systemmodells
wird erst deutlich durch ein weiteres Ausarbeiten des durch
die Definitionsäquivalenz (3.2-14) bestimmten Begriffes der
Aehnlichkeit zweier Bäume $[D_1, f_1]$ und $[D_2, f_2]$, welche durch
die Gleichheit $f_1[D_1] = f_2[D_2]$ definiert ist.

Zunächst können die folgenden Eigenschaften der zwischen beliebigen Bäumen $[D_1, f_1]$, $[D_2, f_2]$ und $[D_3, f_3]$ definierten
Aehnlichkeitsrelation ~ festgehalten werden:

$$f_1[D_1] = f_1[D_1] \leftrightarrow [D_1, f_1] \sim [D_1, f_1] \text{ Reflexivität} \qquad (3.5\text{-}14)$$

$$(f_1[D_1] = f_2[D_2] \rightarrow f_2[D_2] = f_1[D_1])$$

$$\leftrightarrow ([D_1, f_1] \sim [D_2, f_2] \rightarrow [D_2, f_2] \sim [D_1, f_1]) \text{ Symmetrie} \qquad (3.5\text{-}15)$$

$$(f_1[D_1] = f_2[D_2] \wedge f_2[D_2] = f_3[D_3]$$

$$\rightarrow f_1[D_1] = f_3[D_3])$$

$$\leftrightarrow ([D_1, f_1] \sim [D_2, f_2] \wedge [D_2, f_2] \sim [D_3, f_3]$$

$$\rightarrow [D_1, f_1] \sim [D_3, f_3]) \text{ Transitivität} \qquad (3.5\text{-}16)$$

Da die Relation ~ der Aehnlichkeit von Bäumen also reflexiv,
symmetrisch und transitiv ist, ist sie eine Aequivalenzrelation in der Menge aller Bäume.

Der Begriff der Aehnlichkeit wird übertragen auf ganze
topologische Systeme durch die folgende Definition:

<u>Definition 3-15</u>

Zwei determinierte topologische <u>Systeme</u>

$$[S_A, f_A] =_{Df} \Gamma_A \;,\quad [S_B, f_B] =_{Df} \Gamma_B \qquad (3.5\text{-}17)$$

heissen <u>ähnlich</u>, wenn ihre Bäume

$$[D_i, f_i] =_{Df} [D_i, f_i = f|D_i] =_{Df} D_{di} \qquad (3.5\text{-}18)$$

paarweise ähnlich sind.

$$\Gamma_A, \Gamma_B \text{ ähnlich} \leftrightarrow_{Df} \Gamma_A \sim \Gamma_B \qquad (3.5\text{-}19)$$

$$\Gamma_A \sim \Gamma_B \leftrightarrow_{Df} \forall D_{di} (D_{di} \subseteq \Gamma_A \rightarrow \exists D_{dj} (D_{dj} \subseteq \Gamma_B \wedge D_{di} \sim D_{dj}))$$

$$\wedge \; \forall D_{dj} (D_{dj} \subseteq \Gamma_B \rightarrow \exists D_{di} (D_{di} \subseteq \Gamma_A \wedge D_{dj} \sim D_{di}))$$

$$(3.5\text{-}20)$$

Aus dieser Definition folgt direkt, dass auch die Relation
der Aehnlichkeit in der Menge aller determinierter Systeme
$\Gamma$ eine Aequivalenzrelation ist d.h. für drei beliebige determinierte Systeme $\Gamma_A$, $\Gamma_B$ und $\Gamma_C$ ist die Relation ~ reflexiv, symmetrisch und transitiv:

$$\Gamma_A \sim \Gamma_A \qquad (3.5\text{-}21)$$

$$\Gamma_A \sim \Gamma_B \rightarrow \Gamma_B \sim \Gamma_A \qquad (3.5\text{-}22)$$

$$\Gamma_A \sim \Gamma_B \wedge \Gamma_B \sim \Gamma_C \rightarrow \Gamma_A \sim \Gamma_C \qquad (3.5\text{-}23)$$

Die Figuren 3.1-1a und 3.2-1a zeigen zwei ähnliche determinierte topologische Systeme $\Gamma_1$ und $\Gamma_2$ im Sinne der Definition 3-15.

Alle determinierten topologischen Systeme $\Gamma$, die zu einem
gegebenen System $\Gamma_A$ äquivalent modulo ~ sind, bilden eine
Restklasse $[\Gamma_A]_\sim$ (vgl. mit den Begriffen in Abschnitt 2.2.3.4.),

die als <u>Aehnlichkeitsklasse</u> $\Gamma_A$ mod $\sim$ bezeichnet wird.

$$[\Gamma_A]_\sim =_{Df} \text{Aehnlichkeitsklasse } \Gamma_A \text{ mod } \sim \qquad (3.5-24)$$

$\Gamma_A$ ist ein Repräsentant von $[\Gamma_A]_\sim$.

Die Bedingung der Gleichheit zweier Aehnlichkeitsklassen $[\Gamma_A]_\sim$ und $[\Gamma_B]_\sim$ von determinierten topologischen Systemen lautet:

$$[\Gamma_A]_\sim = [\Gamma_B]_\sim \leftrightarrow \Gamma_A \sim \Gamma_B \qquad (3.5-25)$$

Die Aehnlichkeitsklassen $[\Gamma]_\sim$ haben eine grosse Bedeutung
für die <u>Synthese</u> technischer Systeme. Zusammen mit der Algebra der Strukturzahlen erlauben sie die Lösung des Problems der Synthese von Systemen in sehr allgemeiner Form
ohne jegliche Einschränkungen bzgl. der Systemstruktur
(ein allgemeiner Algorithmus zur Synthese von Systemen ist
in [16], [17] und [18] beschrieben).

Dagegen werden in den klassischen Methoden der Netzwerksyn-
these (vgl.[9]) stark einschränkende Annahmen getroffen sowohl hinsichtlich der Werte der Systemelemente als auch der
Struktur des Systems, z.B. durch das Vorschreiben von $\Pi$-
oder T-Gliedern. Dadurch werden dem optimalen Entwurf von
Systemen störende Grenzen gesetzt. Ein weiterer schwerwie-
gender Nachteil gegenüber der sehr allgemeinen Methode der
Strukturzahlen ist, dass man gezwungen ist, für fast jedes
konkrete Problem wieder neu aus der Vielfalt der bestehenden
Syntheseverfahren auswählen zu müssen (vgl.[9]S397-670).

Eines der zur Synthese und Analyse elektrischer Netzwerke
eingesetzten Hilfsmittel ist die <u>Graphentheorie</u>. In [9] werden diesbezügliche Grundlagen und Anwendungen der Graphentheorie zusammenfassend in den Kapiteln 3 und 4 behandelt.
Die dort verwendeten Begriffe des <u>unabhängigen Kreises</u> oder
<u>Trennbündels</u> entsprechen den hier definierten Begriffen des
unabhängigen Zyklus und der Faser eines Systems, wobei letz-
teren jedoch als Elemente der sehr allgemeinen Theorie topologischer Systemmodelle eine umfassendere Bedeutung zukommt.
Im übrigen ist die Anwendung des graphentheoretischen Begriffes des <u>Graphen</u> auf elektrische Netze ein Sonderfall des
topologischen Systemmodells. Insbesondere ist der <u>duale Graph</u>
(vgl.[9]S38) eines der möglichen, durch die Definition 3-11
in Abschnitt 3.4. bestimmten, geometrischen Cobilder einer
gegebenen Strukturzahl A.

### 3.5.3. Berechnung der Strukturzahl eines gegebenen topologischen Systems

Für die Berechnung der Strukturzahl A eines gegebenen zusammenhängenden determinierten topologischen Systems $\Gamma = [S,f] = [\Gamma(R), f]$ kann man dieses topologische System entweder als geometrisches Bild oder als geometrisches Cobild der Zahl A betrachten. Diesen beiden Möglichkeiten entsprechen die zwei folgenden Sätze, deren Beweise im Anhang von [16]S442 und im Anhang von [17]S498 gegeben sind.

Satz 3-1

Die Strukturzahl A ist gleich dem Produkt

$$A = P_1 \cdot P_2 \cdots P \cdots P_m \qquad (3.5\text{-}26)$$

$$\text{mit} \quad m = \text{card} (\Gamma) - w + 1 \qquad (3.5\text{-}27)$$

von einzeiligen Strukturzahlen $P_\ell = [\alpha_{\ell\,1}, \ldots, \alpha_{\ell\,n_\ell}]$, welche die Bilder $P_\ell = f_\ell[Z_\ell^*]$ aller m unabhängigen Zyklen $Z_\ell^* \in \underline{Z}_S^*$ des geometrischen Cobildes

$$\Gamma = \underline{B}^*(A) \qquad (3.5\text{-}28)$$

sind, wobei $f_\ell$ als auf $Z_\ell^*$ eingeschränkte determinierende Funktion f von $\Gamma = [\Gamma(R), f]$ in Gl.(3.5-2), w als Anzahl Knoten in Gl.(3.5-8) und $\underline{Z}_S^*$ als System von im Sinne der Definition 3-12 (Abschnitt 3.5.1.) unabhängigen Zyklen $Z_\ell^*$ definiert sind.

Satz 3-2

Die Strukturzahl A eines gegebenen geometrischen Bildes

$$\Gamma = \underline{B}(A) \qquad (3.5\text{-}29)$$

mit w Knoten ist gleich dem Produkt

$$A = P_1 \cdot P_2 \cdots P_i \cdots P_\xi \qquad (3.5\text{-}30)$$

$$\text{mit} \quad \xi = w - 1 \qquad (3.5\text{-}31)$$

von einzeiligen Strukturzahlen $P_i = [\alpha_{n\,1}, \ldots, \alpha_{i\,n_i}]$,

welche die Bilder $P_i = f_i[F_i]$ (vgl. Gl.(3.5-7)) aller $\xi$
Fasern des Fasernsystems $\underline{F}_k$ (vgl. Gl.(3.5-13)) des Baumes
$[D_k, f_k = f|D_k]$ von $\Gamma = [\Gamma(R),f]$ sind.

## Beispiel 1

Im Beispiel 3 des Abschnitts 3.4. wurde das Cobild $\Gamma = \underline{B}*(A)$
der Strukturzahl

$$A = \begin{bmatrix} 2 & 4 & 2 & 4 & 7 \\ 7 & 7 & 9 & 9 & 9 \end{bmatrix}$$

bestimmt und in Fig. 3.4-1a dargestellt.
Gemäss der Definitionsgl.(3.5-1) ist ein mögliches System
$Z^*_{Sd} = [Z^*_S, f_Z]$ von m=2 unabhängigen einfachen determinierten
Zyklen $Z^*_{d\ell} = [Z^*_\ell, f_\ell]$:

$$\underline{Z}^*_{Sd} = \{\{s^9, s^7\}, \{s^2, s^4, s^7\}\}$$

$$\text{mit} \quad Z^*_{d1} = [Z^*_1, f_1] = \{s^9, s^7\}$$

$$\text{und} \quad Z^*_{d2} = [Z^*_2, f_2] = \{s^2, s^4, s^7\}$$

Nach Satz 3-1 erhält man die einzeiligen Primzahlen $P_\ell$ als
Bilder $f_\ell[Z^*_\ell]$ der unabhängigen einfachen Zyklen $Z^*_\ell$ von $\Gamma$:

$$P_1 = f_1[Z^*_1] = [9, 7]$$

$$P_2 = f_2[Z^*_2] = [2, 4, 7]$$

Gemäss Definition 3-9 in Abschnitt 3.3.1. ist das Produkt
von $P_1$ und $P_2$

$$P_1 \cdot P_2 = \begin{bmatrix} 9 & 9 & 9 & 7 & 7 \\ 2 & 4 & 7 & 2 & 4 \end{bmatrix}$$

Ein Vergleich dieses Produktes mit der oben gegebenen Strukturzahl A zeigt, dass beide Strukturzahlen im Sinne der Definitionsäquivalenz (3.3-2) gleich sind und bestätigt somit
auch die Gültigkeit von Satz 3-1.

## Beispiel 2

Im Beispiel des Abschnitts 3.2. wurde durch Vergleich der
Bilder $f_k[D_k]$ der Bäume des topologischen Systems $\Gamma_1$ fest-

gestellt, dass das in Fig. 3.1-1a dargestellte System $\Gamma_1$ ein Bild $\underline{B}_1(A)$ der Strukturzahl

$$A = \begin{bmatrix} 2 & 4 & 2 & 4 & 7 \\ 7 & 7 & 9 & 9 & 9 \end{bmatrix}$$

ist. Im Beispiel 2 des Abschnitts 3.5.1. wurde dann bzgl. des Baumes $[D_1, f_1] = \{s^2, s^7\}$ von $\Gamma_1$ das determinierte Fasernsystem

$$\underline{F}_{d1} = \{\{s^2, s^9, s^4\}, \{s^7, s^2, s^4\}\}$$

mit den determinierten Fasern

$$F_{d1} = [F_1, f_1] = \{s^2, s^9, s^4\}$$

$$F_{d2} = [F_2, f_2] = \{s^7, s^2, s^4\}$$

bestimmt. Gemäss Satz 3-2 erhält man daher die folgenden einzeiligen Strukturzahlen

$$P_1 = f_1[F_1] = [2, 9, 4]$$

$$P_2 = f_2[F_2] = [2, 4, 7]$$

deren Produkt gemäss der Definition 3-9 bestimmt ist.

$$P_1 \cdot P_2 = \begin{bmatrix} 2 & 2 & 9 & 9 & 9 & 4 & 4 \\ 4 & 7 & 2 & 4 & 7 & 2 & 7 \end{bmatrix} = \begin{bmatrix} 2 & 2 & 4 & 7 & 4 \\ 7 & 9 & 9 & 9 & 7 \end{bmatrix}$$

Ein Vergleich zeigt auch hier die Gleichheit des Produktes $P_1 \cdot P_2$ und der obigen Strukturzahl A und ist somit eine Bestätigung von Satz 3-2.

## 3.6. Die Determinantenfunktion

Wie schon in Abschnitt 2.4. angedeutet wurde, besteht bei der Wahl der Art der Zuordnung zwischen Knoten und Zweigen eines determinierten topologischen Systems einerseits, und den Ele-

menten und Signalen eines konkreten Systemmodells andererseits ein Unterschied zwischen denen dabei von S.BELLERT gesetzten Zielen und den Zielen der vorliegenden Arbeit. In
[16] und [17] hat S.BELLERT den Bezug zu der in der Elektrotechnik häufig verwendeten Art der Darstellung konkreter
Elemente durch komplexe Zahlen als Impedanzoperatoren $z_{\alpha_{\ell k}}$
(vgl.[6] Kap. 2.5) durch die folgende Definition hergestellt:

## Definition 3-16

Die __Determinantenfunktion__ $\det_{\mathbb{Z}} A$ der Strukturzahl A bzgl. $\mathbb{Z}$
ist die Funktion, welche 1. jedem Element $\alpha_{\ell k}$ von A eine
komplexe Zahl $z_{\alpha_{\ell k}}$ aus einer gegebenen Menge $\mathbb{Z}$ komplexer
Zahlen zuordnet, 2. jeder Spalte $a_k$ aus A das Produkt
$\prod_{\ell=1}^{m} z_{\alpha_{\ell k}}$ aller Glieder der Zahlenfamilie $(z_{\alpha_{\ell k}})_{\ell \in [1,m]}$ zuordnet und 3. der Strukturzahl A selbst die algebraische
Summe $\sum_{k=1}^{n} \prod_{\ell=1}^{m} z_{\alpha_{\ell k}}$ aller Produkte der Familie $(\prod_{\ell=1}^{m} z_{\alpha_{\ell k}})_{k \in [1,n]}$
zuordnet.

$$\det_{\mathbb{Z}} A = \det_{\mathbb{Z}} \begin{bmatrix} \alpha_{11} & \alpha_{12} & \cdots & \alpha_{1n} \\ \alpha_{21} & \alpha_{22} & \cdots & \alpha_{2n} \\ \vdots & \vdots & & \vdots \\ \alpha_{m1} & \alpha_{m2} & \cdots & \alpha_{mn} \end{bmatrix} =_{Df} \sum_{k=1}^{n} \prod_{\ell=1}^{m} z_{\alpha_{\ell k}} \qquad (3.6-1)$$

$$\text{Es gilt:} \quad A_1 = A_2 \rightarrow \det_{\mathbb{Z}} A_1 = \det_{\mathbb{Z}} A_2 \qquad (3.6-2)$$

## Beispiel

Im Beispiel 1 des Abschnitts 3.4. wurde die Menge
$L(A) = \{2, 4, 7, 9\}$ aller Elemente $\alpha_{\ell k}$ der Spalten $a_k$ der
Strukturzahl

$$A = \begin{bmatrix} 2 & 4 & 2 & 4 & 7 \\ 7 & 7 & 9 & 9 & 9 \end{bmatrix}$$

bestimmt. Laut Definition 3-16 wird jedem Element aus L
eine komplexe Zahl aus der Menge

$$\mathbb{Z} = \{z_2, z_4, z_7, z_9\}$$

zugeordnet.

Aus der Definitionsgl.(3.6-1) erhält man dann den Wert der Determinantenfunktion der Strukturzahl A bzgl. $\mathbb{Z}$:

$$\det_{\mathbb{Z}} A \ = \ z_2\,z_7 \ + \ z_4\,z_7 \ + \ z_2\,z_9 \ + \ z_4\,z_9 \ + \ z_7\,z_9$$

## 3.7. Algebraische Ableitung, algebraische Coableitung und Konjunktion

### 3.7.1. Die algebraische Ableitung einer Strukturzahl

<u>Definition 3-17</u>

Die <u>algebraische Ableitung</u> der Strukturzahl A nach $\alpha$ ist die Strukturzahl $\frac{\partial A}{\partial \alpha}$ , deren Spalten $b_k$ die von den entsprechenden Spalten $a_k \epsilon A$ verschiedenen Differenzen $a_k \backslash \{\alpha\}$ sind.

$$\frac{\partial A}{\partial \alpha} \ =_{Df} \ \{b_k = a_k \backslash \{\alpha\} \mid a_k \epsilon A \wedge b_k \neq a_k\} \qquad\qquad (3.7-1)$$

<u>Beispiel</u>

Soll die Strukturzahl

$$A \ = \ \begin{bmatrix} 2 & 4 & 2 & 4 & 7 \\ 7 & 7 & 9 & 9 & 9 \end{bmatrix}$$

nach dem Element $\alpha = 9$ algebraisch abgeleitet werden, so kann nach Definition 3-17 in einem ersten Schritt die Strukturzahl bestimmt werden, deren Spalten die Differenzen $a_k \backslash \{9\}$ sind. Man erhält so die nicht konstantzeilige Strukturzahl

$$\begin{bmatrix} 2 & 4 & 2 & 4 & 7 \\ 7 & 7 & & & \end{bmatrix}$$

Die algebraische Ableitung von A nach $\alpha$ ergibt sich durch Elimination aller Spalten, welche die gleichen sind wie in A:

$$\frac{\partial A}{\partial \alpha} \ = \ \frac{\partial A}{\partial 9} \ = \ [2,\ 4,\ 7]$$

Aehnlich erhält man z.B. für $\beta = 4$, $\gamma = 2$, $\delta = 7$

$$\frac{\partial A}{\partial \beta} = [7, 9] \qquad \frac{\partial A}{\partial \gamma} = [7, 9] \qquad \frac{\partial A}{\partial \delta} = [2, 4, 9]$$

Leitet man die Determinantenfunktion von A

$$\det_{\mathbb{Z}} A = z_2 z_7 + z_4 z_7 + z_2 z_9 + z_4 z_9 + z_7 z_9$$

partiell ab z.B. nach $z_9 = z_\alpha$

$$\frac{\partial}{\partial z_9}(\det_{\mathbb{Z}} A) = \frac{\partial}{\partial z_\alpha}(\det_{\mathbb{Z}} A) = z_2 + z_4 + z_7$$

so zeigt ein Vergleich mit

$$\det_{\mathbb{Z}} \frac{\partial A}{\partial \alpha} = z_2 + z_4 + z_7 \, ,$$

dass die beiden Ausdrücke identisch sind.

Diese Beziehung gilt allgemein:

$$\det_{\mathbb{Z}} \frac{\partial A}{\partial \alpha} = \frac{\partial}{\partial z_\alpha}(\det_{\mathbb{Z}} A) \qquad\qquad\qquad (3.7\text{-}2)$$

Das geometrische Bild $\underline{B}(A)$ und das geometrische Cobild $\underline{B}^*(A)$ der Strukturzahl A wurden im Beispiel des Abschnitts 3.$\overline{2}$. und im Beispiel 3 des Abschnitts 3.4. bestimmt. Zur Interpretation der algebraischen Ableitung von A sind $\underline{B}(A)$ und $\underline{B}^*(A)$ in Fig. 3.7-1a und b mit der Bezeichnung ihrer Knoten dargestellt.

Vereinigt man in $\underline{B}(A)$ die beiden Knoten a und c zu einem einzigen Knoten und entfernt den mit $\alpha = 9$ bezeichneten Zweig, so erhält man ein geometrisches Bild, dessen Zerlegung in Bäume zeigt, dass es sich dabei um ein geometrisches Bild $\underline{B}(\frac{\partial A}{\partial \alpha})$ der algebraischen Ableitung von A nach $\alpha$ handelt (Fig. 3.7-1a). In einem elektrischen Netzwerk, in welchem dem Zweig $s_\alpha = s_9$ von $\underline{B}(A)$ eine Impedanz $z_\alpha$ zugeordnet ist, entspricht die algebraische Ableitung $\frac{\partial A}{\partial \alpha}$ daher einem Kurzschluss des Elementes $z_\alpha$.

Die Cobäume in Fig. 3.7-1b zeigen, dass man ein Cobild $\underline{B}^*(\frac{\partial A}{\partial \alpha})$ der algebraischen Ableitung von A nach $\alpha$ enthält, wenn im geometrischen Cobild $\underline{B}^*(A)$ das mit $\alpha$ bezeichnete Element beseitigt wird.

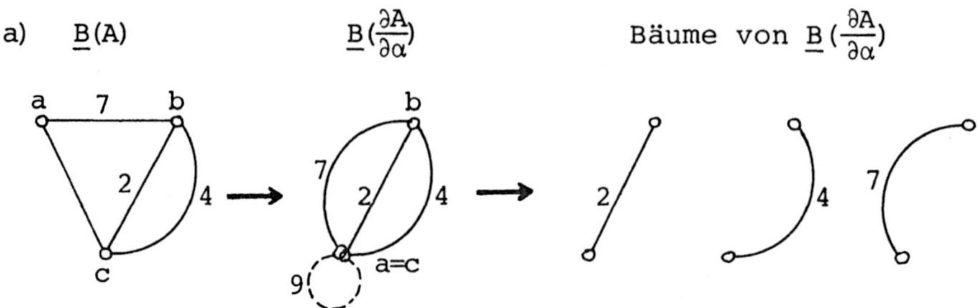



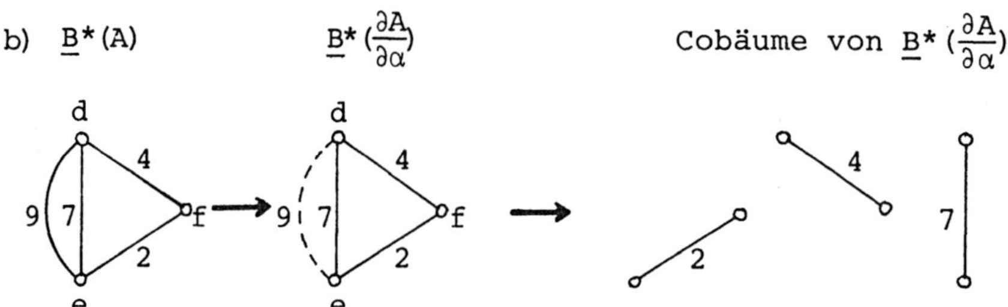



Fig. 3.7-1  a) Bild $\underline{B}(A)$ der Strukturzahl $A = \begin{bmatrix} 2 & 4 & 2 & 4 & 7 \\ 7 & 7 & 9 & 9 & 9 \end{bmatrix}$

und Bild $\underline{B}(\frac{\partial A}{\partial\alpha})$ von $\frac{\partial A}{\partial\alpha} = [2, 4, 7]$

mit dessen Bäumen

b) Cobild $\underline{B}^*(A)$ von A und Cobild $\underline{B}^*(\frac{\partial A}{\partial\alpha})$

mit dessen Cobäumen

Allgemein besitzt $\frac{\partial A}{\partial\alpha}$ die folgende Eigenschaft:

## Eigenschaft 3-1

a) Das geometrische Bild $\underline{B}(\frac{\partial A}{\partial\alpha})$ der Strukturzahl $\frac{\partial A}{\partial\alpha}$ ist ein geometrisches Bild $\underline{B}(A)$ der Strukturzahl A mit kurzgeschlossenem und beseitigtem Zweig $\alpha$.

b) Das geometrische Cobild $\underline{B}^*(\frac{\partial A}{\partial\alpha})$ der Strukturzahl $\frac{\partial A}{\partial\alpha}$ ist ein geometrisches Cobild $\underline{B}^*(A)$ der Strukturzahl A mit beseitigtem Zweig $\alpha$.

Unter Verweis auf [16] seien ohne Beweis noch die folgenden Eigenschaften der algebraischen Ableitung aufgeführt:

$$\frac{\partial}{\partial \alpha}(A_1 + A_2) = \frac{\partial A_1}{\partial \alpha} + \frac{\partial A_2}{\partial \alpha} \tag{3.7-3}$$

$$\frac{\partial}{\partial \alpha}(A_1 \cdot A_2) = \frac{\partial A_1}{\partial \alpha} \cdot A_2 + \frac{\partial A_2}{\partial \alpha} \cdot A_1 \tag{3.7-4}$$

$$\frac{\partial A}{\partial \alpha} = \overline{(\overline{A} \cdot [\alpha])} \tag{3.7-5}$$

$$\frac{\partial}{\partial \alpha}[\alpha] = [\phi] = 1 \tag{3.7-6}$$

$$\frac{\partial A_1}{\partial A_2} =_{Df} \overline{(\overline{A}_1 \cdot A_2)} \leftrightarrow L(A_1) = L(A_2) \tag{3.7-7}$$

$L(A)$ ist in Gl.(3.4-3) definiert.

### 3.7.2. Die algebraische Coableitung einer Strukturzahl; Konjunktion zweier Strukturzahlen

Definition 3-18

Die algebraische Coableitung der Strukturzahl A nach $\alpha$ ist die Strukturzahl $\frac{\delta A}{\delta \alpha}$, deren Spalten $b_k$ die Differenzen $a_k \backslash \{\alpha\}$ sind, welche den entsprechenden Spalten $a_k$ in A gleich sind.

$$A^\alpha =_{Df} \frac{\delta A}{\delta \alpha} =_{Df} \{b_k = a_k \backslash \{\alpha\} \,|\, a_k \epsilon A \wedge b_k = a_k\} \tag{3.7-8}$$

Beispiel 1

Zur Bestimmung der Coableitung der Strukturzahl

$$A = \begin{bmatrix} 2 & 4 & 2 & 4 & 7 \\ 7 & 7 & 9 & 9 & 9 \end{bmatrix}$$

z.B. nach dem Element $\alpha = 4$ kann in einem ersten Schritt die Strukturzahl B der Differenzen $a_k \backslash \{4\}$ bestimmt werden.

$$B = \begin{bmatrix} 2 & 7 & 2 & 9 & 7 \\ 7 & & 9 & & 9 \end{bmatrix}$$

Gemäss der Definition 3-18 erhält man dann in einem zweiten Schritt die algebraische Coableitung von A nach $\alpha$, indem man nur diejenigen Spalten beibehält, die in A und B gleich sind.

$$\frac{\delta A}{\delta \alpha} = \begin{bmatrix} 2 & 2 & 7 \\ 7 & 9 & 9 \end{bmatrix}$$

Allgemein wird die im letzten Schritt beschriebene Operation als Konjunktion bezeichnet und ist wie folgt definiert:


## Definition 3-19

Die <u>Konjunktion</u> A∩B zweier Strukturzahlen A und B ist die Strukturzahl, welche nur diejenigen Spalten enthält, welche gleichzeitig in A und B auftreten.

$$A \cap B =_{Df} \{a_k \mid a_k \epsilon A \wedge a_k \epsilon B\} \tag{3.7-9}$$


## Beispiel 2

Nach der Definition 3-19 ist die Konjunktion der beiden Strukturzahlen A und B aus Beispiel 1 die Strukturzahl

$$A \cap B = \begin{bmatrix} 2 & 2 & 7 \\ 7 & 9 & 9 \end{bmatrix}$$

Analog wie in Abschnitt 3.7.1. soll auch hier am Beispiel der obigen Strukturzahl A eine Interpretation der algebraischen Coableitung von A gegeben werden. Ein Vergleich von Fig. 3.7-2 mit der in Beispiel 1 bestimmten algebraischen Coableitung von A zeigt, dass $\frac{\delta A}{\delta \alpha}$ mit $\alpha = 9$ als geometrisches Bild $\underline{B}(\frac{\delta A}{\delta \alpha})$ das geometrische Bild $\underline{B}(A)$ mit einem beseitigten Zweig $\alpha$, und als geometrisches Cobild $\underline{B}^*(\frac{\delta A}{\delta \alpha})$ das geometrische Cobild $\underline{B}^*(A)$ mit dem kurzgeschlossenen Zweig $\alpha$ besitzt.

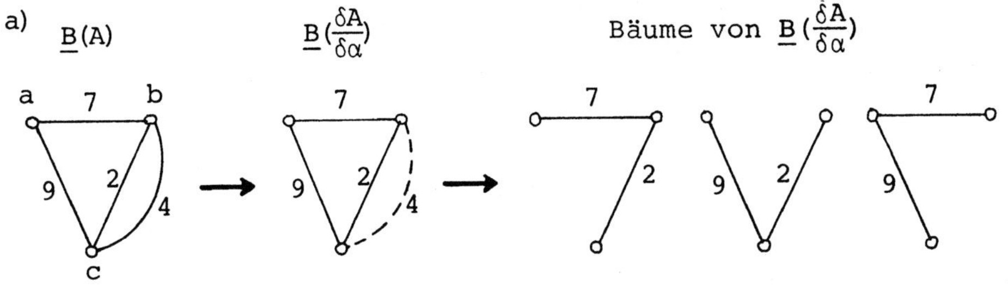

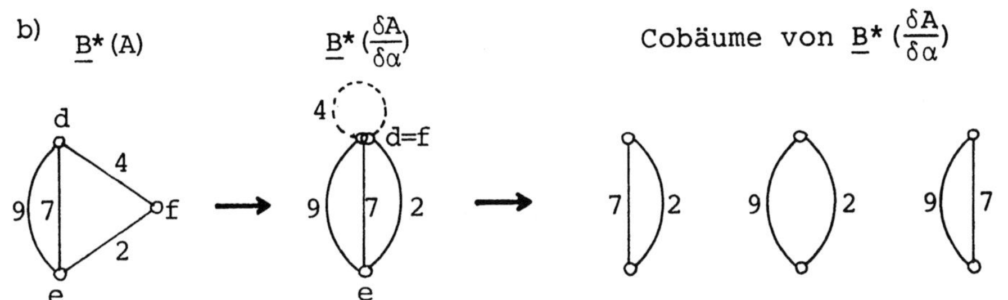

Fig. 3.7-2 Geometrische Bilder und Cobilder der

Strukturzahlen $A = \begin{bmatrix} 2 & 4 & 2 & 4 & 7 \\ 7 & 7 & 9 & 9 & 9 \end{bmatrix}$ und $\dfrac{\delta A}{\delta \alpha} = \begin{bmatrix} 2 & 2 & 7 \\ 7 & 9 & 9 \end{bmatrix}$

<u>Eigenschaft 3-2</u>

a) Das geometrische Bild $\underline{B}(\dfrac{\delta A}{\delta \alpha})$ der Strukturzahl $\dfrac{\delta A}{\delta \alpha}$ ist das geometrische Bild $\underline{B}(A)$ der Strukturzahl A mit beseitigtem Zweig $\alpha$.

b) Das geometrische Cobild $\underline{B}^*(\dfrac{\delta A}{\delta \alpha})$ der Strukturzahl $\dfrac{\delta A}{\delta \alpha}$ ist das geometrische Cobild $\underline{B}^*(A)$ der Strukturzahl A mit kurzgeschlossenem und beseitigtem Zweig $\alpha$.


Im folgenden sind noch eine Reihe von in [16], [17], [18] und [20] angegebenen Eigenschaften der algebraischen Ableitung und Coableitung von beliebigen Strukturzahlen $A, A_1, A_2, \ldots$ zusammengestellt:

$$\frac{\delta}{\delta \alpha}(A_1 + A_2) = \frac{\delta A_1}{\delta \alpha} + \frac{\delta A_2}{\delta \alpha} \qquad (3.7\text{-}10)$$

$$\frac{\delta}{\delta \alpha}(A_1 \cdot A_2) = \frac{\delta A_1}{\delta \alpha} \cdot \frac{\delta A_2}{\delta \alpha} \qquad (3.7\text{-}11)$$

$$\frac{\delta}{\delta\alpha}(A_1 \cdot A_2) = \frac{\delta A_1}{\delta\alpha} \cdot A_2 + \frac{\delta A_2}{\delta\alpha} \cdot A_1 + A_1 \cdot A_2 \qquad (3.7\text{-}12)$$

$$\frac{\delta A}{\delta\alpha} = (\overline{(\overline{A \cdot [\alpha]}) \cdot [\alpha]}) \qquad (3.7\text{-}13)$$

$$\frac{\delta}{\delta\alpha}[\alpha] = [\alpha] \cap [\phi] = [\ ] = 0 \qquad (3.7\text{-}14)$$

$$\frac{\delta A_1}{\delta A_2} =_{\text{Df}} (\overline{(\overline{A_1 \cdot A_2}) \cdot A_2}) \qquad (3.7\text{-}15)$$

Zusammenhang zwischen algebraischer Ableitung und algebraischer Coableitung:

$$\frac{\delta A}{\delta\alpha} = \frac{\partial}{\partial\alpha}(A \cdot [\alpha]) \qquad (3.7\text{-}16)$$

$$A = \frac{\delta A}{\delta\alpha} + [\alpha] \cdot \frac{\partial A}{\partial\alpha} \qquad (3.7\text{-}17)$$

$$\frac{\partial A}{\partial\alpha} \cap \frac{\partial A}{\partial\beta} = 0 \leftrightarrow \frac{\partial\overline{A}}{\partial\alpha} \cap \frac{\partial\overline{A}}{\partial\beta} = 0 \qquad (3.7\text{-}18)$$

## 3.8. Die Gleichzeitigkeitsfunktion

### 3.8.1. Gemeinsame Zyklen der Ein- und Ausgangszweige eines determinierten topologischen Systems

Aus der Regelungstechnik ist das 'Input-Output'- Modell bekannt (vgl.[29]Kap.2), durch das eine mathematische Beziehung
zwischen der als 'Ursache' angesehenen Eingangsgrösse und der
als 'Wirkung' betrachteten Ausgangsgrösse eines Systems hergestellt wird. Auch die Vierpoltheorie, z.B. in der elektrischen Netzwerktechnik, beschreibt Zusammenhänge zwischen
Ein- und Ausgangsgrössen eines Systems ([9]Chapter 1 ). Für
die Untersuchung der Beeinflussung der Ausgangsgrösse durch
die Eingangsgrösse mit Hilfe eines topologischen Systemmodells sind als Subsysteme die gemeinsamen Zyklen massgebend,
d.h. diejenigen einfachen Zyklen des topologischen Systems,
in denen z.B. der Eingangszweig $s^\alpha$ und der Ausgangszweig $s^\beta$
des Systems gleichzeitig vorkommen. Diese Zyklen können auf
einfache Weise durch Anwendung der Strukturzahlentheorie bestimmt werden.

Betrachtet man das gegebene determinierte topologische Systemmodell $\Gamma$ z.B. als geometrisches Bild $\underline{B}(A)$ der zu bestimmenden Strukturzahl A, so lässt sich A nach Satz 3-2 in Abschnitt 3.5.3. berechnen. Gemäss der Definition 3-7 in Abschnitt 3.2. sind dann die Spalten $a_k$ von A die Bilder $f[D_k]$ aller Bäume $[D_k, f_k]$ des determinierten Systems $\Gamma = [S, f]$. Aus der Definition 3-6 in Abschnitt 3.2. geht hervor, dass jeder Baum eines topologischen Systems azyklisch und zusammenhängend ist, d.h. jeder dem Baum hinzugefügte Zweig definiert einen Zyklus im Sinn der Definition 3-3. Jeder Zweig $s_{k,i}$ des in Gl.(3.4-8) definierten Cobaumes

$$[D_k^*, f_k^*] =_{Df} D_{dk}^* \qquad\qquad (3.8\text{-}1)$$

eines Baumes

$$[D_k, f_k] =_{Df} D_{dk} \qquad\qquad (3.8\text{-}2)$$

von $\Gamma = \underline{B}(A)$ definiert also einen determinierten einfachen Zyklus

$$Z_{dk,i}^* =_{Df} [Z_{k,i}^*, f_{k,i} = f|Z_{k,i}^*] \qquad\qquad (3.8\text{-}3)$$

in $\Gamma = [S, f]$.

Weiter folgt aus der Definition 3-11 in Abschnitt 3.4., dass die Bilder $f_k^*[D_k^*]$ der Cobäume $D_{dk}^*$ von $\Gamma$ die Spalten $b_k$ der komplementären Strukturzahl $\overline{A}$ von A sind; denn durch Anwendung der Gl.(3.4-7) auf $\overline{A}$ unter Berücksichtigung von $(\overline{\overline{A}}) = A$

$$\Gamma = \underline{B}(A) = \underline{B}(\overline{\overline{A}}) = \underline{B}^*(\overline{A}) \qquad\qquad (3.8\text{-}4)$$

ergibt sich, dass $\Gamma$ als geometrisches Bild von A auch geometrisches Cobild von $\overline{A}$ ist, d.h. die Spalten $b_k \epsilon \overline{A}$ sind Bilder $f_k^*[D_k^*]$ der Cobäume $D_{dk}^*$ von $\Gamma$.

$$\Gamma = \underline{B}^*(\overline{A}) \leftrightarrow \forall b_k (b_k \epsilon \overline{A} \rightarrow \exists D_{dk}^* (D_{dk}^* \subseteq \Gamma \wedge f_k^*[D_k^*] = b_k))$$

$$\wedge \forall D_{dk}^* (D_{dk}^* \subseteq \Gamma \rightarrow \exists b_k (b_k \epsilon \overline{A} \wedge f_k^{*-1}[b_k] = D_k^*)) \qquad (3.8\text{-}5)$$

Da $\Gamma$ geometrisches Cobild $\underline{B}^*(\overline{A})$ von $\overline{A}$ ist, bestimmen die Elemente $\beta_{k,i}$ der Spalten $b_k$ der komplementären Strukturzahl $\overline{A}$

alle diejenigen Zweige $s_{k,i} \epsilon \Gamma$, welche die Zyklen $Z^*_{dk,i}$ des Baumes $D_{dk}$ von $\Gamma$ definieren:

$$\forall \beta_{k,i} ( \beta_{k,i} \epsilon b_k \rightarrow f^{*-1}_k (\beta_{k,i}) = s_i (s_i \epsilon D^*_k \wedge \exists!! Z^*_{k,i} (Z^*_{k,i} \subseteq \{s_i\} \cup D_k)))$$

Mit $b_k \epsilon \overline{A}$ und $D_k, D^*_k \subset S$ für $\Gamma = [S, f]$ $\qquad$ (3.8-6)

Das zu Beginn dieses Abschnitts angedeutete Ziel ist die Bestimmung aller einfachen determinierten Zyklen $Z^*_{d\alpha\beta j}$ des determinierten topologischen Systems $\Gamma = [S, f]$, in denen der

Eingangszweig von $\Gamma =_{Df} s^\alpha =_{Df} (s_{i_\alpha}, \alpha), \alpha \epsilon L(A)$ $\qquad$ (3.8-7)

und der

Ausgangszweig von $\Gamma =_{Df} s^\beta =_{Df} (s_{i_\beta}, \beta), \beta \epsilon L(A)$ $\qquad$ (3.8-8)

gleichzeitig vorkommen (die determinierende Funktion f von $\Gamma$ ist in Gl.(2.3-65) und die Menge L(A) in der Gl.(3.4-2) definiert). Dies kann man erreichen, indem für beide Zweige $s^\alpha$ und $s^\beta$ zuerst die zugehörigen einfachen Zyklen für beide getrennt bestimmt und dann nur die gemeinsamen Zyklen beibehalten werden.

Die determinierten Zyklen in $\Gamma$ z.B. für $s^\alpha$ erhält man nach obigen Ueberlegungen durch Auffinden aller Cobäume $D^*_{dk}$ von $\Gamma$, die $s^\alpha$ als Element enthalten, und durch Elimination der jeweiligen Zweige $s_{k,i} \epsilon D^*_{dk}$ ausser $s^\alpha$ in $\Gamma$, sodass für jeden Baum $D_{dk} \subset \Gamma$ jeweils als einziger Zyklus derjenige mit $s^\alpha$ übrigbleibt. Dazu müssen also jeweils alle Zweige $s_{k,i} \epsilon D^*_{dk} \setminus \{s^\alpha\}$ der Cobäume $D^*_{dk} \subset \Gamma = \underline{B}*(\overline{A})$, welche $s^\alpha$ enthalten $(s^\alpha \epsilon D^*_{dk})$, in $\Gamma$ eliminiert werden. Die Definition 3-17 und die Eigenschaft 3-1b in Abschnitt 3.7.1. zeigen, dass die zu eliminierenden Zweige die Elemente des Cobildes $\underline{B}*(\frac{\partial \overline{A}}{\partial \alpha})$ darstellen und daher für jeden Cobaum $D^*_{dk} \subset \Gamma = \underline{B}*(\overline{A})$ und den zugehörigen Baum $D_{dk} \subset \Gamma = \underline{B}(A)$ durch die Elemente in den Spalten der algebraischen Ableitung $\frac{\partial \overline{A}}{\partial \alpha}$ bestimmt sind.

Wie schon erwähnt kann die Strukturzahl A, deren geometrisches Bild das gegebene determinierte topologische Systemmodell $\Gamma$ ist

$$\Gamma = \underline{B}(A) \qquad (3.8-9)$$

gemäss Satz 3-2 in Abschnitt 3.5.3. als Produkt

$$A = P_1 \cdot P_2 \cdot \ldots \cdot P_i \cdot \ldots \cdot P_\xi; \quad P_i = f_i[F_i] \qquad (3.8-10)$$

aller Bilder $f_i[F_i]$ der $\xi$ Fasern bzgl. eines Baumes $D_{d_j}$ von $\Gamma$ berechnet werden.

Werden die Spalten von $\dfrac{\partial \overline{A}}{\partial \alpha}$ mit $d_{\alpha k}$ bezeichnet, so ist das System $\underline{Z}^*_\alpha$ aller einfachen Zyklen $Z^*_{dk}$ des topologischen Systems S, in denen $s_{i_\alpha}$ vorkommt, durch den folgenden Ausdruck bestimmt:

$$\underline{Z}^*_\alpha =_{Df} \{Z^*_{\alpha k} \subseteq (S\backslash f^{-1}[d_{dk}]) \mid \Gamma = [S,f] = \underline{B}(A) \wedge d_{\alpha k} \epsilon \dfrac{\partial \overline{A}}{\partial \alpha}\}$$

$$(3.8\text{-}11)$$

Das System $\underline{Z}^*_\beta$ aller einfachen Zyklen $Z^*_{\beta k}$ des topologischen Systems S, in denen $s_{i_\beta}$ vorkommt, ist analog wie $\underline{Z}^*_\alpha$ definiert:

$$\underline{Z}^*_\beta =_{Df} \{Z^*_{\beta k} \subseteq (S\backslash f^{-1}[d_{\beta k}]) \mid \Gamma = [S,f] = \underline{B}(A) \wedge d_{\beta k} \dfrac{\partial \overline{A}}{\partial \beta}\}$$

$$(3.8\text{-}12)$$

Im Unterschied zu den Zyklen des Systems $\underline{Z}_\alpha$ werden also die Zyklen von $\underline{Z}^*_\beta$ nicht durch $\dfrac{\partial \overline{A}}{\partial \alpha}$, sondern durch die Spalten der Strukturzahl $\dfrac{\partial \overline{A}}{\partial \beta}$ bestimmt. Das System $\underline{Z}^*_{\alpha\beta}$ der gemeinsamen Zyklen der Zweige $s_{i_\alpha}$ und $s_{i_\beta}$ in S erhält man schliesslich als Durchschnitt der beiden Systeme $\underline{Z}^*_\alpha$ und $\underline{Z}^*_\beta$:

$$\underline{Z}^*_{\alpha\beta} = \underline{Z}^*_\alpha \cap \underline{Z}^*_\beta$$

$$= \{Z^*_{k\alpha\beta} \subset (S\backslash f^{-1}[d_k]) \mid \Gamma = [S,f] = \underline{B}(A) \wedge d_k \epsilon (\dfrac{\partial \overline{A}}{\partial \alpha} \cap \dfrac{\partial \overline{A}}{\partial \beta})\} \qquad (3.8\text{-}13)$$

Die Konjunktion C der beiden Strukturzahlen $\dfrac{\partial \overline{A}}{\partial \alpha}$ und $\dfrac{\partial \overline{A}}{\partial \beta}$

$$C = \dfrac{\partial \overline{A}}{\partial \alpha} \cap \dfrac{\partial \overline{A}}{\partial \beta} \qquad\qquad (3.8\text{-}14)$$

bestimmt somit diejenigen Zweige in S, deren Elimination im topologischen System zu Zyklen führt, in denen der Eingangszweig $s_{i\alpha}$ und der Ausgangszweig $s_{i\beta}$ gleichzeitig vorkommen.

### Beispiel

a) Gegeben sei das in Fig. 3.8-1 dargestellte determinierte topologische System $\Gamma = [S,f]$ mit der determinierenden Funktion (vgl. Gl. (2.3-65)) f :

$$f : s_1 \!\rightarrow\! 5 \quad s_2 \!\rightarrow\! 6 \quad s_3 \!\rightarrow\! 1 \quad s_4 \!\rightarrow\! 3 \quad s_5 \!\rightarrow\! 4 \quad s_6 \!\rightarrow\! 2$$

In Fig. 3.8-1 sind die Indizes i der Glieder der Familie
$(s_i)_{i \in [1,6]}$ in Klammern eingetragen.

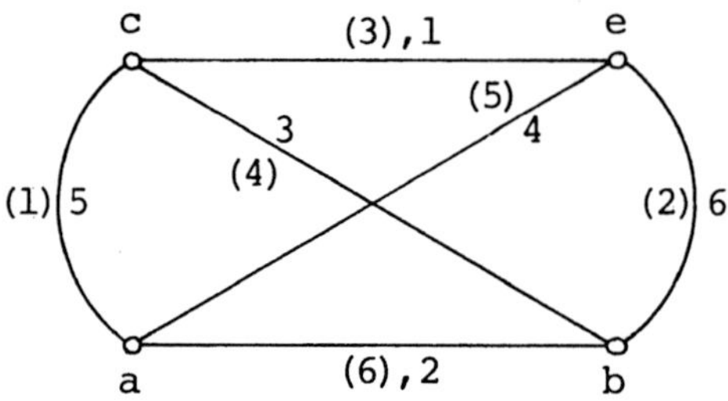


Fig. 3.8-1 Determiniertes topologisches System $\Gamma$

Die determinierende Funktion ordnet den Gliedern der Familie
aller eindimensionalen Simplexe des topologischen Systems

$$S = \{s_1, s_2, s_3, s_4, s_5, s_6\}$$

die Elemente der Menge L(A)

$$L(A) = \{1, 2, 3, 4, 5, 6\}$$

zu und führt so das topologische System S in das determinierte topologische System $\Gamma = [S,f]$ über, das in Gl.(2.3-68)
als Graph G(f) der determinierenden Funktion von S definiert
ist:

$$\Gamma = [S, f] = \{(s_1, 5), (s_2, 6), (s_3, 1), (s_4, 3), (s_5, 4), (s_6, 2)\}$$

In L(A) ist A die für das gegebene System $\Gamma$ zu bestimmende Strukturzahl. Unter der Voraussetzung der Gl.(3.8-9)

$$\Gamma = \underline{B}(A)$$

erhält man A gemäss Gl.(3.8-10) als Produkt der einzeiligen
Strukturzahlen $P_i$, welche die Bilder $f_i[F_i]$ der $\xi$ Fasern
bzgl. eines Baumes $D_{d_j}$ von $\Gamma$ sind.

Für $\xi$ ergibt sich bzgl. der Menge

$$M = \{a, b, c, e\}$$

der Knoten von $\Gamma$ (vgl. Fig. 3.8-1) aus den Gln.(3.5-9) und (3.5-8) der Wert

$$\xi = \text{card}(M) - 1 = 4 - 1 = 3$$

d.h. jeder Baum in $\Gamma$ besitzt drei Elemente.
Wählt man als Baum in $\Gamma$ z.B.

$$D_{d_j} = D_{d1} = [D_1, f_1] = \{(s_1, 5), (s_3, 1), (s_2, 6)\}$$

mit den Elementen $s_{1,1} =_{Df} (s_1, 5)$, $s_{1,2} = (s_3, 1)$ und $s_{1,3} = (s_2, 6)$, so liefert ein analoges Vorgehen wie im Beispiel 2 des Abschnitts 3.5.1. die 3 Fasern $F_{d1}$, $F_{d2}$ und $F_{d3}$ des Fasernsystems $\underline{F}_{d1}$.
Ecken der Elemente von $\Gamma$ und des Baumes $D_{d1}$:

$$E(s_{1,1}) = E((s_1, 5)) = E(s_1) = \{a, c\}$$
$$E(s_{1,2}) = E((s_2, 6)) = E(s_2) = \{b, e\}$$
$$E(s_{1,3}) = E((s_3, 1)) = E(s_3) = \{c, e\}$$

$$E((s_4, 3)) = E(s_4) = \{b, c\}$$
$$E((s_5, 4)) = E(s_5) = \{a, e\}$$
$$E((s_6, 2)) = E(s_6) = \{a, b\}$$

Nach Definition umfasst die Menge der Knoten eines Baumes des Systems $\Gamma$ alle Knoten von $\Gamma$, z.B.

$$M = \bigcup_{i \in [1, \xi]} E(s_{1,i}) = E(s_{1,1}) \cup E(s_{1,2}) \cup E(s_{1,3}) = \{a, b, c, e\}$$

Zur Bestimmung der 3 Fasern von $\underline{F}_{d1}$ werden die entsprechenden 3 Teilmengen $M_i$ in M als Einermengen gewählt:

$$M_1 = \{a\}, \quad M_2 = \{b\}, \quad M_3 = \{c\}$$

Als Fasern $[s_{1,i}]_{\rho_{M_i}}$ über den Elementen $s_{1,i}$ von $D_{d1}$ modulo den Aequivalenzrelationen

$$\rho_{M_i} =_{Df} \text{"besitzt genau eine Ecke aus } M_i \text{"}$$

erhält man die Mengen

$$F_{d1} = [s_{1,1}]_{\rho_{M_1}} = \{(s_1, 5), (s_5, 4), (s_6, 2)\} = [F_1, f_1]$$

$$F_{d2} = [s_{1,2}]_{\rho_{M_2}} = \{(s_2, 6), (s_4, 3), (s_6, 2)\} = [F_2, f_2]$$

$$F_{d3} = [s_{1,3}]_{\rho_{M_3}} = \{(s_3, 1), (s_1, 5), (s_4, 3)\} = [F_3, f_3]$$

Als Bilder der nicht determinierten Fasern $F_i$

$$F_1 = \{s_1, s_5, s_6\}$$
$$F_2 = \{s_2, s_4, s_6\}$$
$$F_3 = \{s_3, s_1, s_4\}$$

erhält man die gesuchten einzeiligen Strukturzahlen $P_i$

$$P_1 = f_1[F_1] = [5, 4, 2]$$
$$P_2 = f_2[F_2] = [6, 3, 2]$$
$$P_3 = f_3[F_3] = [1, 5, 3]$$

deren Produkt (vgl. Gl.(3.3-10) und Gl.(3.3-18)) die gesuchte Strukturzahl A mit $\Gamma = \underline{B}(A)$ ist.

$$A = \begin{bmatrix} 5 & 5 & 5 & 5 & 5 & 4 & 4 & 4 & 4 & 4 & 4 & 4 & 4 & 2 & 2 & 2 & 2 & 2 \\ 6 & 6 & 3 & 2 & 2 & 6 & 6 & 6 & 3 & 3 & 2 & 2 & 2 & 6 & 6 & 6 & 3 & 3 \\ 1 & 3 & 1 & 1 & 3 & 1 & 5 & 3 & 1 & 5 & 1 & 5 & 3 & 1 & 5 & 3 & 1 & 5 \end{bmatrix}$$

$$A = \begin{bmatrix} 1 & 3 & 1 & 1 & 1 & 4 & 3 & 1 & 3 & 1 & 2 & 2 & 1 & 2 & 2 & 1 \\ 5 & 5 & 3 & 2 & 4 & 5 & 4 & 3 & 4 & 2 & 4 & 3 & 2 & 5 & 3 & 2 \\ 6 & 6 & 5 & 5 & 6 & 6 & 6 & 4 & 5 & 4 & 5 & 4 & 6 & 6 & 6 & 3 \end{bmatrix}$$

Die komplementäre Strukturzahl $\overline{A}$ erhält man aus Gl.(3.4-1) (L(A) wurde oben angegeben).

$$\overline{A} = \begin{bmatrix} 2 & 1 & 2 & 3 & 2 & 1 & 1 & 2 & 1 & 3 & 1 & 1 & 3 & 1 & 1 & 4 \\ 3 & 2 & 4 & 4 & 3 & 2 & 2 & 5 & 2 & 5 & 3 & 5 & 4 & 3 & 4 & 5 \\ 4 & 4 & 6 & 6 & 5 & 3 & 5 & 6 & 6 & 6 & 6 & 6 & 5 & 4 & 5 & 6 \end{bmatrix}$$

Sind $(s_1, 5)$ der determinierte Eingangszweig und $(s_2, 6)$ der determinierte Ausgangszweig von $\Gamma$, so gilt

$$\alpha = 5 \quad \text{und} \quad \beta = 6$$

und man erhält aus den Gln.(3.8-7) und (3.8-8) mit Hilfe der determinierenden Funktion f:

$$s_{i_\alpha} = f^{-1}(\alpha) = s_1 \quad ; \quad s_{i_\beta} = f^{-1}(\beta) = s_2$$

Die algebraischen Ableitungen von $\overline{A}$ nach $\alpha$ und $\beta$ ergeben die Strukturzahlen

$$\frac{\partial \overline{A}}{\partial \alpha} = \frac{\partial \overline{A}}{\partial 5} = \begin{bmatrix} 2 & 1 & 2 & 3 & 1 & 3 & 1 & 4 \\ 3 & 2 & 6 & 6 & 6 & 4 & 4 & 6 \end{bmatrix}$$

$$\frac{\partial \overline{A}}{\partial \beta} = \frac{\partial \overline{A}}{\partial 6} = \begin{bmatrix} 2 & 3 & 2 & 1 & 3 & 1 & 1 & 4 \\ 4 & 4 & 5 & 2 & 5 & 3 & 5 & 5 \end{bmatrix}$$

b) Führt man wieder wie im Beispiel des Abschnitts 3.2. für die Elemente von $\Gamma$ die abgekürzte Schreibweise $(s_i, \gamma) =_{Df} s^\gamma$ durch die folgenden Definitionsgln. ein

$$(s_1, 5) =_{Df} s^5, \quad (s_2, 6) =_{Df} s^6, \quad (s_3, 1) =_{Df} s^1$$

$$(s_4, 3) =_{Df} s^3, \quad (s_5, 4) =_{Df} s^4, \quad (s_6, 2) =_{Df} s^2$$

so erhält man das determinierte topologische System $\Gamma$ in der Form

$$\Gamma = \{s^5, s^6, s^1, s^3, s^4, s^2\}$$

Nach der Definition des geometrischen Bildes $\underline{B}(A)$ sind die Spalten $a_k$ von A die Bilder $f_k[D_k]$ bzgl. der in Gl.(3.8-3) definierten Bäume $D_{dk}$ von $\Gamma$; z.B. ist für den Baum

$$D_{d1} = \{(s_1, 5), (s_3, 1), (s_2, 6)\} = \{s^5, s^1, s^6\}$$

dessen Dendrit (vgl. Definition 3-6 in Abschnitt 3.2.) $D_1$ gegeben durch

$$D_1 = \{s_1,\ s_3,\ s_2\}$$

und es gilt mit der oben definierten determinierenden Funktion f:

$$f_1[D_1] = \{5,\ 1,\ 6\} \quad \text{wobei } f_1 = f \,|\, D_1$$

Ein Vergleich zeigt, dass $a_1 \epsilon A$ identisch ist mit $f_1[D_1]$. Nach Gl.(3.8-5) sind alle Spalten $b_k$ von $\overline{A}$ Bilder $f_k^*[D_k^*]$ der Cobäume $D_{dk}^*$ von $\Gamma$.

Z.B. ist $b_1 \epsilon \overline{A}$

$$b_1 = \{2,\ 3,\ 4\}$$

die komplementäre Spalte zu $a_1 \epsilon A$ bzgl. L(A).

Als Bild von $b_1$ bzgl. $f_1^{*-1} = f^{-1} \,|\, b_1$ ergibt sich

$$f_1^{*-1}[b_1] = \{s_6,\ s_4,\ s_5\} = D_1^*$$

mit dem Cobaum nach Gl.(3.8-1)

$$D_{d1}^* = [D_1^*,\ f_1^*] = \{(s_6,\ 2),\ (s_4,\ 3),\ (s_5,\ 4)\} = \{s^2,\ s^3,\ s^4\}$$

$$\text{wobei } f_1^* = f \,|\, D_1^*$$

Die Elemente $\beta_{k,i} = \beta_{1,i}$ der Spalte $b_1 \epsilon \overline{A}$ sind

$$\beta_{1,6} = 2\ ,\quad \beta_{1,4} = 3\ ,\quad \beta_{1,5} = 4$$

mit den folgenden Werten bzgl. $f_1^{*-1}$:

$$f_1^{*-1}(\beta_{1,6}) = s_6\ ,\quad f_1^{*-1}(\beta_{1,4}) = s_4\ ,\quad f_1^{*-1}(\beta_{1,5}) = s_5$$

Die in Gl.(3.8-6) durch die Vereinigungen $\{s_i\} \cup D_k$ bestimmten Subsysteme von S sind für $D_k = D_1$ die Mengen:

$$\{s_6\} \cup \{s_1, s_3, s_2\} = \{s_6, s_1, s_3, s_2\}$$

$$\{s_4\} \cup \{s_1, s_3, s_2\} = \{s_4, s_1, s_3, s_2\}$$

$$\{s_5\} \cup \{s_1, s_3, s_2\} = \{s_5, s_1, s_3, s_2\}$$

Aus diesen in Fig. 3.8-2 dargestellten Subsystemen von S ist ersichtlich, dass jedes nur einen einzigen einfachen Zyklus $Z^*_{1,i}$ enthält, der durch den Zweig $f^{*-1}_1(\beta_{1,i}) = s_i$ definiert ist (vgl. Gl.(3.8-6)).

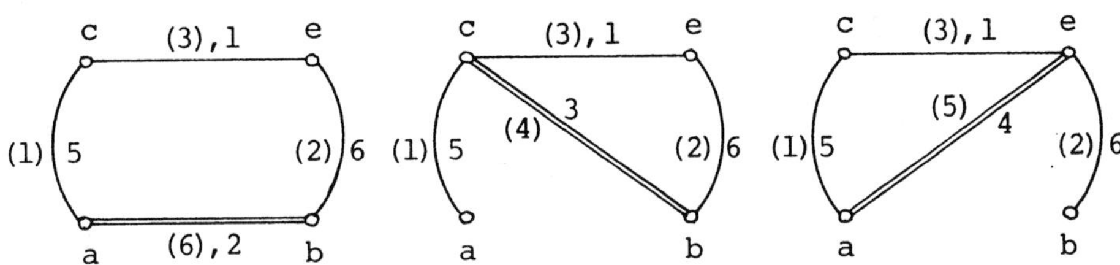


Fig. 3.8-2  Einfache Zyklen $Z^*_{1,i}$ des Dendriten $D_1 = \{s_1, s_3, s_2\}$ des Baumes $D_{d1} = \{s^5, s^1, s^6\}$. Die Zyklen $Z^*_{1,i}$ sind durch die (mit Doppellinien markierten) nicht determinierten Zweige $s_6, s_4, s_5$ des Cobaumes $D^*_{d1} = \{s^2, s^3, s^4\} = \{(s_6, 2), (s_4, 3), (s_5, 4)\}$ bestimmt.

Die Zyklen $Z^*_{1,i}$ des Dendriten $D_1 = \{s_1, s_3, s_2\}$ in $S = \{s_1, s_2, s_3, s_4, s_5, s_6\}$ sind:

$$Z^*_{1,6} = \{s_6, s_1, s_3, s_2\} = \{s_6\} \cup D_1$$

$$Z^*_{1,4} = \{s_4, s_3, s_2\} \subset \{s_4\} \cup D_1$$

$$Z^*_{1,5} = \{s_5, s_1, s_3\} \subset \{s_5\} \cup D_1$$

Nach Gl.(3.8-11) ist jeder einfache Zyklus $Z^*_{\alpha k}$ von S, in dem $s_{i_\alpha} = s_1$ vorkommt, der einzige Zyklus in der jeweiligen

Differenzmenge $S \backslash f^{-1}[d_{\alpha k}]$, wobei $d_{\alpha k} \in \frac{\partial \overline{A}}{\partial \alpha}$ :

$d_{\alpha 1} = \{2,3\}$ ; $S \backslash f^{-1}[d_{\alpha 1}] = \{s_1, s_2, s_3, s_5\}$ ; $Z^*_{\alpha 1} = \{s_1, s_3, s_5\}$

$d_{\alpha 2} = \{1,2\}$ ; $S \backslash f^{-1}[d_{\alpha 2}] = \{s_1, s_2, s_4, s_5\}$ ; $Z^*_{\alpha 2} = \{s_1, s_2, s_4, s_5\}$

$d_{\alpha 3} = \{2,6\}$ ; $S \backslash f^{-1}[d_{\alpha 3}] = \{s_1, s_3, s_4, s_5\}$ ; $Z^*_{\alpha 3} = \{s_1, s_3, s_5\} = Z^*_{\alpha 1}$

$d_{\alpha 4} = \{3,6\}$ ; $S \backslash f^{-1}[d_{\alpha 4}] = \{s_1, s_3, s_5, s_6\}$ ; $Z^*_{\alpha 4} = \{s_1, s_3, s_5\} = Z^*_{\alpha 1}$

$d_{\alpha 5} = \{1,6\}$ ; $S \backslash f^{-1}[d_{\alpha 5}] = \{s_1, s_4, s_5, s_6\}$ ; $Z^*_{\alpha 5} = \{s_1, s_4, s_6\}$

$d_{\alpha 6} = \{3,4\}$ ; $S \backslash f^{-1}[d_{\alpha 6}] = \{s_1, s_2, s_3, s_6\}$ ; $Z^*_{\alpha 6} = \{s_1, s_2, s_3, s_6\}$

$d_{\alpha 7} = \{1,4\}$ ; $S \backslash f^{-1}[d_{\alpha 7}] = \{s_1, s_2, s_4, s_6\}$ ; $Z^*_{\alpha 7} = \{s_1, s_4, s_6\} = Z^*_{\alpha 5}$

$d_{\alpha 8} = \{4,6\}$ ; $S \backslash f^{-1}[d_{\alpha 8}] = \{s_1, s_3, s_4, s_6\}$ ; $Z^*_{\alpha 8} = \{s_1, s_4, s_6\} = Z^*_{\alpha 5}$

Das System $\underline{Z}^*_\alpha$ der unabhängigen Zyklen in S mit $s_{i_\alpha} = s_1$ ist also:

$$\underline{Z}^*_\alpha = \{\{s_1, s_3, s_5\}, \{s_1, s_2, s_4, s_5\}, \{s_1, s_4, s_6\}, \{s_1, s_2, s_3, s_6\}\}$$

Analog erhält man gemäss Gl.(3.8-12) für $s_{i_\beta} = s_2$ und $d_{\beta k} \in \frac{\partial \overline{A}}{\partial \beta}$ :

$d_{\beta 1} = \{2,4\}$ ; $S \backslash f^{-1}[d_{\beta 1}] = \{s_1, s_2, s_3, s_4\}$ ; $Z^*_{\beta 1} = \{s_2, s_3, s_4\}$

$d_{\beta 2} = \{3,4\}$ ; $S \backslash f^{-1}[d_{\beta 2}] = \{s_1, s_2, s_3, s_6\}$ ; $Z^*_{\beta 2} = \{s_1, s_2, s_3, s_6\}$

$d_{\beta 3} = \{2,5\}$ ; $S \backslash f^{-1}[d_{\beta 3}] = \{s_2, s_3, s_4, s_5\}$ ; $Z^*_{\beta 3} = \{s_2, s_3, s_4\} = Z^*_{\beta 1}$

$d_{\beta 4} = \{1,2\}$ ; $S \backslash f^{-1}[d_{\beta 4}] = \{s_1, s_2, s_4, s_5\}$ ; $Z^*_{\beta 4} = \{s_1, s_2, s_4, s_5\}$

$d_{\beta 5} = \{3,5\}$ ; $S \backslash f^{-1}[d_{\beta 5}] = \{s_2, s_3, s_5, s_6\}$ ; $Z^*_{\beta 5} = \{s_2, s_5, s_6\}$

$d_{\beta 6} = \{1,3\}$ ; $S \backslash f^{-1}[d_{\beta 6}] = \{s_1, s_2, s_5, s_6\}$ ; $Z^*_{\beta 6} = \{s_2, s_5, s_6\} = Z^*_{\beta 5}$

$d_{\beta 7} = \{1,5\}$ ; $S \backslash f^{-1}[d_{\beta 7}] = \{s_2, s_4, s_5, s_6\}$ ; $Z^*_{\beta 7} = \{s_2, s_5, s_6\} = Z^*_{\beta 5}$

$d_{\beta 8} = \{4,5\}$ ; $S \backslash f^{-1}[d_{\beta 8}] = \{s_2, s_3, s_4, s_6\}$ ; $Z^*_{\beta 8} = \{s_2, s_3, s_4\} = Z^*_{\beta 1}$

System der unabhängigen Zyklen in S mit $s_{i_\beta} = s_2$:

$$\underline{Z}_\beta^* = \{\{s_2,s_3,s_4\},\{s_1,s_2,s_3,s_6\},\{s_1,s_2,s_4,s_5\},\{s_2,s_5,s_6\}\}$$

Nach Gl.(3.8-13) schliesslich ergibt sich das System $\underline{Z}_{\alpha\beta}^*$ der gemeinsamen Zyklen von $s_{i_\alpha} = s_1$ und $s_{i_\beta} = s_2$ in S als Durchschnitt von $\underline{Z}_\alpha$ und $\underline{Z}_\beta$:

$$\underline{Z}_{\alpha\beta}^* = \underline{Z}_\alpha^* \cap \underline{Z}_\beta^* = \{\{s_1,s_2,s_4,s_5\},\{s_1,s_2,s_3,s_6\}\}$$

Daraus ergibt sich das System $\underline{Z}_{d\alpha\beta}^*$ der bzgl. der Funktion f determinierten Zyklen $Z_{d\alpha\beta j}^*$

$$Z_{d\alpha\beta 1}^* = \{(s_1,5),(s_2,6),(s_3,1),(s_6,2)\} = \{s^5,s^6,s^1,s^2\}$$

$$Z_{d\alpha\beta 2}^* = \{(s_1,5),(s_2,6),(s_4,3),(s_5,4)\} = \{s^5,s^6,s^3,s^4\}$$

$$\underline{Z}_{d\alpha\beta}^* = \{Z_{d\alpha\beta 1}^*, Z_{d\alpha\beta 2}^*\} = \{\{s^5,s^6,s^1,s^2\},\{s^5,s^6,s^3,s^4\}\}$$

$Z_{d\alpha\beta 1}^*$ und $Z_{d\alpha\beta 2}^*$ sind die beiden einzigen determinierten Zyklen in $\Gamma$, in denen $s^\alpha = s^5$ und $s^\beta = s^6$ gleichzeitig vorkommen; sie sind in Fig.3.8-3 dargestellt.

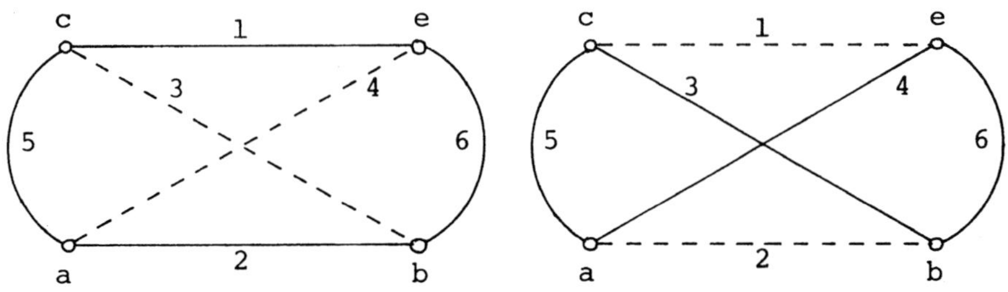


Fig. 3.8-3 Gemeinsame, determinierte Zyklen $Z_{d\alpha\beta 1}^*$ und $Z_{d\alpha\beta 2}^*$ des Eingangszweiges $s^\alpha = s^5$ und des Ausgangszweiges $s^\beta = s^6$ im System $\Gamma$ der Fig. 3.8-1.

  (die gestrichelten Linien stellen die aus $\Gamma$ entfernten Zweige dar).

Bestimmt man nach Gl.(3.8-14) die Konjunktion C der im Teil
a) dieses Beispiels berechneten algebraischen Ableitungen
$\frac{\partial \overline{A}}{\partial \alpha}$ und $\frac{\partial \overline{A}}{\partial \beta}$

$$C = \frac{\partial \overline{A}}{\partial \alpha} \cap \frac{\partial \overline{A}}{\partial \beta} = \begin{bmatrix} 1 & 3 \\ 2 & 4 \end{bmatrix}$$

so zeigt ein Vergleich mit Fig. 3.8-3 deutlich, dass die
Spalten von C diejenigen Zweige in $\Gamma$ bestimmen, durch deren
Elimination nur Zyklen übrigbleiben, in denen die Ein- und
Ausgangszweige $s^{\alpha} = s^5$ und $s^{\beta} = s^6$ gleichzeitig vorkommen.


### 3.8.2. Relative Orientierung der Ein- und Ausgangszweige
### in gemeinsamen Zyklen des topologischen Systems


Bei dem gegebenen topologischen System handelt es sich normalerweise um ein orientiertes System $\vec{S}$ (vgl. Abschnitt
2.3.3.). Ist ausserdem für $\vec{S}$ eine determinierende Funktion
$\vec{f}$ definiert, so ist das System nach Gl.(2.3-76) in Abschnitt
2.3.5. durch den Graphen $G(\vec{f})$ gegeben:

$$[\vec{S},\vec{f}] =_{Df} G(\vec{f}) \tag{3.8-15}$$

Zur Untersuchung der Zusammenhänge zwischen Ein- und Ausgangsgrössen des entsprechenden konkreten Systems ist in
diesem Fall die alleinige Bestimmung der den Ein- und Ausgangszweigen von $\vec{S}$ gemeinsamen Zyklen, wie dies im vorigen
Abschnitt beschrieben wurde, noch ungenügend. Es müssen zu-
sätzlich die Orientierungen der Ein- und Ausgangszweige in
diesen Zyklen berücksichtigt werden.

Hier stellt sich ein Problem bei der Anwendung der Strukturzahlentheorie. Die Strukturzahl A, für die das determinierte topologische System $\Gamma$ z.B. ein geometrisches Bild
$\underline{B}(A)$ ist, bestimmt nur die Struktur (vgl. Abschnitt 2.3.4.)
des topologischen Systems, jedoch nicht seine Orientierung.
Dieses Problem kann daher durch Zurückführung auf ein
strukturelles Problem gelöst werden, wie dies in [18] geschehen ist.

Hierzu betrachte man die typische Form eines Zyklus mit
gleichsinnig orientierten Ein- und Ausgangszweigen $\vec{s}^{\alpha}$ und $\vec{s}^{\beta}$
in Fig. 3.8-4a und die in Fig. 3.8-4b dargestellte Form des
Zyklus mit entgegengesetzt orientierten Zweigen $\vec{s}^{\alpha}$ und $\vec{s}^{\beta}$.

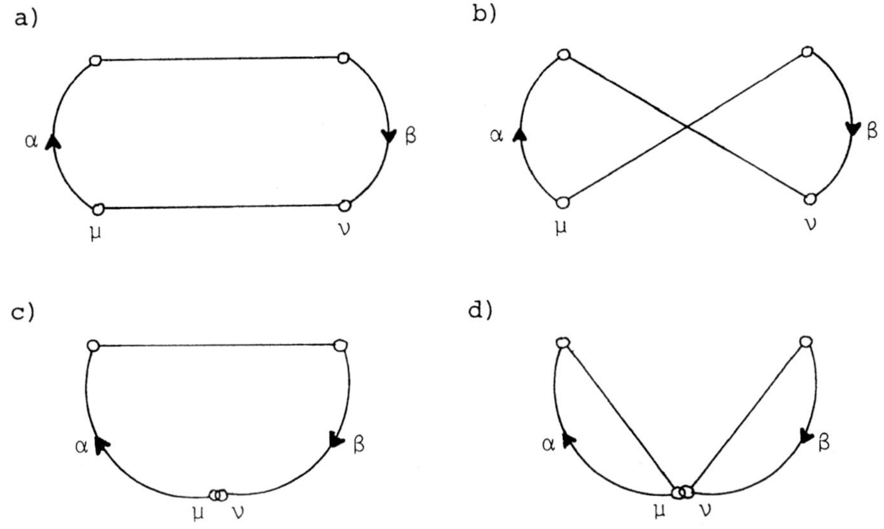

Fig. 3.8-4  Zyklen eines orientierten und determinierten
            topologischen Systems.

            a),c) gleichsinnige, b) entgegengesetzte Orien-
            tierung der Zweige $\vec{s}^\alpha$ und $\vec{s}^\beta$

Die Darstellungen in Fig. 3.8-4c bzw. Fig. 3.8-4d ergeben
sich durch das Zusammenfassen der Knoten $\mu$ und $\nu$ und die Elimination des dazwischenliegenden Zweiges in Fig. 3.8-4a bzw.
Fig. 3.8-4b. Wie die Darstellungen zeigen, bestehen die wichtigsten Konsequenzen dieser strukturellen Veränderungen darin,
dass bei gleicher Orientierung von $\vec{s}^\alpha$ und $\vec{s}^\beta$ beide Zweige
wieder in einem gemeinsamen Zyklus vorkommen, während dies
bei entgegengesetzter Orientierung nicht mehr der Fall ist.
Diese Feststellung ermöglicht es zu prüfen, ob $\vec{s}^\alpha$ und $\vec{s}^\beta$
gleichsinnig orientiert sind, indem mit Hilfe der in Ab-
schnitt 3.8.1. beschriebenen Methode auf rein algebraischem
Wege gemeinsame Zyklen in dem im obigen Sinne reduzierten
topologischen System nachgewiesen oder nicht nachgewiesen
werden können.

Ist das determinierte topologische System $\Gamma$ das geometrische Bild $\underline{B}(A)$ der Strukturzahl A

$$\Gamma = \underline{B}(A) \tag{3.8-16}$$

und $A_{\mu\nu}$ die Strukturzahl, deren geometrisches Bild $\underline{B}(A_{\mu\nu})$
das topologische System $\Gamma$ mit kurzgeschlossenen Knoten
$\mu$ und $\nu$ ist

$$\Gamma_{\mu\nu} \underset{Df}{=} \underline{B}(A_{\mu\nu}) \tag{3.8-17}$$

so sind gemäss Gl.(3.8-13) durch die Elemente $\gamma_{\ell k}$ der Spalten $c_k$ von

$$C = \frac{\partial \overline{A}}{\partial \alpha} \cap \frac{\partial \overline{A}}{\partial \beta} \qquad (3.8\text{-}18)$$

diejenigen Zweige in $\Gamma$, bei deren Entfernung nur die gemeinsamen Zyklen von $s^\alpha$ und $s^\beta$ in $\Gamma$ übrigbleiben. Die Strukturzahlen, deren geometrische Bilder die durch Elimination der Zweige $(s_i, \gamma_{\ell k})$ in $\Gamma_{\mu\nu}$ sich ergebenden Subsysteme sind, erhält man daher gemäss der Eigenschaft 3-2a in Abschnitt 3.7.2. mit Hilfe der algebraischen Coableitung von $A_{\mu\nu}$ nach den Elementen $\gamma_{\ell k}$ der Spalten $c_k$ von C:

$$A_{\mu\nu}^{\gamma_{1k}\,\gamma_{2k}\cdots\gamma_{\ell k}} \;=_{Df}\; \frac{\delta^\ell A_{\mu\nu}}{\delta\gamma_{1k}\,\delta\gamma_{2k}\cdots\delta\gamma_{\ell k}} \qquad (3.8\text{-}19)$$

$$\text{mit } \gamma_{\ell k}\epsilon c_k \quad \text{und} \quad c_k\epsilon\frac{\partial\overline{A}}{\partial\alpha}\cap\frac{\partial\overline{A}}{\partial\beta} = C \qquad (3.8\text{-}20)$$

Nach Gl.(3.8-13) existiert in $A_{\mu\nu}^{\gamma_{1k}\cdots\gamma_{\ell k}}$ nur dann ein gemeinsamer Zyklus des Eingangszweiges $s^\alpha$ und des Ausgangszweiges $s^\beta$, wenn

$$\frac{\overline{\partial A_{\mu\nu}^{\gamma_{1k}\cdots\gamma_{\ell k}}}}{\partial\alpha} \cap \frac{\overline{\partial A_{\mu\nu}^{\gamma_{1k}\cdots\gamma_{\ell k}}}}{\partial\beta} \neq 0 \qquad (3.8\text{-}21)$$

Gemäss (3.7-18) ist diese Bedingung äquivalent mit

$$C_{\mu\nu k} \;=_{Df}\; \frac{\partial A_{\mu\nu}^{\gamma_{1k}\cdots\gamma_{\ell k}}}{\partial\alpha} \cap \frac{\partial A_{\mu\nu}^{\gamma_{1k}\cdots\gamma_{\ell k}}}{\partial\beta} \neq 0 \qquad (3.8\text{-}22)$$

Zusammengefasst gilt daher:

$$\vec{s}^\alpha, \vec{s}^\beta \text{ gleichorientiert in } \vec{Z}^*_{d\alpha\beta k} \;\leftrightarrow\; C_{\mu\nu k} \neq 0 \qquad (3.8\text{-}23)$$

$$\vec{s}^\alpha, \vec{s}^\beta \text{ gegenorientiert in } \vec{Z}^*_{d\alpha\beta k} \;\leftrightarrow\; C_{\mu\nu k} = 0 \qquad (3.8\text{-}24)$$

Es bleibt noch zu überlegen, wie die Strukturzahl $A_{\mu\nu}$ bestimmt werden kann.

Das geometrische Bild $\Gamma_{\mu\nu} = \underline{B}(A_{\mu\nu})$ ist das topologische
System $\Gamma$ mit kurzgeschlossenen Knoten $\mu$ und $\nu$. Aus Fig.3.8-4
ist ersichtlich, dass $\mu$ bzw. $\nu$ Ecke des determinierten Simplexes $s^\alpha = (s_{i_\alpha}, \alpha)$ bzw. $s^\beta = (s_{i_\beta}, \beta)$ ist:

$$\mu \in E(s^\alpha) = E((s_{i_\alpha}, \alpha)) \tag{3.8-25}$$

$$\nu \in E(s^\beta) = E((s_{i_\beta}, \beta)) \tag{3.8-26}$$

$s^\alpha$ ist in Gl.(3.8-7), $s^\beta$ in Gl.(3.8-8) und $E(s)$ durch
Gl.(2.3-33) in Abschnitt 2.3.3. definiert. Die Vereinigung
der Knoten $\mu$ und $\nu$ und die gleichzeitige Entfernung von
Zweigen $s^\delta \in \Gamma_{\alpha\beta}$ mit

$$\Gamma_{\alpha\beta} =_{Df} \{s^\delta \mid s^\delta \in \Gamma \wedge E(s^\delta) = \{\mu,\nu\}\} \tag{3.8-27}$$

bedeuten die Bildung der symmetrischen Differenz (Definitionsgl.(2.2-133)) der Mengen aller Zweige aus $\Gamma$, die genau
eine Ecke entweder in

$$M_\alpha =_{Df} \{\mu = e_v\vec{s}^\alpha\} \text{ mit } e_v\vec{s}^\alpha =_{Df} e_v\vec{s}_{i_\alpha} \tag{3.8-28}$$

oder in

$$M_\beta =_{Df} \{\nu = e_n\vec{s}^\beta\} \text{ mit } e_n\vec{s}^\beta =_{Df} e_n\vec{s}_{i_\beta} \tag{3.8-29}$$

haben ($e_v\vec{s}$ und $e_n\vec{s}$ sind in den Gln.(2.3-32) in Abschnitt
2.3.3. definiert).

Ein Vergleich dieser Formulierung mit der Definition 3-13
aus Abschnitt 3.5.1. zeigt, dass diese symmetrische Differenz die symmetrische Differenz der determinierten Faser

$$F_{d\alpha} = [s^\alpha]_{\rho_{M_\alpha}} = \{s^i \mid s^i \in \Gamma \wedge s^i \rho_{M_\alpha} s^\alpha\} \tag{3.8-30}$$

über $s^\alpha$ modulo $\rho_{M_\alpha}$: = "besitzt genau eine Ecke aus $M_\alpha$" und
der determinierten Faser

$$F_{d\beta} = [s^\beta]_{\rho_{M_\beta}} = \{s^i \mid s^i \in \Gamma \wedge s^i \rho_{M_\beta} s^\beta\} \tag{3.8-31}$$

über $s^\beta$ modulo $\rho_{M_\beta}$: = "besitzt genau eine Ecke aus $M_\beta$" ist.

Für das System $\Gamma_{\mu\nu}$ müssen die beiden Fasern $F_{d\alpha}$ und $F_{d\beta}$ durch die eine Faser

$$F_{d\alpha\beta} =_{Df} F_{d\alpha} \, \Delta \, F_{d\beta} = [s^\alpha]_{\rho_{M_\alpha}} \Delta \, [s^\beta]_{\rho_{M_\beta}} \qquad (3.8\text{-}32)$$

ersetzt werden.

Nach Satz 3-2 erhält man die Strukturzahl A, deren geometrisches Bild $\underline{B}(A)$ das gegebene topologische System $\Gamma$ ist, als Produkt von einzeiligen Strukturzahlen $P_i$, welche die Bilder $f_i[F_i]$ von $\xi$ Fasern $F_i$ aus S sind. Z.B. können zwei dieser Fasern

$$F_{d\alpha} = [F_\alpha, f_\alpha] \qquad (3.8\text{-}33)$$

und

$$F_{d\beta} = [F_\beta, f_\beta] \qquad (3.8\text{-}34)$$

sein.

Die zugehörigen einzeiligen Strukturzahlen sind dann

$$P_\mu = f_\alpha[F_\alpha] \qquad (3.8\text{-}35)$$

$$P_\nu = f_\beta[F_\beta] \qquad (3.8\text{-}36)$$

und man erhält das Produkt in der Form

$$A = P_\mu \cdot P_\nu \cdot \prod_{i=1}^{\xi-2} P_i \qquad (3.8\text{-}37)$$

Wird nun für $\Gamma_{\mu\nu}$ nach Gl.(3.8-32) die symmetrische Differenz von $F_{d\alpha}$ und $F_{d\beta}$ gebildet, so entspricht dem wegen Gl.(3.8-35) und Gl.(3.8-36) die Bildung der symmetrischen Differenz von $P_\mu$ und $P_\nu$. Nach der Definitionsäquivalenz (3.3-5) heisst das, dass $P_\mu$ und $P_\nu$ addiert werden müssen. Ersetzt man also in Gl.(3.8-37) das Produkt $P_\mu \cdot P_\nu$ durch die Summe $P_\mu + P_\nu$, so erhält man die gesuchte Strukturzahl $A_{\mu\nu}$, deren geometrisches Bild $\Gamma_{\mu\nu}$ das determinierte topologische System $\Gamma$ mit kurzgeschlossenen Knoten $\mu$ und $\nu$ ist:

$$A_{\mu\nu} = (P_\mu + P_\nu) \cdot \prod_{i=1}^{\xi-2} P_i \quad ; \quad \mu, \nu \neq i \qquad (3.8\text{-}38)$$

<u>Beispiel</u>

Es soll das Beispiel aus Abschnitt 3.8.1. weitergeführt werden. Das gegebene topologische System $\Gamma$ ist in Fig.3.8-1 mit
bezeichneten Knoten dargestellt.

Der Eingangszweig

$$s^{\alpha} = (s_{i_{\alpha}}, \alpha) = (s_1, 5)$$

hat die Ecken

$$E(s^{\alpha}) = E(s_1) = \{a, c\}$$

und der Ausgangszweig

$$s^{\beta} = (s_{i_{\beta}}, \beta) = (s_2, 6)$$

die Ecken

$$E(s^{\beta}) = E(s_2) = \{b, e\}$$

Gemäss Gl.(2.3-31) in Abschnitt 2.3.3. seien die orientierten Zweige $\vec{s}_1$ und $\vec{s}_2$ entsprechend ihrer Orientierung in
Fig. 3.8-4 wie folgt definiert:

$$\vec{s}_1 =_{Df} [a, c]$$
$$\vec{s}_2 =_{Df} [e, b]$$

Laut Gl.(2.3-76) in Abschnitt 2.3.5. sind die Elemente des
orientierten determinierten topologischen Systems $[\vec{S}, \vec{f}] = \vec{\Gamma}$
definiert als Elemente des Graphen $G(\vec{f})$, d.h. für $\vec{s}^{\alpha}$ und $\vec{s}^{\beta}$
gilt:

$$\vec{s}^{\alpha} = (\vec{s}_{i_{\alpha}}, \alpha) = (\vec{s}_1, 5) = ([a, c], 5)$$
$$\vec{s}^{\beta} = (\vec{s}_{i_{\beta}}, \beta) = (\vec{s}_2, 6) = ([e, b], 6)$$

Aus den Gln.(3.8-28) und (3.8-29) erhält man

$$M_{\alpha} = \{\mu = e_v \vec{s}^{\alpha}\} = \{\mu = e_v \vec{s}_1\} = \{a\}$$
$$M_{\beta} = \{\nu = e_n \vec{s}^{\beta}\} = \{\nu = e_n \vec{s}_2\} = \{b\}$$

Es ist also

$$\mu = a \quad \text{und} \quad \nu = b$$

Vergleicht man mit dem Teil a) des Beispiels aus Abschnitt 3.8.1., so sieht man, dass

$$M_\alpha = M_1 \quad \text{und} \quad M_\beta = M_2$$

Für die durch die Gln.(3.8-30) und (3.8-31) bestimmten Fasern über $s^\alpha = s^5$ bzw. $s^\beta = s^6$ erhält man also

$$F_{d\alpha} = F_{d1} = \{(s_1,5),(s_5,4),(s_6,2)\} = [F_1,f_1]$$

$$F_{d\beta} = F_{d2} = \{(s_2,6),(s_4,3),(s_6,2)\} = [F_2,f_2]$$

Die entsprechende Faser in $\Gamma_{\mu\nu}$ ist nach Gl.(3.8-32) die symmetrische Differenz von $F_{d\alpha}$ und $F_{d\beta}$

$$F_{d\alpha\beta} = F_{d1} \,\Delta\, F_{d2} = \{(s_1,5),(s_5,4),(s_2,6),(s_4,3)\} = [F_{\alpha\beta},f_{\alpha\beta}]$$

Die Gln.(3.8-35) und (3.8-36) liefern die einzeiligen Strukturzahlen

$$P_\mu = f_\alpha[F_\alpha] = f_1[F_1] = [5,\,4,\,2]$$

$$P_\nu = f_\beta[F_\beta] = f_2[F_2] = [6,\,3,\,2]$$

Nach Gl.(3.8-38) ergibt das Produkt der Summe

$$P_\mu + P_\nu = [5,\,4,\,6,\,3\,]$$

und der im Beispiel des Abschnitts 3.8.1. bestimmten Strukturzahl

$$P_3 = [1,\,5,\,3]$$

die gesuchte Strukturzahl $A_{\mu\nu}$, deren Bild $\underline{B}(A_{\mu\nu})$ das determinierte topologische System $\Gamma$ mit den zu einem einzigen Knoten vereinigten Ecken $\mu = a$ und $\nu = b$ und dem entfernten Zweig $s^2 = (s_6,2)$ ist:

$$A_{\mu\nu} = A_{ab} = (P_\mu + P_\nu)\cdot P_3 = \begin{bmatrix} 5 & \cancel{5} & 4 & 4 & 4 & 6 & 6 & 6 & 3 & \cancel{3} \\ 1 & \cancel{3} & 1 & 5 & 3 & 1 & 5 & 3 & 1 & \cancel{5} \end{bmatrix}$$

Als Bild $f_{\alpha\beta}[F_{\alpha\beta}]$ erhält man die Strukturzahl

$$f_{\alpha\beta}[F_{\alpha\beta}] = [5, 4, 6, 3]$$

die mit der Summe $P_\mu + P_\nu = [5, 4, 6, 3]$ übereinstimmt.
Die Konjunktion C aus Gl.(3.8-18) wurde im Teil b) des Beispiels in Abschnitt 3.8.1. bestimmt.

$$C = \begin{bmatrix} 3 & 1 \\ 4 & 2 \end{bmatrix}$$

Damit sind auch die Spalten $c_k \epsilon C$ aus Gl.(3.8-20) bekannt:

$$c_1 = \{\gamma_{11}, \gamma_{21}\} = \{3,4\}$$

$$c_2 = \{\gamma_{12}, \gamma_{22}\} = \{1,2\}$$

Aus Gl.(3.8-19) und der Definitionsgl.(3.7-8) erhält man

$$A_{\mu\nu}^{\gamma_{11}\gamma_{21}} = \frac{\delta^2 A_{\mu\nu}}{\delta\gamma_{11}\,\delta\gamma_{21}} = \frac{\delta^2 A_{\mu\nu}}{\delta3\,\delta4} = \begin{bmatrix} 5 & 6 & 6 \\ 1 & 1 & 5 \end{bmatrix} = A_{\mu\nu}^{34}$$

$$A_{\mu\nu}^{\gamma_{12}\gamma_{22}} = \frac{\delta^2 A_{\mu\nu}}{\delta\gamma_{12}\,\delta\gamma_{22}} = \frac{\delta^2 A_{\mu\nu}}{\delta1\,\delta2} = \begin{bmatrix} 4 & 4 & 6 & 6 \\ 5 & 3 & 5 & 3 \end{bmatrix} = A_{\mu\nu}^{12}$$

Bestimmt man die algebraischen Ableitungen

$$\frac{\partial A_{\mu\nu}^{34}}{\partial\alpha} = \frac{\partial A_{\mu\nu}^{34}}{\partial5} = [1,6] \quad\text{und}\quad \frac{\partial A_{\mu\nu}^{34}}{\partial\beta} = \frac{\partial A_{\mu\nu}^{34}}{\partial6} = [1,5]$$

so ergibt sich gemäss Gl.(3.8-22) die Konjunktion

$$C_{\mu\nu1} = [1,6] \cap [1,5] = [1] \neq 0$$

Bzgl. den algebraischen Ableitungen

$$\frac{\partial A_{\mu\nu}^{12}}{\partial\alpha} = \frac{\partial A_{\mu\nu}^{12}}{\partial5} = [4,6] \quad\text{und}\quad \frac{\partial A_{\mu\nu}^{12}}{\partial\beta} = \frac{\partial A_{\mu\nu}^{12}}{\partial6} = [5,3]$$

erhält man die Konjunktion

$$C_{\mu\nu2} = [4,6] \cap [5,3] = [\ ] = 0$$

Die im Teil b) des Beispiels in Abschnitt 3.8.1. bestimmten determinierten einfachen Zyklen $Z^*_{d\alpha\beta1}$ und $Z^*_{d\alpha\beta2}$ sind in ihrer orientierten Form gegeben durch

$$\vec{Z}^*_{d\alpha\beta1} = \{\vec{s}^5,\vec{s}^6,\vec{s}^1,\vec{s}^2\}$$

$$\vec{Z}^*_{d\alpha\beta2} = \{\vec{s}^5,\vec{s}^6,\vec{s}^3,\vec{s}^4\}$$

Gemäss der Bedingung (3.8-23) gilt daher

$$C_{\mu\nu1} \neq 0 \leftrightarrow \vec{s}^\alpha,\vec{s}^\beta \text{ gleichorientiert in } \vec{Z}^*_{d\alpha\beta1}$$

und entsprechend der Bedingung (3.8-24)

$$C_{\mu\nu2} = 0 \leftrightarrow \vec{s}^\alpha,\vec{s}^\beta \text{ gegenorientiert in } \vec{Z}^*_{d\alpha\beta2}$$

### 3.8.3. Die Funktion der Gleichzeitigkeit

Für die Beschreibung der Zusammenhänge zwischen Systemeingang und Systemausgang wurden in den Abschnitten 3.8.1.und 3.8.2. bisher nur das topologische Systemmodell und die Orientierung der Ein- und Ausgangszweige berücksichtigt. Es soll nun der Schritt zum konkreten Systemmodell vollzogen werden.

Die Grundlage für diesen Uebergang bilden einerseits das Kapitel 4 von L.WEINBERG in [9] und die Definition in Abschnitt e. sowie der nur angedeutete Beweis im Anhang der Publikation [16] von S.BELLERT andererseits. In [9]S158 formuliert L.WEINBERG die von ihm mit dem Namen "Drittes Kirchhoff'sches Gesetz" bezeichnete graphentheoretische Methode zur Berechnung elektrischer Netzwerke und führt in den nachfolgenden Seiten (vor allem S160 bis S164) den ausführlichen Beweis zu den Aussagen dieses Gesetzes. Der Zusammenhang mit den Abschnitten 3.8.1. und 3.8.2. besteht darin, dass 1. den Systemzweigen die Impedanzen $z_{\alpha\ell k}$ des konkreten Systems zugeordnet werden, und dass 2. die auftretenden Impedanzprodukte mit positivem oder negativem Vorzeichen versehen werden, je nach relativer Orientierung von Ein- und Ausgangszweigen im Sinne des Abschnitts

3.8.2. Was die Theorie der Strukturzahlen betrifft, so
kann die Zuordnung von Impedanzen zu den Zweigen des gegebenen topologischen Systemmodells durch die im Abschnitt
3.6. definierte Determinantenfunktion geschehen.

Dies führt zur folgenden Definition

Definition 3-20

  Die Gleichzeitigkeitsfunktion

$$\underset{\mathbb{Z}}{Sim}(\frac{\partial \overline{A}}{\partial \alpha}, \frac{\partial \overline{A}}{\partial \beta}) ; \quad z_\alpha, z_\beta, z_{\alpha_{\ell k}} \in \mathbb{Z} \qquad\qquad (3.8\text{-}39)$$

für die Strukturzahl A, deren geometrisches Bild

$$\Gamma = \underline{B}(A) \qquad\qquad (3.8\text{-}40)$$

zwei orientierte Zweige $\vec{s}^\alpha$ und $\vec{s}^\beta$ enthält, ist die algebraische Summe aller Terme, die gleichzeitig in den Funk-
tionen

$$\underset{\mathbb{Z}}{det} \frac{\partial \overline{A}}{\partial \alpha} \quad und \quad \underset{\mathbb{Z}}{det} \frac{\partial \overline{A}}{\partial \beta} \qquad\qquad (3.8\text{-}41)$$

auftreten. Die Terme haben positives Vorzeichen, wenn
durch Elimination der Zweige in $\Gamma$, welche durch die Spalten
in $\frac{\partial \overline{A}}{\partial \alpha} \cap \frac{\partial \overline{A}}{\partial \beta}$ bestimmt und den Termen zugeordnet sind, Zyklen
mit gleicher Orientierung von $\vec{s}^\alpha$ und $\vec{s}^\beta$ entstehen; sie haben
negatives Vorzeichen bei entgegengesetzter Orientierung.
Mit Hilfe der Bedingungen (3.8-23) und (3.8-24), sowie der
Gln.(3.8-22),(3.8-20),(3.8-19) und (3.8-38) kann für praktische Zwecke die Funktion der Gleichzeitigkeit wie folgt
definiert werden :

$$\underset{\mathbb{Z}}{Sim}(\frac{\partial \overline{A}}{\partial \alpha}, \frac{\partial \overline{A}}{\partial \beta}) =_{Df} \underset{\mathbb{Z}}{det} C^+ - \underset{\mathbb{Z}}{det} C^- \qquad\qquad (3.8\text{-}42)$$

$$mit \quad C^+ =_{Df} \{c_k \in C = \frac{\partial \overline{A}}{\partial \alpha} \cap \frac{\partial \overline{A}}{\partial \beta} | C_{\mu\nu k} \neq 0\} \qquad\qquad (3.8\text{-}43)$$

$$C^- =_{Df} \{c_k \in C = \frac{\partial \overline{A}}{\partial \alpha} \cap \frac{\partial \overline{A}}{\partial \beta} | C_{\mu\nu k} = 0\} \qquad\qquad (3.8\text{-}44)$$

$$wobei \quad c_k = \{\gamma_{1k}, \gamma_{2k}, \dots, \gamma_{\ell k}\} \qquad\qquad (3.8\text{-}45)$$

$$und \quad C_{\mu\nu k} =_{Df} \frac{\partial A_{\mu\nu}^{\gamma_{1k}\dots\gamma_{\ell k}}}{\partial \alpha} \cap \frac{\partial A_{\mu\nu}^{\gamma_{1k}\dots\gamma_{\ell k}}}{\partial \beta} \qquad\qquad (3.8\text{-}46)$$

$$\text{wobei} \quad A_{\mu\nu}^{\gamma_{1k}\gamma_{2k}\cdots\gamma_{\ell k}} =_{Df} \frac{\delta^{\ell} A_{\mu\nu}}{\delta\gamma_{1k}\,\delta\gamma_{2k}\cdots\delta\gamma_{\ell k}} \tag{3.8-47}$$

$$\text{mit} \quad A_{\mu\nu} = (P_{\mu}+P_{\nu}) \cdot \prod_{i=1}^{\xi-2} P_i \; ; \quad \mu,\nu \neq i \tag{3.8-48}$$

$$\text{wobei} \quad P_{\mu} = f_{\alpha}[F_{\alpha}]; \; P_{\nu} = f_{\beta}[F_{\beta}] \tag{3.8-49}$$

$$\text{mit} \quad [F_{\alpha},f_{\alpha}] = F_{d\alpha} = [s^{\alpha}]_{\rho M_{\alpha}} \tag{3.8-50}$$

$$\text{und} \quad [F_{\beta},f_{\beta}] = F_{d\beta} = [s^{\beta}]_{\rho M_{\beta}} \tag{3.8-51}$$

$$\text{wobei} \quad M_{\alpha} = \{\mu\}; \quad M_{\beta} = \{\nu\} \tag{3.8-52}$$

$$\text{mit} \quad \mu = e_{\nu}\vec{s}^{\alpha} = e_{\nu}\vec{s}_{i_{\alpha}} \; ; \quad \nu = e_{n}\vec{s}^{\beta} = e_{n}\vec{s}_{i_{\beta}} \tag{3.8-53}$$

$$\text{wobei} \quad \vec{s}^{\alpha} = (\vec{s}_{i_{\alpha}},\alpha) \; ; \quad \vec{s}^{\beta} = (\vec{s}_{i_{\beta}},\beta) \tag{3.8-54}$$

$$\text{für} \quad \vec{s}_{i_{\alpha}} = \langle x_{i_{\alpha}},y_{i_{\alpha}}\rangle \; ; \quad \vec{s}_{i_{\beta}} = \langle x_{i_{\beta}},y_{i_{\beta}}\rangle \tag{3.8-55}$$

## Beispiel

Im Beispiel des Abschnitts 3.8.2. wurden für die Spalten der Konjunktion

$$C = \frac{\partial\overline{A}}{\partial\alpha} \cap \frac{\partial\overline{A}}{\partial\beta} = \begin{bmatrix} 3 & 1 \\ 4 & 2 \end{bmatrix} = \{c_1,c_2\}$$

die Strukturzahlen

$$C_{\mu\nu1} = [1] \neq 0 \quad \text{und} \quad C_{\mu\nu2} = 0$$

bestimmt.
Aus den Gln.(3.8-43) und (3.8-44) erhält man damit

$$c^+ = \begin{bmatrix} 3 \\ 4 \end{bmatrix} \qquad c^- = \begin{bmatrix} 1 \\ 2 \end{bmatrix}$$

und aus Gl.(3.8-42) schliesslich mit $\mathbb{Z} = \{z_3,z_4,z_1,z_2\}$

$$\underset{\mathbb{Z}}{\text{Sim}}(\frac{\partial\overline{A}}{\partial\alpha},\frac{\partial\overline{A}}{\partial\beta}) = \underset{\mathbb{Z}}{\det}\begin{bmatrix} 3 \\ 4 \end{bmatrix} - \underset{\mathbb{Z}}{\det}\begin{bmatrix} 1 \\ 2 \end{bmatrix} = z_3 z_4 - z_1 z_2$$

# 4. Entwurf einer Theorie der Strukturzahlen für Bonddiagramme

## 4.1. Leistungsvariablen

Die zu Beginn des Abschnitts 3.8.1. erwähnten Ein- und Ausgangsgrössen eines Systems müssen noch näher umschrieben werden. Wie in Kapitel 1. erläutert, handelt es sich bei diesen Grössen im Fall der Bonddiagramme um <u>Leistungsvariablen</u>, d.h. um jeweils zwei Variablen, deren Produkt z.B. eine elektrische, translationsmechanische, rotationsmechanische, hydraulische, thermische,... Momentanleistung p(t) ist. Da die Bonddiagramme ein Hilfsmittel für die einheitliche Darstellung verschiedenster Arten von Systemen sind, können für die durch Bindungen und Verknüpfungen übertragenen Leistungsvariabeln sehr allgemeingültige Gesetzmässigkeiten formuliert werden, wie sie sich z.B. aus Gl.(1.2-6) ergeben. Zu diesem Zweck ist es nützlich, verallgemeinerte Leistungsvariablen einzuführen.

### <u>4.1.1. Verallgemeinerte Leistungsvariablen</u>

Leistungsvariablen sind messbare Grössen im Sinne eines der in Abschnitt 1.1. besprochenen Grundgedanken der Bonddiagramme, nämlich die Nähe des Modells zum konkreten technischen System zu gewährleisten. Sowohl in [4]S35, als auch in [30]S19 werden grundsätzlich zwei Arten von Grössen festgelegt, die sich im wesentlichen bzgl. ihren jeweiligen Messvorschriften unterscheiden: 1. Durchgangsgrössen, die durch die Messinstrumente hindurchlaufen, und 2. Ueberbrückungsgrössen, die zwischen zwei verschiedenen Raumpunkten parallel zu den Messinstrumenten definiert sind. Obschon in [30] auch die Messvorschriften als Ausgangspunkt dienen, werden sie jedoch wegen des Mangels an idealen Messinstrumenten für physikalische Grössen wie Ladung und Entropie als unbefriedigend erklärt.

Die beiden Klassen von Leistungsvariablen sollen daher
hier nicht vom Messinstrument, sondern vom Objekt her,
an dem gemessen wird, definiert werden:

Definition 4-1

   Intravariablen i(t) sind eine Klasse von Leistungsvariablen. Es sind Grössen, die durch das zu charakterisieren-
   de Element hindurchtreten.

Definition 4-2

   Extravariablen e(t) sind eine Klasse von Leistungsvariablen. Es sind Grössen, die über dem zu charakterisieren-
   den Element liegen.

Das Produkt einer Extra- und einer Intravariablen ist immer
eine Momentanleistung p(t):

$$\text{Momentanleistung} =_{Df} p(t) = e(t) \cdot i(t) \qquad (4.1\text{-}1)$$


## 4.1.2. Energieflussrichtungen in Bonddiagrammen


Wie aus den einleitenden Abschnitten 1.1. und 1.2. hervorgeht, ist das Bonddiagramm ein Modell für den Leistungsaustausch zwischen den im Sinne des Abschnitts 1.2.1. als ideal
gedachten Elementen oder Teilen des Systems. Im Abschnitt
1.2.2. wurde zwischen passiven Elementen $\Pi = \{R,J,C\}$ und aktiven Elementen $Q = \{E,I\}$ unterschieden.

Passive Elemente nehmen Leistung auf. Entsprechend dem in
Abschnitt 1.2.3. eingeführten Symbolismus müssen ihre Bedingungen daher grundsätzlich wie in Fig.4.1-1 markiert werden.

Fig. 4.1-1 Energieflüsse passiver Elemente: akausale
           Bonddiagramme


Ideale aktive Elemente geben nur Leistung ab und werden deshalb als Quellenelemente Q bezeichnet. Ihre Energiefluss-
richtung ist wie in Fig. 4.1-2 durch Halbpfeile gekennzeichnet.

### 4.1.3. Kausalitäten von Quellenelementen

Entsprechend den beiden Klassen von Leistungsvariablen
gibt es auch zwei Arten von Quellenelementen: Extravaria-
blenquellen E sind Quellen, welche jedem System, an das
sie angeschlossen sind, ihre Extravariable e aufzwingen,
während ihre Intravariable i rückwirkend vom Sytem bestimmt wird. Für E-Quellen ist e also Ursache und i Wirkung. Diese Kausalitätsverhältnisse werden wie in Fig.
4.1-2a durch einen Querstrich an demjenigen Bindungsende
angezeigt, wo e einwirkt. Intravariablenquellen I dagegen
zwingen dem angeschlossenen System ihre Intravariable i
auf; ihre Extravariable e wird vom System her bestimmt
und wird deshalb wie in Fig. 4.1-2b durch einen Querstrich
am Bindungsende des Quellensymbols I angezeigt.

$$
\text{a)} \qquad E \longrightarrow\!\!| \qquad \equiv \qquad E \;\frac{e \rightarrow}{i \leftarrow}\;\searrow
$$

$$
\text{b)} \qquad I \;|\!\longrightarrow \qquad \equiv \qquad I \;\frac{e \leftarrow}{i \rightarrow}\;\searrow
$$

Fig. 4.1-2 Energieflüsse und Kausalitäten der Quellen-
           elemente E und I

### 4.1.4. Konstitutive Beziehungen und Kausalitäten passiver Elemente

Zu den passiven Elementen $\Pi$ gehören das Widerstandselement
R, das Trägheitselement J und das Kapazitätselement C (vgl.
Gl.(1.2-3)). Ideale R-,J- und C- Elemente sind dadurch definiert, dass ihre Leistungsvariablen durch die folgenden
konstitutiven Beziehungen miteinander verknüpft sind:

$$
\text{Widerstandselement: } e(t) = R\,i(t) \qquad\qquad (4.1\text{-}2)
$$

$$
\text{Trägheitselement } : e(t) = J\frac{d}{dt}i(t) =_{Df} J\,D\,i(t) \qquad (4.1\text{-}3)
$$

$$
\text{Kapazitätselement } : i(t) = C\frac{d}{dt}e(t) =_{Df} C\,D\,e(t) \qquad (4.1\text{-}4)
$$

D ist der Differentialoperator, wie er in [31] in Kapitel 2
von F.RAVEN eingeführt wurde. Die Linearität der Beziehungen

vereinfacht zwar ihre Handhabung, muss aber nicht unbedingt vorausgesetzt werden.

Die Kausalität der Gln.(4.1-3) und (4.1-4) wird als <u>derivative Kausalität</u> bezeichnet und entspricht den kausalen Bonddiagrammen in Fig. 4.1-3.

a)                                          b)

$$J \longleftarrow \;\dashv\; \equiv\; J \;\underset{i\ \leftarrow}{\overset{e\ \rightarrow}{\longleftarrow}} \qquad\qquad C \;\longmapsto\; \equiv\; C \;\underset{i\ \rightarrow}{\overset{e\ \leftarrow}{\longleftarrow}}$$

Fig. 4.1-3  Kausale Bonddiagramme der J- und C- Elemente bei
            derivativer Kausalität

Für J- und C- Elemente lauten die konstitutiven Beziehungen mit <u>integraler Kausalität</u> bei gleich Null gesetzten Anfangsbedingungen:

$$\text{Trägheitselement:}\quad i(t) = \frac{1}{J}\int_0^t e(\tau)\,d\tau =_{Df} \frac{1}{JD}\,e(t)\,;\quad i(0) = 0$$

$$(4.1-5)$$

$$\text{Kapazitätselement:}\quad e(t) = \frac{1}{C}\int_0^t i(\tau)\,d\tau =_{Df} \frac{1}{CD}\,i(t)\,;\quad e(0) = 0$$

$$(4.1-6)$$

Nach [1]S21,43 sind in den Gln.(4.1-5) und (4.1-6) die folgenden Ausdrücke allgemein als <u>Impuls und Verschiebung</u> definiert:

$$\text{Impuls}\quad:\quad p(t) =_{Df} \int_0^t e(\tau)\,d\tau \qquad\qquad (4.1-7)$$

$$\text{Verschiebung}\quad:\quad q(t) =_{Df} \int_0^t i(\tau)\,d\tau \qquad\qquad (4.1-8)$$

$\tau$ ist Integrationsvariable.

In [8]S208 wird darauf hingewiesen, dass gemäss den konstitutiven Beziehungen (4.1-3) und (4.1-4) mit derivativer Kausalität durch eine schrittartige Veränderung der jeweiligen unabhängigen Variablen die abhängige Variable unendlich gross wird. Dies entspricht weder den physikalischen Gegebenheiten, noch sind die Bedingungen für eine problemlose Berechnung des Systems auf der Digitalrechenanlage erfüllt.

Bei der Wahl der unabhängigen Leistungsvariablen eines Systems wird daher versucht, möglichst allgemein für die J- und C- Elemente die integrale Kausalität der Gln.(4.1-5) und (4.1-6) zu gewährleisten. Die Kausalität der in Fig.4.1-4 dargestellten Bonddiagramme wird deshalb auch als <u>natürliche Kausalität</u> der J- und C- Elemente bezeichnet.

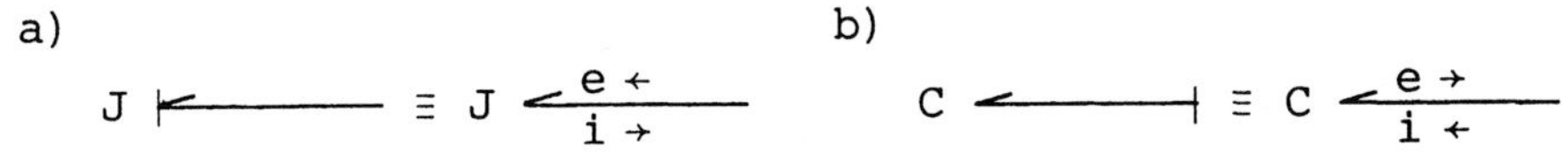

a)                                      b)

$$J \longmapsto\!\!\!\!\longleftarrow \quad \equiv \quad J \xleftarrow{\; e \leftarrow \;}_{\; i \rightarrow \;} \qquad\qquad C \xleftarrow{\quad\quad}\!\!\!\dashv \quad \equiv \quad C \xleftarrow{\; e \rightarrow \;}_{\; i \leftarrow \;}$$

Fig. 4.1-4  Natürliche (integrale) Kausalität der J- und C-
            Elemente


Für das Widerstandselement R gibt es keine bevorzugte Kausalität (Fig. 4.1-5) : Sowohl e als auch i können ohne Einschränkung als unabhängige Variable gewählt werden. Ist e
unabhängige Variable, so lautet die konstitutive Beziehung
des Widerstandselementes:

$$\text{Widerstandselement: } i(t) = \frac{1}{R}\, e(t) = G\, e(t) \qquad\qquad (4.1\text{-}9)$$

$$\text{mit } \frac{1}{R} =_{Df} G \qquad\qquad (4.1\text{-}10)$$


An Stelle des Symbols G des <u>Leitwertelementes</u> wird in Bonddiagrammen nur das Symbol R verwendet, da durch die Kausalität schon markiert ist, ob es sich um einen Widerstand
oder einen Leitwert handelt (vgl. Fig. 4.1-5).

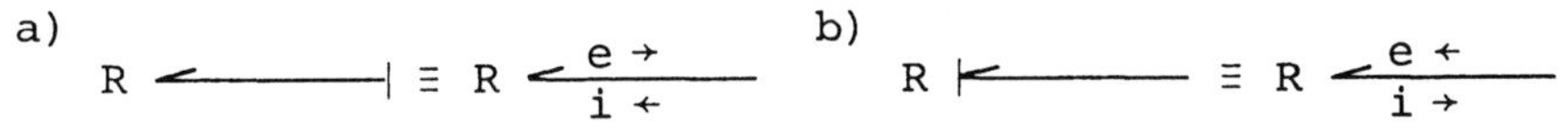

a)                                      b)

$$R \xleftarrow{\quad\quad}\!\!\!\dashv \quad \equiv \quad R \xleftarrow{\; e \rightarrow \;}_{\; i \leftarrow \;} \qquad\qquad R \longmapsto\!\!\!\!\longleftarrow \quad \equiv \quad R \xleftarrow{\; e \leftarrow \;}_{\; i \rightarrow \;}$$

Fig. 4.1-5  Kausales Bonddiagramm a) des Widerstandselementes,
            b) des Leitwertelementes


### 4.1.5. <u>Konstitutive Beziehungen und Kausalitäten von Ueber-</u><br><u>tragerelementen</u>


Nach Gl.(1.2-4) gehören zu den Uebertragerelementen U das
Transformatorelement T und das Gyratorelement G. Als idealen Uebertragerelementen ist ihnen allen gemeinsam, dass sie
die Leistungsvariablen $i_1(t)$ und $e_1(t)$ ihrer <u>Eingangs- oder
Primärseite 1</u> ohne Leistungsverluste in die Leistungsvariablen $i_2(t)$ und $e_2(t)$ ihrer <u>Ausgangs- oder Sekundärseite 2</u>
transformieren. Primär- und Sekundärleistung $p_1(t)$ und $p_2(t)$
sind also gleich gross:

$$p_1(t) = p_2(t) \qquad\qquad (4.1\text{-}11)$$

$$\text{oder } e_1(t) \cdot i_1(t) = e_2(t) \cdot i_2(t) \qquad\qquad (4.1\text{-}12)$$

Beim Transformatorelement T ist $i_2(t)$ proportional zu $i_1(t)$ mit dem Uebersetzungsverhältnis m. Dem entspricht die konstitutive Beziehung

$$i_2(t) = m\, i_1(t) \qquad\qquad (4.1\text{-}13)$$

Wegen Gl.(4.1-12) gilt ausserdem

$$e_1(t) = m\, e_2(t) \qquad\qquad (4.1\text{-}14)$$

Mit den konstitutiven Beziehungen (4.1-13) und (4.1-14) ist das Transformatorelement T ein Zweiport mit den in Fig. 4.1-6a angegebenen Kausalitäten. Fig. 4.1-6b zeigt die Kausalitäten des Transformatorelementes T mit den konstitutiven Beziehungen

$$i_1(t) = \frac{1}{m}\, i_2(t) \qquad\qquad (4.1\text{-}15)$$

$$e_2(t) = \frac{1}{m}\, e_1(t) \qquad\qquad (4.1\text{-}16)$$

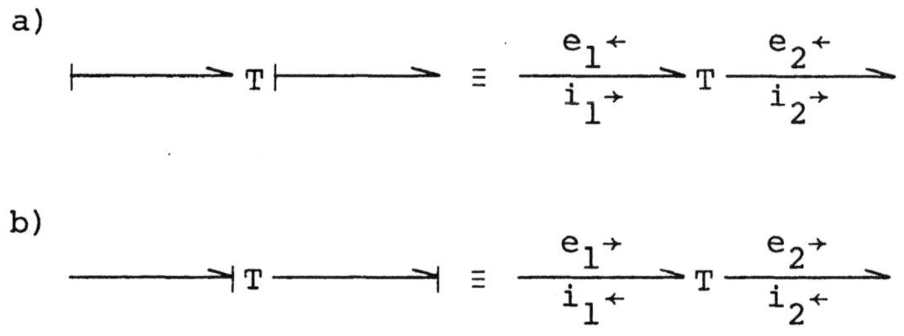

Fig. 4.1-6 Mögliche kausale Bonddiagramme des Transformatorelementes T

Beim Gyratorelement G ist $e_2(t)$ proportional zu $i_1(t)$ mit dem Gyratorverhältnis r:

$$e_2(t) = r\, i_1(t) \qquad\qquad (4.1\text{-}17)$$

Aus Gl.(4.1-12) folgt dann

$$e_1(t) = r\, i_2(t) \qquad\qquad (4.1\text{-}18)$$

Die den konstitutiven Beziehungen (4.1-17) und (4.1-18) entsprechenden Kausalitäten sind im kausalen Bonddiagramm der
Fig. 4.1-7a dargestellt. Den konstitutiven Beziehungen

$$i_1(t) = \frac{1}{r}\,e_2(t) \qquad\qquad\qquad (4.1\text{-}19)$$

$$i_2(t) = \frac{1}{r}\,e_1(t) \qquad\qquad\qquad (4.1\text{-}20)$$

eines Gyratorelementes entspricht Fig. 4.1-7b.

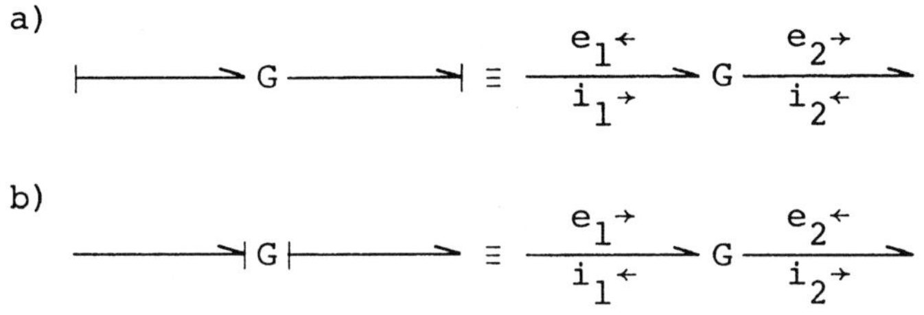

Fig. 4.1-7 Mögliche kausale Bonddiagramme des Gyratorelementes G

## 4.1.6. Konstitutive Beziehungen und Kausalitäten von Ver-
knüpfungen

Zu den Verknüpfungen $\Phi$ der Bonddiagramme gehören nach Gl.
(1.2-5) die S- und P- Verknüpfungen. Es sollen hier nur die
S- und P- Verknüpfungen als Dreiporte besprochen werden.
Die Aussagen können jedoch ohne weiteres auf n- Porte ver-
allgemeinert werden.

Die S- Verknüpfung ist durch die Gleichheit aller Intravariablen ihrer Bindungen charakterisiert. Ist $i_1(t)$ die unabhängige Intravariable des S- Dreiports, so gelten die folgenden konstitutiven Beziehungen:

$$i_2(t) = i_1(t) \qquad\qquad\qquad (4.1\text{-}21)$$

$$i_3(t) = i_1(t) \qquad\qquad\qquad (4.1\text{-}22)$$

Aus der Gl.(1.2-6) mit n=3

$$p_1(t) + p_2(t) + p_3(t) = 0 \qquad\qquad\qquad (4.1\text{-}23)$$

$$\text{oder}\quad e_1(t)\,i_1(t) + e_2(t)\,i_2(t) + e_3(t)\,i_3(t) = 0 \qquad\qquad (4.1\text{-}24)$$

folgt unter Beachtung der Gln.(4.1-21) und (4.1-22):

$$e_1(t) + e_2(t) + e_3(t) = 0 \qquad\qquad (4.1\text{-}25)$$

$$\text{oder}\quad e_1(t) = -[e_2(t) + e_3(t)] \qquad\qquad (4.1\text{-}26)$$

Aus den Gln.(4.1-21) und (4.1-22) folgt, dass durch die Wahl der Intravariablen der Bindung einer S- Verknüpfung als unabhängige Variable die Kausalitäten aller Bindungen der S- Verknüpfung festgelegt sind. Das Bonddiagramm hat dann die Form wie in Fig. 4.1-8a .

Die P- Verknüpfung ist durch die Gleichheit aller Extravariablen ihrer Bindungen charakterisiert. Ist z.B. $e_1(t)$ die unabhängige Extravariable des P- Dreiports, so gelten die folgenden konstitutiven Beziehungen:

$$e_2(t) = e_1(t) \qquad\qquad (4.1\text{-}27)$$

$$e_3(t) = e_1(t) \qquad\qquad (4.1\text{-}28)$$

Aus den Gln.(4.1-23) und (4.1-24), die auch für den P- Dreiport gelten, folgt wegen der Gln.(4.1-27) und (4.1-28):

$$i_1(t) + i_2(t) + i_3(t) = 0 \qquad\qquad (4.1\text{-}29)$$

$$\text{oder}\quad i_1(t) = -[i_2(t) + i_3(t)] \qquad\qquad (4.1\text{-}30)$$

Aus den konstitutiven Beziehungen der P- Verknüpfung folgt, dass durch die Wahl der Extravariablen einer ihrer Bindungen als unabhängige Variable alle ihre Kausalitäten festgelegt sind, wie z.B. in Fig. 4.1-8b.

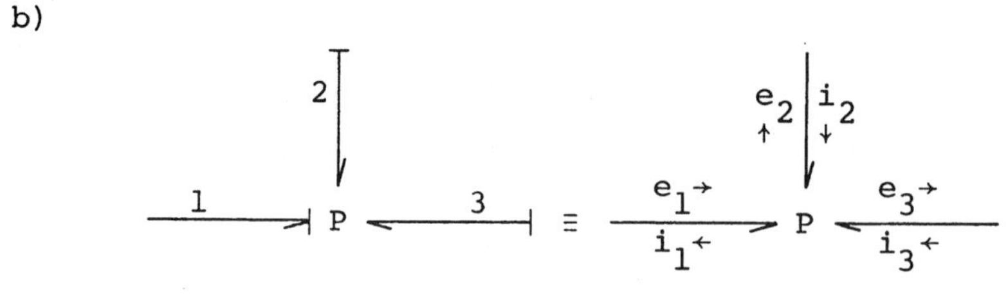

a)

b)

Fig. 4.1-8  Grundformen der kausalen Bonddiagramme von
            S- und P- Verknüpfungen

## 4.2. Gebietsspezifische Leistungsvariablen

Je nach Gebiet haben Extravariable $e(t)$ und Intravariable $i(t)$ verschiedene Bezeichnungen und Symbole.

In der <u>Elektrotechnik</u> sind

$$e =_{Df} u =_{Df} \text{elektrische Spannung} \qquad (4.2-1)$$

$$i =_{Df} i =_{Df} \text{elektrische Stromstärke} \qquad (4.2-2)$$

Für die Mechanik der Translations- und Rotationsbewegungen können entweder Kraft F und Drehmoment M oder Geschwindigkeit v und Winkelgeschwindigkeit $\omega$ als Extravariablen definiert werden. Definiert man z.B. F als Extravariable e, so wird damit wegen Gl.(4.2-1) eine Kraft - Spannung - Analogie festgelegt. Einer solchen Analogie entspricht dann auch die Analogie der konstitutiven Beziehungen elektrischer und mechanischer Komponenten ([32]S38); dies ist von grosser Bedeutung für die Simulation mechanischer Systeme durch elektrische Schaltungen.

Ausser der Kraft - Spannung - Analogie ist für translationsmechanische Systeme auch die Kraft - Stromstärke - Analogie denkbar ([31]2.5,[37]1.4.7). Es besteht daher das Problem, welche der beiden möglichen Analogien gewählt werden soll. Sowohl in der Literatur der Regelungstechnik ([31]S24) als auch in der Literatur über Bonddiagramme ([1]S21,[15]S13, [33]S16) wird meistens die Kraft - Spannung - Analogie gewählt. Die Gründe, die für die Kraft - Stromstärke - Analogie sprechen, sind nach [4]S26 und 27 der messtechnisch praktische Gesichtspunkt, und nach [8]S171, 172 sowie [35]§4-4. die logischere und einheitlichere Formulierung der mathematischen Modelle und schliesslich die topologische Identität (bzgl. Reihen- und Parallelschaltung) mechanischer und elektrischer Schaltbilder. Da die Beschreibung von Systemen mit Hilfe topologischer Modelle eine der Grundlagen der vorliegenden Arbeit ist, sollen hier die Kraft - Stromstärke - Analogie für translationsmechanische und die Drehmoment - Stromstärke - Analogie für rotationsmechanische Systeme gewählt werden. Dadurch sind dann gleichzeitig Geschwindigkeit und Winkelgeschwindigkeit als Extravariable festgelegt.

Für die <u>Mechanik der Translationsbewegungen</u> gilt somit

$$e =_{Df} v =_{Df} \dot{x} =_{Df} \text{Translationsgeschwindigkeit} \qquad (4.2-3)$$

$$\text{mit } x =_{Df} \text{Strecke} \qquad (4.2-4)$$

$$i =_{Df} F =_{Df} \text{Kraft} \qquad (4.2-5)$$

Die Leistungsvariablen der <u>Mechanik der Rotationsbewegungen</u>
seien

$$e =_{Df} \omega =_{Df} \dot{\alpha} =_{Df} \text{Winkelgeschwindigkeit} \qquad (4.2\text{-}6)$$

$$\text{mit } \alpha =_{Df} \text{Drehwinkel} \qquad (4.2\text{-}7)$$

$$i =_{Df} M =_{Df} \text{Drehmoment} \qquad (4.2\text{-}8)$$

Für die <u>Hydrodynamik inkompressibler Flüssigkeiten</u> seien
die folgenden Definitionen gegeben:

$$e =_{Df} p = p_1 - p_2 =_{Df} \text{Druckdifferenz} \qquad (4.2\text{-}9)$$

$$i =_{Df} q =_{Df} \dot{V} =_{Df} \text{Volumenstromstärke} \qquad (4.2\text{-}10)$$

$$\text{mit } V =_{Df} \text{Flüssigkeitsvolumen} \qquad (4.2\text{-}11)$$

In allen obigen Gln. steht $\dot{y}$ für die Ableitung der Grösse y
nach der Zeit t, und kann auch mit Hilfe des schon in den
Gln.(4.1-3) und (4.1-4) benützten Heaviside'schen Differen-
tialoperators D ([10]S76) Dy geschrieben werden:

$$\frac{d}{dt} y \equiv \dot{y} \equiv Dy \qquad (4.2\text{-}12)$$

Es gibt noch weitere mögliche Anwendungsgebiete für die in
dieser Schrift vorgestellten Theorien, so z.B. die Dynamik
kompressibler Flüssigkeit oder von Gasen und die Thermody-
namik. Die weiteren Ueberlegungen sollen jedoch vorläufig
der Uebersicht halber auf die obigen grundlegenden Gebiete
beschränkt bleiben.


## 4.3. Impedanzen und Admittanzen als Bindeglieder zwischen der Strukturzahlentheorie und den Bonddiagrammen

In der Theorie der Strukturzahlen wird der Bezug zum konkreten Systemmodell hergestellt, indem durch die Determinantenfunktion der Strukturzahl A, deren geometrisches Bild das
gegebene determinierte topologische System ist, Impedanzoperatoren z zugeordnet werden. Bei der Definition der Determinantenfunktion in Abschnitt 3.6. wurde der Impedanz-

operator z als komplexe Grösse bezeichnet. Der komplexe
Impedanzoperator ist nur eine Sonderform zur Charakterisierung der Impedanz, die allgemein als Verhältnis von Extravariable e und Intravariable i definiert sei:

$$\text{Impedanz} =_{Df} z =_{Df} \frac{e}{i} \qquad\qquad (4.3\text{-}1)$$

Durch die Anwendung dieser Definition auf die konstitutiven
Beziehungen (4.1-2) bis (4.1-4) der passiven Elemente der
Bonddiagramme erhält man mit Hilfe des Zeit‑Differential-
operators D die folgenden Ausdrücke:

$$\text{Widerstandsimpedanz} =_{Df} z_R(D) = R \qquad\qquad (4.3\text{-}2)$$

$$\text{Trägheitsimpedanz} =_{Df} z_J(D) = JD \qquad\qquad (4.3\text{-}3)$$

$$\text{Kapazitätsimpedanz} =_{Df} z_C(D) = \frac{1}{CD} \qquad\qquad (4.3\text{-}4)$$

Die Admittanz y ist als Kehrwert der Impedanz definiert:

$$\text{Admittanz} =_{Df} y =_{Df} \frac{1}{z} = \frac{i}{e} \qquad\qquad (4.3\text{-}5)$$

Aus den konstitutiven Beziehungen der passiven Elemente der
Bonddiagramme ergibt sich damit

$$\text{Widerstandsadmittanz} =_{Df} y_R(D) = \frac{1}{R} \qquad\qquad (4.3\text{-}6)$$

$$\text{Trägheitsadmittanz} =_{Df} y_J(D) = \frac{1}{JD} \qquad\qquad (4.3\text{-}7)$$

$$\text{Kapazitätsadmittanz} =_{Df} y_C(D) = CD \qquad\qquad (4.3\text{-}8)$$

Bei linearen Systemen, die durch die Gültigkeit des Super-
positionsprinzips charakterisiert sind ([8]S15, [10]S10),
werden zur experimentellen Ermittlung der Kennwerte ihres
Verhaltens als Testsignale häufig sinusförmige Eingangs-
grössen $x_1(t) = x_0 \cdot \sin \omega t$ mit der Kreisfrequenz $\omega$ verwendet
([8]S356, [29]S186, [10]S18, 86). Sinusförmige Signale der
Frequenz $\nu$ und der Kreisfrequenz $\omega = 2\Pi\nu$

$$x_1(t) = x_0 \sin(\omega t) \qquad\qquad (4.3\text{-}9)$$

$$\text{mit} \quad x_0 =_{Df} \text{Amplitude}$$

$$\nu =_{Df} \text{Frequenz}$$

$$\text{Kreisfrequenz} =_{Df} \omega = 2\Pi\nu \tag{4.3-10}$$

werden zweckmässig durch mit der Winkelgeschwindigkeit $\omega$ im Uhrzeigersinn rotierende Zeiger mit dem Betrag $x_0$ in der komplexen Ebene dargestellt. Dies ergibt sich daraus, dass für einen beliebigen Punkt P der komplexen Ebene, der als Endpunkt des Zeigers $\bar{x}$

$$\bar{x} = a + jb = \text{Re}(\bar{x}) + j\text{Im}(\bar{x}) \tag{4.3-11}$$

$$\text{mit} \quad j =_{Df} \sqrt{-1}$$

$$\text{Betrag:} \quad x_0 =_{Df} |\bar{x}| = \sqrt{a^2 + b^2} \tag{4.3-12}$$

$$\text{Winkel:} \quad tg(\omega t) = \frac{b}{a} \tag{4.3-13}$$

mit dem Realteil $\text{Re}(\bar{x})$ und dem Imaginärteil $\text{Im}(\bar{x})$ aufgefasst wird, der Zeiger $\bar{x}$ sowohl in der Eulerschen Form

$$\bar{x} = x_0 \cdot e^{j\omega t} \tag{4.3-14}$$

als auch mit Hilfe des Satzes von MOIVRE in der Form

$$\bar{x} = x_0(\cos \omega t + j \sin \omega t) \tag{4.3-15}$$

geschrieben werden kann. In der letzten Form erhält man die sinusförmige Grösse in Gl.(4.3-9), wenn man die imaginäre Achse als Zeitachse wählt

$$x_1(t) = x_0 \sin(\omega t) = \text{Im}(\bar{x}) = \text{Im}(x_0 e^{j\omega t}) \tag{4.3-16}$$

Wählt man die reelle Achse der komplexen Ebene als Zeitachse, so erhält man Momentanwerte $x(t)$ der Form

$$x_2(t) = x_0 \cos(\omega t) = \text{Re}(\bar{x}) = \text{Re}(x_0 e^{j\omega t}) \tag{4.3-17}$$

Bei symbolischer Schreibweise der Extra- und Intravariablen e und i als komplexe Grössen mit den Phasenwinkeln $\delta_e$ und $\delta_i$

$$e(j\omega) =_{Df} e_0 e^{j(\omega t + \delta_e)} \tag{4.3-18}$$

$$i(j\omega) =_{Df} i_0 e^{j(\omega t + \delta_i)} \tag{4.3-19}$$

ergeben sich gemäss Gl.(4.3-1) und (4.3-5) der komplexe Impedanzoperator $z(j\omega)$ und der komplexe Admittanzoperator $y(j\omega)$.

$$\text{Impedanzoperator } =_{Df} z(j\omega) =_{Df} \frac{e(j\omega)}{i(j\omega)} \qquad (4.3\text{-}20)$$

$$\text{Admittanzoperator } =_{Df} y(j\omega) =_{Df} \frac{i(j\omega)}{e(j\omega)} \qquad (4.3\text{-}21)$$

Wählt man z.B. die Intravariable i als unabhängige Variable, so gelten für die passiven Elemente der Bonddiagramme die konstitutiven Beziehungen (4.1-2),(4.1-3) und (4.1-6). Durch Einführen von i mit der symbolischen Form $i(j\omega) = i_0 e^{j\omega t}$ mit $\delta_i = 0$ in diesen Gln. erhält man:

$$\text{Widerstandsoperator } =_{Df} z_R(j\omega) = R \qquad (4.3\text{-}22)$$

$$\text{Trägheitsoperator } =_{Df} z_J(j\omega) = j\omega J \qquad (4.3\text{-}23)$$

$$\text{Kapazitätsoperator } =_{Df} z_C(j\omega) = \frac{1}{j\omega C} \qquad (4.3\text{-}24)$$

Dies sind die grundlegenden Impedanzoperatoren der Determinantenfunktion in der Theorie der Strukturzahlen. Die Ausdrücke der entsprechenden Admittanzoperatoren lauten:

$$y_R(j\omega) = \frac{1}{R} \qquad (4.3\text{-}25)$$

$$y_J(j\omega) = \frac{1}{j\omega J} \qquad (4.3\text{-}26)$$

$$y_C(j\omega) = j\omega C \qquad (4.3\text{-}27)$$

## 4.3.1. Gebietsspezifische passive Elemente

Impedanzen und Admittanzen der passiven Bonddiagramme haben je nach Gebiet verschiedene Bezeichnungen und Symbole. In diesem Zusammenhang sollen die im Abschnitt 4.2. erwähnten Gebiete in der gleichen Reihenfolge kurz besprochen werden.

Da die konstitutiven Beziehungen des Abschnitts 4.1.4. für die passiven Elemente aller Gebiete gelten, haben auch alle entsprechenden Impedanzen und Admittanzen die gleichen in Abschnitt 4.3. beschriebenen mathematischen Formen. Was ändert, sind lediglich die Bezeichnungen und Symbole für das Widerstandselement R, das Trägheitselement J und das Kapazitätselement C.

In der <u>Elektrotechnik</u> gilt

$$R =_{Df} R =_{Df} \text{elektrischer Widerstand} \qquad (4.3\text{-}28)$$

$$\frac{1}{R} =_{Df} G =_{Df} \text{elektrischer Leitwert} \qquad (4.3\text{-}29)$$

$$J =_{Df} L =_{Df} \text{Induktivität} \qquad (4.3\text{-}30)$$

$$C =_{Df} C_e =_{Df} \text{elektrische Kapazität} \qquad (4.3\text{-}31)$$

Für die <u>Mechanik der Translationsbewegungen</u> gilt

$$\frac{1}{R} =_{Df} B_t =_{Df} \text{Dämpfungskoeffizient bei} \qquad (4.3\text{-}32)$$
$$\text{viskoser Reibung}$$

$$R =_{Df} \frac{1}{B_t} \qquad (4.3\text{-}33)$$

$$\frac{1}{J} =_{Df} k_t =_{Df} \text{Federkonstante} \qquad (4.3\text{-}34)$$

$$J =_{Df} \frac{1}{k_t} \qquad (4.3\text{-}35)$$

$$C =_{Df} m =_{Df} \text{Körpermasse} \qquad (4.3\text{-}36)$$

Die Elemente der <u>Mechanik der Rotationsbewegungen</u> seien wie
folgt definiert:

$$\frac{1}{R} =_{Df} B_r =_{Df} \text{Dämpfungskoeffizient bei} \qquad (4.3\text{-}37)$$
$$\text{viskoser Reibung [34]S21}$$

$$R =_{Df} \frac{1}{B_r} \qquad (4.3\text{-}38)$$

$$\frac{1}{J} =_{Df} k_r =_{Df} \text{Torsionsfederkonstante}$$

$$J =_{Df} \frac{1}{k_r} \qquad (4.3\text{-}39)$$

$$C =_{Df} \theta =_{Df} \int r^2 dm =_{Df} \text{Massenträgheitsmoment} \qquad (4.3\text{-}40)$$

$$\text{mit } r = \text{Abstand, Radius}$$

$$m = \text{Masse}$$

Für die <u>Hydrodynamik inkompressibler Flüssigkeiten</u> gilt

$$R \underset{Df}{=} R_f \underset{Df}{=}$$ Drosselwiderstand; hydrodynamischer, (4.3-41)
linearer Strömungswiderstand bei laminarer Strömung [34]S31

$$J \underset{Df}{=} \frac{\rho \ell}{A} \underset{Df}{=}$$ Trägheitskoeffizient einer Flüssig- (4.3-42)
keit der Dichte $\rho$ in einem Rohr der
Länge $\ell$ mit Querschnitt A [33]S368;
Massenwirkung [1]S24

$$C \underset{Df}{=} \frac{A}{\gamma} \underset{Df}{=}$$ Kapazität eines Akkumulators mit Quer- (4.3-43)
schnitt A für eine Flüssigkeit mit
dem spezifischen Gewicht $\gamma$ [34]S34,
[31]S30

Die verschiedenen Einheiten der oben definierten Grössen ergeben sich durch Beachten der Definitionen der Impedanz in Gl.(4.3-1) und der Admittanz in Gl.(4.3-5) und durch Einsetzen der in Abschnitt 4.2. definierten Leistungsvariablen der entsprechenden Gebiete.


## 4.3.2. Uebertragerelemente: Impedanztransformation und gebietsspezifische Uebersetzungsverhältnisse

Die konstitutiven Beziehungen (4.1-13) bis (4.1-20) zeigen, dass durch das Transformator- und das Gyratorelement Leistungsvariablen ohne Leistungsverluste mit einem konstanten Faktor m oder r transformiert werden. Wegen der Gln.(4.3-1) und (4.3-5) ist damit auch eine Impedanz- oder Admittanztransformation verbunden. Ist an der Sekundärseite eine als Lastimpedanz bezeichnete Impedanz

$$\text{Lastimpedanz} \underset{Df}{=} z_L \underset{Df}{=} \frac{e_2}{i_2} \qquad (4.3-44)$$

oder eine als Lastadmittanz bezeichnete Admittanz

$$\text{Lastadmittanz} \underset{Df}{=} y_L \underset{Df}{=} \frac{i_2}{e_2} = \frac{1}{z_L} \qquad (4.3-45)$$

angeschlossen, so bezeichnet man die von der Primärseite her gesehen wirksame Impedanz $z_L^*$ oder Admittanz $y_L^*$ als auf die Primärseite reduzierte Lastimpedanz oder Lastadmittanz.

Für das $\underline{\text{Transformatorelement}}$ T erhält man die $\underline{\text{reduzierte}}$
$\underline{\text{Lastimpedanz}}$ $z_L^*$ aus den Gln.(4.3-1),(4.1-14),(4.1-15) und
(4.3-44)

$$z_L^* \underset{Df}{=} z_1 \underset{Df}{=} \frac{e_1}{i_1} = \frac{me_2}{\frac{1}{m}i_2} = m^2 z_L \qquad (4.3\text{-}46)$$

und die $\underline{\text{reduzierte Lastadmittanz}}$ $y_L^*$ aus den Gln.(4.3-5),
(4.3-46) und (4.3-45)

$$y_L^* \underset{Df}{=} y_1 \underset{Df}{=} \frac{i_1}{e_1} = \frac{1}{z_1} = \frac{1}{m^2 z_L} = \frac{1}{m^2} y_L \qquad (4.3\text{-}47)$$

Für das $\underline{\text{Gyratorelement}}$ G erhält man die $\underline{\text{reduzierte Lastim-}}$
$\underline{\text{pedanz}}$ $z_L^*$ aus den Gln.(4.3-1),(4.1-18),(4.1-19) und (4.3-45)

$$z_L^* \underset{Df}{=} z_1 \underset{Df}{=} \frac{e_1}{i_1} = \frac{r i_2}{\frac{1}{r}e_2} = r^2 y_L = \frac{r^2}{z_L} \qquad (4.3\text{-}48)$$

und die $\underline{\text{reduzierte Lastadmittanz}}$ $y_L^*$ aus den Gln.(4.3-5) und
(4.3-48)

$$y_L^* \underset{Df}{=} y_1 \underset{Df}{=} \frac{i_1}{e_1} = \frac{1}{z_1} = \frac{z_L}{r^2} = \frac{1}{r^2 y_L} \qquad (4.3\text{-}49)$$

Die $\underline{\text{Reduktionsfaktoren}}$ sind also: beim Transformatorelement
T, für Lastimpedanzen $m^2$, und für Admittanzen $\frac{1}{m^2}$; beim Gyratorelement G, für Lastimpedanzen $\frac{1}{r^2}$, und für Lastadmittanzen
$r^2$.

Das Uebersetzungsverhältnis m und das Gyratorverhältnis r
haben je nach Art des konkreten Uebertragerelementes verschiedene Bezeichnungen und Symbole.

In der $\underline{\text{Elektrotechnik}}$ ist ein häufig gebrauchtes Uebertragerelement der $\underline{\text{Transformator}}$. Es gilt

$$m \underset{Df}{=} \ddot{u}_e = \frac{w_1}{w_2} \underset{Df}{=} \quad \text{Uebersetzungsverhältnis eines} \qquad (4.3\text{-}50)$$
$$\text{Transformators mit der Windungs-}$$
$$\text{zahl } w_1 \text{ der Primärspule und der}$$
$$\text{Windungszahl } w_2 \text{ der Sekundär-}$$
$$\text{spule}$$

Analog zum idealen elektrischen Transformator ist in der Mechanik der Translationsbewegungen der zweiseitige, masselose, starre, reibungsfreie Hebel mit dem Kraftarm $\ell_1$ und dem Lastarm $\ell_2$ bei kleinen Bewegungen. Es gilt

$$m =_{Df} \ddot{u}_t = \frac{\ell_1}{\ell_2} = \frac{F_2}{F_1} = \frac{v_1}{v_2} = \frac{x_1}{x_2} = \frac{\dot{v}_1}{\dot{v}_2} \qquad (4.3\text{-}51)$$

$$\text{mit} \quad F_1, F_2 =_{Df} \text{ parallele Kräfte}$$
$$x_i =_{Df} \text{ Weg von } F_1 \text{ bzw. } F_2$$
$$\dot{v}_i =_{Df} \text{ Beschleunigung}$$

Als rotationsmechanische Transformatorelemente können der Riemen- und der Rädertrieb betrachtet werden. Beim Riementrieb rollt der Riemen auf den beiden, meist verschieden grossen Riemenscheiben ab. Beim Zahnradtrieb kämmen zwei Zahnräder miteinander; ihre Teilkreise (die Kreise, auf denen die Zahnteilung t aufgetragen wird) rollen dabei aufeinander ab. Definiert man die Grössen $d_1$ und $d_2$ wie folgt

$d_1 =_{Df}$ Durchmesser der treibenden Riemenscheibe bzw. Teilkreisdurchmesser des treibenden Zahnrades (Radius $r_1$)

$d_2 =_{Df}$ Durchmesser der getriebenen Riemenscheibe bzw. Teilkreisdurchmesser des getriebenen Zahnrades (Radius $r_2$)

so ist das Uebersetzungsverhältnis gegeben durch

$$m =_{Df} \ddot{u}_r = \frac{d_2}{d_1} = \frac{r_2}{r_1} = \frac{M_2}{M_1} = \frac{\omega_1}{\omega_2} = \frac{n_1}{n_2} \qquad (4.3\text{-}52)$$

$$\text{mit} \quad M_1 =_{Df} \text{ Antriebsmoment}$$
$$M_2 =_{Df} \text{ Lastmoment}$$
$$\omega_i =_{Df} \text{ Winkelgeschwindigkeit}$$
$$n_i =_{Df} \text{ Drehzahl (Umdrehungen pro Minute)}$$

Als hydraulischer Transformator wirkt eine Anordnung, bei der ein Pumpenkolben vom Querschnitt $A_1$ mit einem Presskolben vom Querschnitt $A_2$ durch eine Stange starr verbunden

ist, und beide Kolben sich in getrennten, nicht kommunizie-
renden Zylindern bewegen [33]S108. Pumpendruck $p_1$ und Press-
druck $p_2$ werden durch Flüssigkeiten auf den der Kolbenstange
entgegengesetzten Kolbenflächen in den Zylindern übertragen.
Wegen der starren Verbindung der Kolben sind ihre Verschie-
bungen $x_1$, $x_2$ und ihre Geschwindigkeiten $v_1$ und $v_2$ gleich:

$$x_1 = x_2 = x$$
$$v_1 = v_2 = v \qquad (4.3\text{-}53)$$

Bei inkompressiblen Flüssigkeiten gilt daher für die beid-
seitigen Volumenstromstärken $q_1$ und $q_2$ unter Beachtung der
Gln.(4.2-10) und (4.2-11)

$$q_1 = \dot{V}_1 = A_1\dot{x}_1 = A_1 v$$
$$q_2 = A_2 v \qquad (4.3\text{-}54)$$

Daraus erhält man für beide Volumenstromstärken den folgenden Zusammenhang:

$$v = \frac{q_1}{A_1} = \frac{q_2}{A_2} \qquad (4.3\text{-}55)$$

Aus der starren Verbindung der beiden Kolben folgt ausserdem,
dass die beiderseitig übertragenen Kräfte gleich gross sind.

$$F_1 = F_2 = F$$
$$\text{d.h. } p_1 A_1 = p_2 A_2 \qquad (4.3\text{-}56)$$

Aus den Gln.(4.3-55) und (4.3-56) ergibt sich mit Hilfe der
konstitutiven Beziehungen (4.1-14) und (4.1-15) das Uebersetzungsverhältnis

$$m =_{Df} \ddot{u}_f = \frac{A_2}{A_1} = \frac{p_1}{p_2} = \frac{q_2}{q_1} \qquad (4.3\text{-}57)$$

Aus diesen Beziehungen folgt, dass beim reibungs- und masse-
losen Drucktransformator Pump- und Pressleistung gleich gross
sind.

Bei den bisher beschriebenen Transformatorelementen handelt
es sich durchwegs um Anordnungen, bei denen Ein- und Ausgangsgrössen dem gleichen Gebiet angehören.

Es gibt jedoch auch die <u>Klassentransformatoren</u>, bei denen
primäre und sekundäre Leistungsvariablen nicht aus den gleichen Gebieten stammen [1]S29. Gerade die allgemeinen Leistungsvariablen e und i erlauben eine einwandfreie Darstellung der Klassentransformatoren und bilden so die Grundlage
der Leistungsfähigkeit von Bonddiagrammen für die Darstellung und Untersuchung interdisziplinärer technischer Systeme.
Ein Beispiel ist der Gleichstrommotor. Werden dabei für die
elektrische und die mechanische Leistung andere Einheiten
benutzt, was zwar immer seltener vorkommt, so können z.B.
die konstitutiven Beziehungen (4.1-14) und (4.1-15) sowie
die Ausdrücke (4.3-46) und (4.3-47) der reduzierten Lastimpedanz oder -admittanz wie folgt angepasst werden:

$$e_1(t) = k_1 e_2(t) \qquad\qquad (4.3\text{-}58)$$

$$i_1(t) = k_2 i_2(t) \qquad\qquad (4.3\text{-}59)$$

$$z_L^* = \frac{k_1}{k_2} z_L \qquad\qquad (4.3\text{-}60)$$

$$y_L^* = \frac{k_2}{k_1} y_L \qquad\qquad (4.3\text{-}61)$$

Für $k_2 = \dfrac{1}{k_1} = \dfrac{1}{m}$ gehen diese Beziehungen wieder in die früheren Gln. über.


## 4.4. Analyse passiver Systeme mit der Methode der Strukturzahlen


<u>4.4.1. Charakteristische Beziehungen für Bonddiagramme</u>


Wie schon zu Beginn des Abschnitts 3.8.1. erwähnt, kann das
Verhalten eines Systems mit gegebenem determiniertem topolo-
gischem Modell $\Gamma$ mit Hilfe der Zusammenhänge zwischen den
Variablen, die dem Eingangszweig $s^\alpha$ und dem Ausgangszweig $s^\beta$
zugeordnet sind, beschrieben werden. Ist das topologische

Systemmodell ein Bonddiagramm, so sind die zu untersuchenden Zusammhänge die Beziehungen zwischen den

Leistungsvariablen der Eingangsbindung $s^\alpha =_{Df} e_\alpha, i_\alpha$    (4.4-1)

und den

Leistungsvariablen der Ausgangsbindung $s^\beta =_{Df} e_\beta, i_\beta$    (4.4-2)

Gemäss der Definitionsgl.(4.3-1) erhält man mit (4.4-2) die Lastimpedanz

$$z_\beta =_{Df} \frac{e_\beta}{i_\beta} \qquad (4.4-3)$$

Für das gegebene System ergeben sich als mögliche charakteristische Beziehungen aus (4.4-1) und (4.4-2) die Zusammenhänge

$$i_\beta = i_\beta(e_\alpha) \qquad (4.4-4)$$

$$e_\beta = e_\beta(e_\alpha), \qquad (4.4-5)$$

falls durch eine E-Quelle dem System die Extravariable $e_\alpha$ aufgezwungen wird, und die Zusammenhänge

$$i_\beta = i_\beta(i_\alpha) \qquad (4.4-6)$$

$$e_\beta = e_\beta(i_\alpha), \qquad (4.4-7)$$

falls durch eine I-Quelle dem System die Intravariable $i_\alpha$ aufgezwungen wird.

Die Zusammenhänge (4.4-4) bis (4.4-7) können durch Bonddiagramme graphisch dargestellt werden. Zu diesem Zweck ist die Definition eines Symbols für das gesamte System nützlich.

Setzt man das Symbol $\Gamma$ des durch die Definition 3-7 in Abschnitt 3.2. bestimmten determinierten topologischen Systems in der Definitionsgl.(2.4-4) des konkreten Systemmodells ein, so ergibt sich

$$\text{konkretes Systemmodell} =_{Df} K(\Gamma) =_{Df} [\Gamma, f_\omega, f_p] \qquad (4.4-8)$$

Entsprechend gilt gemäss Gl.(2.3-76) in Abschnitt 2.3.5. und Gl.(2.4-7)

$$\text{orientiertes konkretes Systemmodell} =_{Df} K(\vec{\Gamma}) =_{Df} [\vec{\Gamma}, f_\omega, \vec{f}_p]$$

$$(4.4-9)$$

Unter der Voraussetzung, dass das gegebene System ausser der Quelle des Eingangszweiges $s^\alpha$ nur passive Elemente enthält, wirkt es vom Ausgang her gesehen als E - Quelle im Fall der Gln.(4.4-4) und (4.4-5), und als I - Quelle im Fall der Gln. (4.4-6) und (4.4-7). Der erste Fall wird somit durch das kausale Bonddiagramm in Fig.4.4-1a und im zweiten Fall durch das kausale Bonddiagramm in Fig.4.4-1b dargestellt. Als Lastimpedanz wurde ein Widerstandselement R angenommen, dessen konstitutiven Beziehungen in den Gln.(4.1-2) und (4.1-9) für die beiden möglichen Kausalitäten in Fig.4.1-5 gegeben sind.

a)

$$E \xrightarrow{\ \alpha\ }| \ K(\Gamma) \ \xrightarrow{\ \beta\ }| \ R \quad \equiv \quad E \ \frac{e_\alpha \rightarrow}{i_\alpha \leftarrow} \ K(\Gamma) \ \frac{e_\beta \rightarrow}{i_\beta \leftarrow} \ R$$

b)

$$I \ |\xrightarrow{\ \alpha\ } \ K(\Gamma) \ |\xrightarrow{\ \beta\ } \ R \quad \equiv \quad I \ \frac{e_\alpha \leftarrow}{i_\alpha \rightarrow} \ K(\Gamma) \ \frac{e_\beta \leftarrow}{i_\beta \rightarrow} \ R$$

Fig. 4.4-1 Kausales Bonddiagramm des konkreten Systemmodells
K($\Gamma$)    a) bei aufgezwungener Extravariablen $e_\alpha$,
b) bei aufgezwungener Intravariablen $i_\alpha$

## 4.4.2. Drittes Kirchhoffsches Gesetz und Strukturzahlen

Es soll nun untersucht werden, wie die Zusammenhänge (4.4-4) bis (4.4-7) mit Hilfe der Methode der Strukturzahlen auf einfache Weise ausgehend von der Strukturzahl A bestimmt werden können, wobei A als geometrisches Bild $\underline{B}$(A) das gegebene determinierte topologische System $\Gamma$ hat.

Die Grundlage dafür bildet das in [9]S158 formulierte und auf den Seiten 160 bis 163 ausführlich bewiesene Gesetz, das L.WEINBERG als "Drittes Kirchhoffsches Gesetz" bezeichnet. In den Gln.(4-1) und (4-2) aus [9] kann (aufgrund der in [9]S163 bewiesenen Gültigkeit des Dritten Kirchhoffschen Gesetzes für Impedanzen z) das Widerstandssymbol R durch

das allgemeinere Symbol z ersetzt werden. Das Gesetz lässt
sich dann in den folgenden Gleichungen zusammenfassen

$$i_\beta = \frac{N_\beta}{D} e_\alpha \qquad (4.4\text{-}10)$$

$$\text{wobei} \quad D = \sum_{c=1}^{T} z_{c1} z_{c2} \cdots z_{c\ell}; \quad N_\beta = \sum_{d=1}^{r} z_{d1} z_{d2} \cdots z_{d(\ell-1)} \qquad (4.4\text{-}11)$$

In den Gln.(4.4-11) ist T die Anzahl der Bäume des topologischen Systems $\Gamma$ und somit gemäss der Definition 3-7 in Abschnitt 3.2. die Anzahl der Spalten der Strukturzahl A mit
$\underline{B}(A)=\Gamma$; $\ell$ ist die Anzahl unabhängiger Zyklen in $\Gamma$ und r eine
Zahl, die kleiner ist als T; $z_{cj}$ und $z_{dk}$ sind die den Zwei-
gen von $\Gamma$ zugeordneten Impedanzen.

Wichtiger als die Details der Gl.(4.4-11) sind im Zusammenhang mit der Theorie der Strukturzahlen die folgenden <u>topo-
logischen Formulierungen</u>:

1. Ein Term der Summe von D ist das Produkt der Impedanzen
   aller Zweige eines Cobaumes von $\Gamma$, und die Summe wird
   über alle möglichen Cobäume von $\Gamma$ gebildet.

2. Ein Term der Summe $N_\beta$ ist das Produkt der Impedanzen aller Zweige, durch deren Elimination in $\Gamma$ ein Subsystem
   mit nur einem Zyklus $Z^*_{d\alpha\beta}$ entsteht, in dem $s^\alpha$ und $s^\beta$
   gleichzeitig vorkommen. Das Vorzeichen eines Terms von
   $N_h$ ist positiv, wenn $\vec{s}^\alpha$ und $\vec{s}^\beta$ in $Z^*_{d\alpha\beta}$ gleichorientiert sind;
   im anderen Fall ist das Vorzeichen negativ.

Für den Beweis dieser Aussagen sei, wie schon erwähnt, auf
[9]S160 bis 163 verwiesen.

Ueberlegt man die Formulierung 1 bzgl. D und vergleicht mit
der Definition 3-11 in Abschnitt 3.4. und der Definition
3-16 in Abschnitt 3.6., so wird deutlich, dass D die Determinantenfunktion der komplementären Strukturzahl $\overline{A}$ bzgl. der
Menge $\mathbb{Z}$ aller Impedanzen des konkreten Systems ist:

$$D = \det_{\mathbb{Z}} \overline{A} \qquad (4.4\text{-}12)$$

Ein Vergleich mit der Definition 3-20 in Abschnitt 3.8.3.
macht deutlich, dass aufgrund der Formulierung 2 $N_\beta$ identisch ist mit der Gleichzeitigkeitsfunktion bzgl. $\mathbb{Z}$ aus der
Theorie der Strukturzahlen:

$$N_\beta = \operatorname*{Sim}_{\mathbb{Z}} \left( \frac{\partial \overline{A}}{\partial \alpha}, \frac{\partial \overline{A}}{\partial \beta} \right) \qquad (4.4\text{-}13)$$

Betrachtet man die Formulierungen 1 und 2 und die relativ
komplizierten methodischen Anweisungen zur Bestimmung von D

und $N_\beta$ mit rein topologischen Untersuchungen in [9]S166 und
S181 bis 183, oder in [11] über einen Umfang von 28 Seiten
(S315 bis 342), so muss im Vergleich dazu die präzise Kürze
der Gln.(4.4-12) und (4.4-13) besonders hervorgehoben werden. Es zeigen sich hier schon deutlich die Vorteile der
Theorie der Strukturzahlen, die ausserdem eine Algebra als
mathematisch exakten Rahmen und als klar durchschaubares
und überblickbares Hilfsmittel zur Behandlung topologischer
Probleme anbietet; dies ist von umso grösserer Bedeutung,
als heute in den vielfältigsten Disziplinen die Topologie
und Graphentheorie für Strukturuntersuchungen angewendet
werden [36].

Durch Einsetzen der Gln.(4.4-12) und (4.4-13) in Gl.(4.4-10)
erhält man die gesuchte Beziehung (4.4-4)

$$\boxed{\; i_\beta = \frac{\operatorname*{Sim}_{\mathbb{Z}}\left(\frac{\partial \overline{A}}{\partial \alpha} , \frac{\partial \overline{A}}{\partial \beta}\right)}{\det_{\mathbb{Z}} \overline{A}}\; e_\alpha \;} \qquad (4.4-14)$$

Aus dieser Gl. erhält man bei Beachtung der Definitionsgl.
(4.4-3) für die Lastimpedanz z direkt den gesuchten Zusammenhang (4.4-5)

$$\boxed{\; e_\beta = \frac{\operatorname*{Sim}_{\mathbb{Z}}\left(\frac{\partial \overline{A}}{\partial \alpha} , \frac{\partial \overline{A}}{\partial \beta}\right)}{\det_{\mathbb{Z}} \overline{A}}\; z_\beta e_\alpha \;} \qquad (4.4-15)$$

Die Bestimmung der Zusammenhänge (4.4-6) und (4.4-7) kann
indirekt geschehen, indem zunächst eine Beziehung zwischen
den beiden Eingangsvariablen $i_\alpha$ und $e_\alpha$ gesucht und anschliessend über die bekannten Abhängigkeiten (4.4-14) und (4.4-15)
zwischen den Ausgangsvariablen $e_\beta, i_\beta$ einerseits und $e_\alpha$ andererseits ein Bezug zu $i_\alpha$ hergestellt wird.

Die Beziehung zwischen den Eingangsvariablen $i_\alpha$ und $e_\alpha$ erhält man, wenn in Gl.(4.4-14) $\beta$ gleich $\alpha$ gesetzt wird

$$i_\alpha = \frac{\operatorname*{Sim}_{\mathbb{Z}}\left(\frac{\partial \overline{A}}{\partial \alpha} , \frac{\partial \overline{A}}{\partial \alpha}\right)}{\det_{\mathbb{Z}} \overline{A}}\; e_\alpha \qquad (4.4-16)$$

Gemäss den Definitionsgln.(3.8-43) und (3.8-44) muss für die Berechnung der Gleichzeitigkeitsfunktion zunächst die durch die Gln.(3.7-9) und (3.8-14) definierte Konjunktion

$C = \dfrac{\partial \overline{A}}{\partial \alpha} \cap \dfrac{\partial \overline{A}}{\partial \beta}$ bestimmt werden. Im vorliegenden Fall erhält man

$$C = \frac{\partial \overline{A}}{\partial \alpha} \cap \frac{\partial \overline{A}}{\partial \alpha} = \frac{\partial \overline{A}}{\partial \alpha} \qquad (4.4\text{-}17)$$

d.h. beim Entfernen der durch die Spalten $c_k \epsilon C$ bestimmten Zweige entstehen in $\Gamma$ nur Zyklen mit $\vec{s}_\alpha$. Eine gegensinnige Orientierung von Zweigen ist daher nicht möglich. Wegen der Bedingung (3.8-24) enthält also die Strukturzahl $C^-$ aus Gl.(3.8-44) keine Spalten

$$C^- = [\ ] = 0 \qquad (4.4\text{-}18)$$

und die Strukturzahl $C^+$ aus Gl.(3.8-43) ist identisch mit der Konjunktion C:

$$C^+ = C = \frac{\partial \overline{A}}{\partial \alpha} \qquad (4.4\text{-}19)$$

Durch Einsetzen von $C^+$ und $C^-$ in Gl.(3.8-42) ergibt sich

$$\underset{\mathbb{Z}}{\mathrm{Sim}}\left(\frac{\partial \overline{A}}{\partial \alpha}, \frac{\partial \overline{A}}{\partial \alpha}\right) = \underset{\mathbb{Z}}{\det}\frac{\partial \overline{A}}{\partial \alpha} \qquad (4.4\text{-}20)$$

Aus Gl.(4.4-16) erhält man damit

$$i_\alpha = \frac{\underset{\mathbb{Z}}{\det}\dfrac{\partial \overline{A}}{\partial \alpha}}{\underset{\mathbb{Z}}{\det}\,\overline{A}}\, e_\alpha \qquad (4.4\text{-}21)$$

In den gesuchten Zusammenhängen (4.4-6) und (4.4-7) ist $i_\alpha$ unabhängige Variable. In die entsprechende Form gebracht, lautet Gl.(4.4-21)

$$e_\alpha = \frac{\underset{\mathbb{Z}}{\det}\,\overline{A}}{\underset{\mathbb{Z}}{\det}\dfrac{\partial \overline{A}}{\partial \alpha}}\, i_\alpha \qquad (4.4\text{-}22)$$

Wird der gefundene Ausdruck für $e_\alpha$ in Gl.(4.4-14) eingeführt, so erhält man den gesuchten Zusammenhang (4.4-6)

$$\boxed{\; i_\beta = \frac{\underset{Z}{Sim}(\frac{\partial \overline{A}}{\partial \alpha}, \frac{\partial \overline{A}}{\partial \beta})}{\det_{Z}\frac{\partial \overline{A}}{\partial \alpha}}\; i_\alpha \;} \qquad (4.4\text{-}23)$$

Durch Einsetzen von $e_\alpha$ in Gl.(4.4-15) erhält man schliesslich den gesuchten Zusammenhang (4.4-7)

$$\boxed{\; e_\beta = \frac{\underset{Z}{Sim}(\frac{\partial \overline{A}}{\partial \alpha}, \frac{\partial \overline{A}}{\partial \beta})}{\det_{Z}\frac{\partial \overline{A}}{\partial \alpha}}\; z_\beta i_\alpha \;} \qquad (4.4\text{-}24)$$

Die für die Analyse passiver Systeme wichtigen Zusammenhänge sind also in den Gln.(4.4-14),(4.4-15),(4.4-23) und (4.4-24) zusammengefasst.

Die Berechnung der Funktionen in den Gln.(4.4-15) und (4.4-24) kann direkter mit Hilfe der Algebra der Strukturzahlen geschehen, wenn die Multiplikation der Gleichzeitigkeitsfunktion mit $z_\beta$ durch Operationen mit Strukturzahlen ersetzt wird. Dies wird durch Berücksichtigung der Definitionsgl.(3.8-42) in Abschnitt 3.8.3. möglich:

$$z_\beta \underset{Z}{Sim}(\frac{\partial \overline{A}}{\partial \alpha}, \frac{\partial \overline{A}}{\partial \beta}) = z_\beta \det C^+ - z_\beta \det C^-$$
$$= \det(C^+ \cdot [\beta]) - \det(C^- \cdot [\beta]) \qquad (4.4\text{-}25)$$

Aus den Definitionsgln.(3.7-1) und (3.7-9) der algebraischen Ableitung und der Konjunktion folgt, dass die Strukturzahl $\frac{\partial \overline{A}}{\partial \beta}$, und daher auch die Konjunktion $C = \frac{\partial \overline{A}}{\partial \alpha} \cap \frac{\partial \overline{A}}{\partial \beta}$, das Element $\beta$ nicht mehr enthalten. Bei einer Multiplikation von $C$ mit $[\beta]$ besteht deshalb gemäss der Definitionsgl.(3.3-10) keine Gefahr, dass eine Spalte $c_k \in C$ eliminiert wird; denn für alle $c_k$ gilt $c_k \cap [\beta] = \phi$ und $r(c_k \cup [\beta]) = 1$. Zur Berechnung des Produktes von $z_\beta$ und der Gleichzeitigkeitsfunktion kann daher in den Definitionsgln.(3.8-43) und (3.8-44) der Strukturzahlen $C^+$ und $C^-$ die Konjunktion $C$ durch das Produkt

$$C_\beta \underset{Df}{=} C[\beta] = (\frac{\partial \overline{A}}{\partial \alpha} \cap \frac{\partial \overline{A}}{\partial \beta})[\beta] \qquad (4.4\text{-}26)$$

ersetzt werden und man erhält die neuen Definitionen:

$$C_\beta^+ =_{Df} \{c_k \epsilon C_\beta \mid C_{\mu\nu k} \neq 0\}$$ (4.4-27)

$$C_\beta^- =_{Df} \{c_k \epsilon C_\beta \mid C_{\mu\nu k} = 0\}$$ (4.4-28)

Damit erhält Gl.(4.4-25) schliesslich die Form

$$\boxed{z_\beta \operatorname*{Sim}_{Z\!\!Z}(\frac{\partial \overline{A}}{\partial \alpha}, \frac{\partial \overline{A}}{\partial \beta}) = \det_{Z\!\!Z} C_\beta^+ - \det_{Z\!\!Z} C_\beta^-}$$ (4.4-29)

### 4.4.3. Einflüsse der idealen Quellenelemente der Bonddiagramme auf die Methode der Strukturzahlen

Zur Simulation und Analyse unbelasteter Systeme wird beim entsprechenden Bonddiagramm an der Ausgangsbindung ein I-Quellenelement mit $i_\beta=0$ angehängt [33]S77.

Das bedeutet, dass in den Gln.(4.4-15) und (4.4-24) die Impedanz $z_\beta$ unendlich gross wird. Für den Grenzübergang $z_\beta \rightarrow \infty$ werden Zähler und Nenner dieser Gleichungen durch $z_\beta$ dividiert.

Wie schon im Zusammenhang mit Gl.(4.4-26) besprochen wurde, ist das Element $\beta$ in der Konjunktion $\frac{\partial \overline{A}}{\partial \alpha} \cap \frac{\partial \overline{A}}{\partial \beta}$ nicht mehr enthalten. Die Impedanz $z_\beta$ kommt also auch in keinem der Terme der Gleichzeitigkeitsfunktion vor, weshalb letztere beim Grenzübergang unverändert bleibt. In der Determinantenfunktion des Nenners dagegen streben alle Terme, in denen $z_\beta$ nicht vorkommt, gegen Null für $z_\beta \rightarrow \infty$, und es bleiben nur die Terme übrig, in denen $z_\beta$ vor dem Grenzübergang enthalten ist. Formal erhält man das gleiche Resultat durch partielle Ableitung von $\det_{Z\!\!Z} \overline{A}$ nach $z_\beta$. Bei Beachtung der Gl.(3.7-2) erhält man also

$$\lim_{z_\beta \rightarrow \infty} [\frac{1}{z_\beta} \det_{Z\!\!Z} \overline{A}] = \frac{\partial}{\partial z_\beta}(\det_{Z\!\!Z} \overline{A}) = \det_{Z\!\!Z} \frac{\partial \overline{A}}{\partial \beta}$$ (4.4-30)

Damit erhalten die Gln.(4.4-15) und (4.4-24) die folgende
Form:

$$\left.\frac{e_\beta}{e_\alpha}\right|_{z_\beta=\infty} = \frac{\underset{\mathbb{Z}}{Sim}\left(\frac{\partial\overline{A}}{\partial\alpha}\,,\,\frac{\partial\overline{A}}{\partial\beta}\right)}{\underset{\mathbb{Z}}{det}\,\frac{\partial\overline{A}}{\partial\beta}} \tag{4.4-31}$$

$$\left.\frac{e_\beta}{i_\alpha}\right|_{z_\beta=\infty} = \frac{\underset{\mathbb{Z}}{Sim}\left(\frac{\partial\overline{A}}{\partial\alpha}\,,\,\frac{\partial\overline{A}}{\partial\beta}\right)}{\underset{\mathbb{Z}}{det}\,\frac{\partial^2\overline{A}}{\partial\alpha\partial\beta}} \tag{4.4-32}$$

Wegen $z_\beta\to\infty$ ist in den Gln.(4.4-14) und (4.4-23) $i_\beta$ gleich
Null zu setzen.

$$\left.i_\beta\right|_{z_\beta=\infty} = 0 \tag{4.4-33}$$

Eine I‑Quelle mit $z_\alpha=\infty$ an der Eingangsbindung eines Bonddiagramms ändert nichts an den für diesen Fall massgebenden
Beziehungen (4.4-23) und (4.4-24), da $z_\alpha$ weder in den Zäh-
lern noch in den Nennern vorkommt, wie aus den algebraischen
Ableitungen nach $\alpha$ folgt.

Ist dagegen eine E‑Quelle Eingangselement des gegebenen
Bonddiagramms, so muss in den für diesen Fall massgebenden
Gln.(4.4-14) und (4.4-15) $z_\alpha=0$ gesetzt werden. In beiden
Fällen ändert sich nichts an der Gleichzeitigkeitsfunktion,
da wegen $\frac{\partial\overline{A}}{\partial\alpha}$ keiner ihrer Terme $z_\alpha$ enthält. In der Determinantenfunktion jedoch fallen alle Terme mit $z_\alpha$ weg. Die Defini-
tionen 3-18 in Abschnitt 3.7.2. und 3-16 in Abschnitt 3.6.
der algebraischen Coableitung und der Determinantenfunktion
zeigen, dass dies wie folgt berücksichtigt werden kann:

$$\left.\underset{\mathbb{Z}}{det}\,\overline{A}\right|_{z_\alpha=0} = \underset{\mathbb{Z}}{det}\,\frac{\delta\overline{A}}{\delta\alpha} \tag{4.4-34}$$

Damit erhält man schliesslich anstelle der Gln.(4.4-14) und
(4.4-15) die folgenden Ausdrücke:

$$\left. \frac{i_\beta}{e_\alpha} \right|_{z_\alpha = 0} = \frac{\underset{Z\!Z}{\operatorname{Sim}}\left(\frac{\partial \overline{A}}{\partial \alpha},\, \frac{\partial \overline{A}}{\partial \beta}\right)}{\underset{Z\!Z}{\det} \frac{\delta \overline{A}}{\delta \alpha}} \qquad\qquad (4.4\text{-}35)$$

$$\left. \frac{e_\beta}{e_\alpha} \right|_{z_\alpha = 0} = \frac{\underset{Z\!Z}{\operatorname{Sim}}\left(\frac{\partial \overline{A}}{\partial \alpha},\, \frac{\partial \overline{A}}{\partial \beta}\right)}{\underset{Z\!Z}{\det} \frac{\delta \overline{A}}{\delta \alpha}}\, z_\beta \qquad\qquad (4.4\text{-}36)$$

Eine E‑Quelle mit $e_\beta = 0$ an der Ausgangsbindung eines Bonddiagramms dient zur Simulation eines Kurzschlusses am Ausgang des gegebenen Systems.

Wegen $e_\beta = 0$ sind die noch verbleibenden charakteristischen
Beziehungen durch die Gln.(4.4-14) und (4.4-23) gegeben,
wenn in ihnen $z_\beta = 0$ gesetzt wird. Durch sinngemässe Anwendung der Gl.(4.4-34) ergeben sich dafür die folgenden Beziehungen:

$$\left. \frac{i_\beta}{e_\alpha} \right|_{z_\beta = 0} = \frac{\underset{Z\!Z}{\operatorname{Sim}}\left(\frac{\partial \overline{A}}{\partial \alpha},\, \frac{\partial \overline{A}}{\partial \beta}\right)}{\underset{Z\!Z}{\det} \frac{\delta \overline{A}}{\delta \beta}} \qquad\qquad (4.4\text{-}37)$$

$$\left. \frac{i_\beta}{i_\alpha} \right|_{z_\beta = 0} = \frac{\underset{Z\!Z}{\operatorname{Sim}}\left(\frac{\partial \overline{A}}{\partial \alpha},\, \frac{\partial \overline{A}}{\partial \beta}\right)}{\underset{Z\!Z}{\det} \frac{\delta}{\delta \beta}\left(\frac{\partial \overline{A}}{\partial \alpha}\right)} \qquad\qquad (4.4\text{-}38)$$

## 4.5. Bestimmung der Strukturzahl eines Bonddiagramms

Die in den Abschnitten 4.4.2. und 4.4.3. hergeleiteten charakteristischen Beziehungen für Bonddiagramme basieren alle auf der Kenntnis der komplementären Strukturzahl $\overline{A}$ und damit, der Strukturzahl A selbst. Wie die Strukturzahl A für ein gegebenes Bonddiagramm bestimmt werden soll wurde bis jetzt noch nicht oder nur indirekt untersucht.

Die beiden möglichen Ansatzpunkte für die Lösung dieses Problems sind die Sätze 3-1 und 3-2 in Abschnitt 3.5.3. Sie besagen, dass A als Produkt von einzeiligen Strukturzahlen $P_\ell$ oder $P_i$ bestimmt werden kann. Die Sätze unterscheiden sich im wesentlichen darin, dass das gegebene determinierte topologische System $\Gamma'$ entweder als geometrisches Cobild $\underline{B}^*(A)$ oder als geometrisches Bild $\underline{B}(A)$ angesehen werden kann. Hier soll zunächst der zweite Gesichtspunkt als Grundlage gewählt werden, also

$$\Gamma' = \underline{B}(A) \tag{4.5-1}$$

In diesem Fall kann das Problem der Bestimmung von A gemäss Gl.(3.5-30)

$$A = P_1 \cdot P_2 \cdots P_i \cdots P_\xi \tag{4.5-2}$$

auf das Problem der Bestimmung der einzeiligen Strukturzahlen $P_i$ für das gegebene Bonddiagramm zurückgeführt werden, wobei nach Satz 3-2 die Strukturzahlen $P_i$ die Bilder $f_i'[F_i']$ der

$$\xi = \text{card}(\text{Fd } R')-1 \tag{4.5-3}$$

Fasern $F_i'$ des Fasernsystems $\underline{F}_k'$ des Baumes $[D_k', f_k']$ von

$$\Gamma' = [\Gamma'(R'), f'] = [S', f'] \tag{4.5-4}$$

sind, d.h. des topologischen Systems $S'=\Gamma'(R')$, das auf der Strukturrelation R' entfaltet ist (die genaue Bedeutung der mit einem Strich ' versehenen Symbole wird in Abschnitt 4.5.8. festgelegt).

Das Problem besteht nun darin, dass in Satz 3-2 Fasern $F_i$, Fasernsystem $\underline{F}_k$ und Baum $[D_k, f_k]$ eigentlich nur für ein topologisches System definiert sind, für das der Uebergang zum konkreten Systemmodell gemäss den Abschnitten 2.4. und 3.6. durch Zuordnung von Knoten zu Signalen und von Zweigen zu idealen Elementen geschieht, während für Bonddiagramme

nach Abschnitt 2.4. diese Zuordnungen ausgetauscht werden
müssen. Es gilt also die entsprechenden Begriffe wie Fasern,
Fasernsystem, Baum, usw. auf Bonddiagramme bezogen neu zu
definieren.

Mit Rücksicht auf die leichte Umsetzbarkeit solcher Definitionen in Computerprogramme ist es von Interesse, diesen
Definitionen eine "dynamische" Form zu geben, d.h. eine ei-
gentliche Methode zur Bestimmung der einzeiligen Strukturzahlen ausgehend vom gegebenen Bonddiagramm zu entwickeln.
Für die folgenden Ueberlegungen wird immer vorausgesetzt,
dass das Bonddiagramm in seiner im Sinne von Abschnitt 1.3.
vollständig vereinfachten Form vorliegt.

## 4.5.1. Kodierung eines Bonddiagramms

Das erste praktische Problem, das sich stellt, ist die
Frage, wie das graphisch gegebene Bonddiagramm in einer
für die Eingabe in den Digitalrechner möglichst günstigen
Form kodiert werden soll. Es wurde dafür die folgende Form
gewählt: Auf einer Zeile gibt man an erster Stelle ein Symbol $\omega \in \Omega$ (Definitionsgl. (2.4-16)) des Bonddiagramms ein und,
direkt anschliessend, alle Nummern der Bindungen, die $\omega$ als
Ecke haben. Berücksichtigt man, dass das Bonddiagramm im
Sinne der Definitionen 2-19 und 2-20 in Abschnitt 2.4. die
zeichnerische Darstellung der

$$\text{Struktur des konkreten Systemmodells} =_{Df} [S,f,f_\omega]$$

$$\text{des abstrakten Systems} =_{Df} G(R) \qquad \} (4.5-5)$$

$$\text{mit der Strukturrelation} =_{Df} R$$

ist, so wird durch die Reihenfolge der Eingabe der Symbole
$\omega$ 1. eine

$$\text{Familie } f_e =_{Df} (N_e, f_e, M) =_{Df} (x_i)_{i \in N_e} \qquad (4.5-6)$$

$$\text{mit } M =_{Df} \{x \mid x \in Fd\,R\} \qquad (4.5-7)$$

$$\text{und } N_e =_{Df} \{n \in \mathbb{N}^* \mid 1 \le n \le card\,M\} =_{Df} [1, card\,M] \qquad (4.5-8)$$

$$f_e: N_e \to M \qquad (4.5-9)$$

definiert, und 2. gemäss (2.4-1) die

$$\text{konkretisierende Funktion} =_{Df} f_\omega : \{x_i\}_{i \in N_e} \to \Omega \qquad (4.5\text{-}10)$$

von G(R) festgelegt ($\mathbb{N}^*$ ist in (2.2-34) definiert).


### 4.5.2. Numerierung der Bindungen des Bonddiagramms

Die Figuren 4.1-2, 4.1-3, 4.1-4 und 4.1-5 zeigen, dass die
aktiven und die passiven Bonddiagrammelemente $Q = \{E,I\}$ und
$\Pi = \{R,J,C\}$ Einporte sind d.h. von diesen Elementen besitzt
jedes nur eine Bindung. Durch die Kodierung des Bonddiagramms wird jede dieser Bindungen numeriert. Für die spä-
tere Bildung der einzeiligen Strukturzahlen $P_i$ und aus
praktischen Gründen (einfache Identifizierbarkeit der E-,
I-, R-, J- und C-Elemente und ihrer Werte) ist es nützlich,
wenn für ein Element $\omega \in Q \cup \Pi$ der Index $i$ des Knotens $x_i$ mit
$f_\omega(x_i) = \omega$ und die Nummer $j$ der Bindung übereinstimmen. Dies
kann dadurch erreicht werden, dass man die Elementsymbole
von Zeile zu Zeile in der gleichen aufsteigenden Reihenfolge in den Rechner eingibt, wie ihre Bindungen numeriert sind;
denn die indizierende Funktion (4.5-9) wird ja durch die Reihenfolge der Eingabe definiert.


### 4.5.3. Das durch das Bonddiagramm definierte topologische
####         System

Durch die Numerierung der Bindungen wird die in den Ausdrücken (2.3-56) und (2.3-57) festgelegte Funktion

$$f_s : N \to S \qquad (4.5\text{-}11)$$

für das topologische System S definiert, welches durch das
gegebene Bonddiagramm bestimmt ist. Bezieht man die Ueberlegungen in Abschnitt 4.5.2. auf S, so betreffen sie diejenigen eindimensionalen Simplexe $s_j$ in $\{s_j\}_{j \in N}$, deren Bindungsnummern $j$ mit den Indizes der Knoten $x_i$ übereinstimmen.
Diese Ueberlegungen können zusammengefasst werden durch die
folgende vorläufige Definition:

$$A =_{Df} \{s_j \mid s_j \in \{s_j\}_{j \in N} \wedge f_e^{-1}(x_i) = f_s^{-1}(s_j)\} \qquad (4.5\text{-}12)$$

Für eine Definition der Menge A von der Systemstruktur her muss man vom orientierten topologischen System $\vec{S}$ ausgehen. Gemäss den Definitionen 2-19 und 2-20 und der Definitionsgl.(2.4-9) in Abschnitt 2.4. ist $\vec{S}$ durch das Bonddiagramm bestimmt, wenn in diesem die Richtungen der Leistungsflüsse festgelegt worden sind; und dies geschieht durch die Wahl der Eingangsbindung, von der aus sich der Energiefluss entsprechend den Figuren 4.1-2 und 4.1-1 auf die übrigen passiven Elemente verteilt (für die Verknüpfungen sind die Energieflussrichtungen u.a. durch die Gl.(4.1-23) festgelegt). Gemäss den Ueberlegungen in Abschnitt 4.5.2. haben die Elemente $\omega$, die durch die in Gl.(4.5-10) definierte Funktion $f_\omega$ den Knoten $x_i$ in der Definitionsgl.(4.5-12) zugeordnet sind, nur eine einzige Bindung; bezogen auf das orientierte topologische System $\vec{S}$ heisst das, dass diese Knoten $x_i$ die Elemente der Systemgrenze $G_S$ sind, die durch die Gl.(2.3-42) bestimmt ist. Gl.(4.5-12) kann deshalb wie folgt neu formuliert werden:

$$A =_{Df} S_B =_{Df} \{s_j \mid s_j \in \{s_j\}_{j \in N} \wedge \{x_i\} = E(s_j) \cap G_S\} \qquad (4.5\text{-}13)$$

$$\text{mit} \quad G_S =_{Df} b_v\vec{S} \triangle b_n\vec{S} \qquad (4.5\text{-}14)$$

$x_i$ wird hier gemäss Gl.(2.3-33) als Ecke von $s_j$ und gleichzeitig als Grenzecke definiert.

Von der Dateneingabe her kann die Systemgrenze $G_S$ wie folgt mit Hilfe der Funktion $f_\omega$ aus Gl.(4.5-10) bestimmt werden:

$$G_S =_{Df} \{x_i \mid x_i \in \{x_i\}_{i \in N_e} \wedge f_\omega(x_i) \in Q \cup \Pi\} \qquad (4.5\text{-}15)$$

Die Mengen Q und $\Pi$ der Einporte des Bonddiagramms sind in den Gln.(1.2-2) und (1.2-3) definiert.

Die in Gl.(4.5-13) definierte Menge $S_B$ der eindimensionalen Simplexe, die den <u>Bindungen</u> der Einporte des Bonddiagramms zugeordnet sind, wird als Menge der Bindungssimplexe bezeichnet

$$S_B =_{Df} \text{Menge der Bindungssimplexe} \qquad (4.5\text{-}16)$$

Alle übrigen Elemente des Bonddiagramms sind Mehrporte. Nach den Figuren 4.1-6, 4.1-7 und 4.1-8 und den Gln.(1.2-4) und (1.2-5) gehören die Uebertragerelemente U und die Verknüpfungen $\Phi$ zu den Mehrporten. Sie verbinden die passiven und aktiven Elemente des Bonddiagramms untereinander und werden deshalb als <u>Verbindungen</u> bezeichnet. Die Menge der ihnen zugeordneten Simplexe heisst Menge der Verbindungssimplexe.

$$S_{VB} =_{Df} \text{Menge der Verbindungssimplexe} \qquad (4.5\text{-}17)$$

Da sie alle Simplexe ausser den Bindungssimplexen umfasst, kann diese Menge als Komplement (vgl.Gl.(2.2-8) der Menge $S_B$ bzgl. $\{s_j\}_{j\in N}$ bestimmt werden:

$$S_{VB} = C_{\{s_j\}_{j\in N}} S_B = \{s_j\}_{j\in N} \setminus S_B = \{s_j \mid s_j \in \{s_j\}_{j\in N} \wedge s_j \notin S_B\}$$
$$(4.5\text{-}18)$$

Weil das Bild $\{x_i\}_{i\in I} = f[I]$ einer Indexmenge $I \subset N^*$ bzgl. der surjektiven indizierenden Funktion (vgl.Gl.(2.2-65)) $f:I \to X$ identisch ist mit der Menge $X$ der Elemente $x = f(i) =_{Df} x_i \in X$ gilt allgemein

$$(f \ \text{surj} \ I, X \leftrightarrow f[I] = X \to \{x_i\}_{i\in I} =_{Df} f[I] = X \qquad (4.5\text{-}19)$$

und insbesondere für die Funktion $f_e$ in (4.5-9) bzw. $f_s$ in (4.5-11)

$$\{x_i\}_{i\in N_e} =_{Df} f_e[N_e] = M \qquad (4.5\text{-}20)$$

$$\{s_j\}_{j\in N} =_{Df} f_s[N] = S \qquad (4.5\text{-}21)$$

Wegen Gl.(4.5-20) folgt aus der Definitionsgl.(2.2-134), dass alle Ecken des topologischen Systems S, die nicht zu der in Gl.(4.5-15) definierten Grenze gehören, Innenecken d.h. Elemente des Systeminneren $I_S$ sind:

$$I_S = \{x_i \mid x_i \in M \wedge x_i \notin G_S\} = C_M G_S = M \setminus G_S \qquad (4.5\text{-}22)$$

Die den Ecken $x_i \in I_S$ durch die konkretisierende Funktion $f_\omega$ (4.5-10) zugeordneten Elemente müssen wegen der Gln.(4.5-22), (4.5-15) und (2.4-16) Elemente von $\Omega \setminus (Q \cup \Pi) = U \cup \Phi$ d.h. Uebertragerelemente oder Verknüpfungen sein.

$$I_S = \{x_i \mid x_i \in M \wedge f_\omega(x_i) \in U \cup \Phi\} \qquad (4.5\text{-}23)$$

Für den späteren Gebrauch bei der Bildung der einzeiligen
Strukturzahlen $P_i$ werden in $I_S$ die Teilmengen der zu den
Uebertragerelementen T, $G \in U$, den Reihenverknüpfungen $S \in \Phi$
und den Parallelverknüpfungen $P \in \Phi$ gehörenden Knoten $x_i$ wie
folgt definiert:

$$M_U =_{Df} \{x_i \mid x_i \in M \wedge f_\omega (x_i) \in U\} \qquad (4.5\text{-}24)$$

$$M_S =_{Df} \{x_i \mid x_i \in M \wedge f_\omega (x_i) = S\} \qquad (4.5\text{-}25)$$

$$M_P =_{Df} \{x_i \mid x_i \in M \wedge f_\omega (x_i) = P\} \qquad (4.5\text{-}26)$$

## Beispiel

Gegeben sei das Bonddiagramm aus Fig.2.4-1, das in Fig.4.5-1
mit neu numerierten Bindungen dargestellt ist.

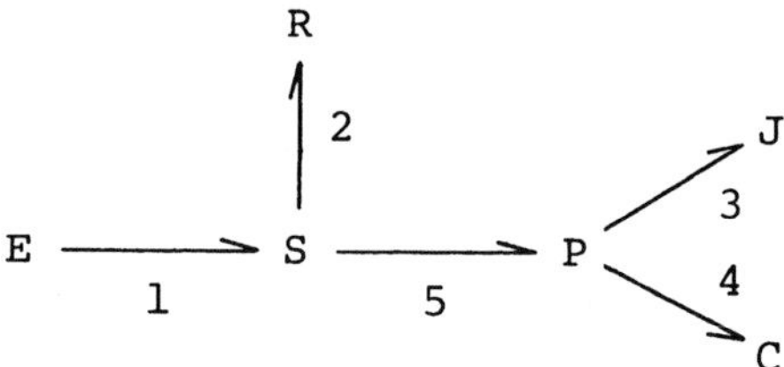


Fig. 4.5-1 Orientiertes Bonddiagramm

Dieses Bonddiagramm wird gemäss Abschnitt 4.5.1. unter Beachtung der Ausführungen in Abschnitt 4.5.2.für die Eingabe
in den Rechenautomaten wie folgt kodiert:

```
E  1

R  2

J  3

C  4

S  1  2  5

P  3  4  5
```

Die Anzahl der Knoten ist

card M = 6

und die Indexmenge $N_e$ nach Gl.(4.5-8)

$$N_e = [1, \operatorname{card} M] = [1,6]$$

Damit erhält man mit Hilfe der indizierenden Funktion $f_e$ (4.5-9) das Feld $Fd\,R = M$ der Strukturrelation R als Menge $\{x_i\}_{i \in N_e}$ der Glieder $x_i$ der Familie $(N_e, f_e, M)$ aller Knoten von M (vgl.Gl.(4.5-20)).

$$f_e[N_e] = M = \{x_1, x_2, x_3, x_4, x_5, x_6\} = \{x_i\}_{i \in [1,6]}$$

Durch die Kodierung des Bonddiagramms ist nach Gl.(4.5-10) die folgende konkretisierende Funktion definiert:

$$f_\omega: \quad x_1 \rightarrowtail E, \quad x_2 \rightarrowtail R, \quad x_3 \rightarrowtail J, \quad x_4 \rightarrowtail C, \quad x_5 \rightarrowtail S, \quad x_6 \rightarrowtail P$$

Die Anzahl der eindimensionalen Simplexe des topologischen Systems S ist gleich der Anzahl der Bindungen des Bonddiagramms.

$$\operatorname{card} S = 5$$

Aus Gl.(2.3-56) ergibt sich die Indexmenge

$$N = [1, \operatorname{card} S] = [1,5]$$

deren Bild bzgl. der Funktion $f_S$ aus (4.5-11) gemäss der Gl. (4.5-21) das topologische System S ist.

$$f_S[N] = S = \{s_1, s_2, s_3, s_4, s_5\} = \{s_j\}_{j \in [1,5]}$$

Aus den Gln.(1.2-2) und (1.2-3) erhält man

$$Q \cup \Pi = \{E, I, R, J, C\}$$

Wegen $f_\omega(x_1) = E$, $f_\omega(x_2) = R$, $f_\omega(x_3) = J$ und $f_\omega(x_4) = C$ ergibt sich aus Gl.(4.5-15) die folgende Grenze $G_S$ von S:

$$G_S = \{x_1, x_2, x_3, x_4\}$$

Wegen $U = \{T, G\}$ (Gl.(1.2-4)) und $f_\omega(x_5) = S$, $f_\omega(x_6) = P$ erhält man schliesslich aus den Gln.(4.5-24),(4.5-25) und

(4.5-26) die folgenden Teilmengen der Innenecken:

$$M_U = \phi$$

$$M_S = \{x_5\}$$

$$M_P = \{x_6\}$$

Die Vereinigung dieser Teilmengen ist das Innere $I_S$ des Systems

$$I_S = M_U \cup M_S \cup M_P = \{x_5, x_6\}$$

das auch aus Gl.(4.5-22) bestimmt werden kann,

$$I_S = M \backslash G_S = \{x_1, x_2, x_3, x_4, x_5, x_6\} \backslash \{x_1, x_2, x_3, x_4\}$$
$$= \{x_5, x_6\}$$

denn es gilt allgemein

$$M_U, M_S, M_P \subseteq I_S \quad \text{und} \quad M_U \cup M_S \cup M_P = I_S \qquad (4.5-27)$$

Die Bestimmung der Zweiermengen $E(s_j)$ in Gl.(4.5-13) und damit der Mengen $S_B$ sowie $S_{VB}$ in Gl.(4.5-18) kann erst geschehen, wenn das abstrakte System $G(R)$ und die Strukturrelation R bekannt sind.


## 4.5.4. Determinierende Funktion und Bonddiagramm


Wie zu Beginn des Abschnitts 4.5.3. ausgeführt wurde, bestimmen die Richtungen der Leistungsflüsse die Orientierung des topologischen Systems und diese werden wiederum durch die Wahl der Eingangsbindung des Bonddiagramms festgelegt. Aus den charakteristischen Beziehungen für Bonddiagramme im Abschnitt 4.4. ergibt sich, dass die Eingangsbindung durch die Determinierung des entsprechenden Simplexes $s_i$ des topologischen Systems S bestimmt werden muss. Diese Determinierung geschieht durch die Zuordnung von $s_i$ zur vorher festgelegten strukturellen Einheit (vgl.Gl. (3.3-29)) [$\alpha$] des Eingangszweiges von S.

Eine solche Zuordnung $s_i \rightarrowtail [\alpha]$, und die Bestimmung der Einzeiligen Strukturzahlen $P_i$ in Gl.(4.5-2) überhaupt, setzen die Definition der determinierenden Funktion f (Gl.(2.3-65)) voraus. Hierbei ist zu beachten, dass für Bonddiagramme der Definitionsbreich D(f) nicht alle eindimensionalen Simplexe von S, sondern nur die Bindungssimplexe der in Gl.(4.5-13) definierten Teilmenge $S_B$ umfasst. Für die Definition des Bonddiagramms als zeichnerische Darstellung der Struktur des konkreten Systemmodells $[S,f,f_\omega]$ in (4.5-5) gilt also

Definitionsbereich der determinierenden Funktion f von

$$[S,f,f_\omega] =_{Df} D(f) =_{Df} S_B \qquad (4.5\text{-}28)$$

Die Definitionsgl.(4.5-28) ist bedingt durch die Tatsache, dass einerseits die charakteristischen Beziehungen für Bonddiagramme im Abschnitt 4.4.2. vom dritten Kirchhoffschen Gesetz abgeleitet wurden und dieses für die klassische Netzwerktopologie ([9] Kapitel 3 und 4) entwickelt worden ist, und dass andererseits nur die Bindungen eines Bonddiagramms den Zweigen eines klassischen Netzes entsprechen, während die Verbindungen zwischen den Verknüpfungen eines Bonddiagramms reine strukturelle Elemente sind, wie z.B. ein Vergleich des Bonddiagramms in Fig.1.3-5b mit dem elektrischen Schaltbild in Fig.1.3-6c zeigt.

Für die praktische Anwendung ist es am einfachsten, wenn die determinierende Funktion f als auf die $S_B \subseteq S$ eingeschränkte Funktion (vgl.Gl.(2.2-92)) $f_s^{-1}$ von $f_s$ in (4.5-11) definiert wird.

$$f =_{Df} f_s^{-1} | S_B \qquad (4.5\text{-}29)$$

$$\text{mit} \quad \{\alpha_i\}_{i \in N_B} = W(f) = W(f_s^{-1} | S_B) \subseteq N \qquad (4.5\text{-}30)$$

$$\text{wobei} \quad N_B = [1, \operatorname{card} W(f)] = [1, \operatorname{card} D(f)] = [1, \operatorname{card} S_B] \qquad (4.5\text{-}31)$$

Die Indexmenge $N_B$ ist der Definitionsbereich der indizierenden Funktion $f_{Bn}$ (vgl. die Gl.(2.3-58) und (2.3-60))

$$f_{Bn}: N_B \rightarrow \mathbf{N}^* \qquad (4.5\text{-}32)$$

$$\text{mit} \quad W(f_{Bn}) = \{\alpha_i\}_{i \in N_B} = W(f) \qquad (4.5\text{-}33)$$

Dementsprechend gilt gemäss Gl.(2.3-57) und Gl.(2.3-59) für
die Familie $(N_B, f_{Bs}, S_B)$ die indizierende Funktion

$$f_{Bs}: N_B \to S_B \qquad (4.5-34)$$

$$\text{mit } W(f_{Bs}) = \{s_i\}_{i \in N_B} = D(f) = S_B \qquad (4.5-35)$$

Entsprechend den Gln.(2.3-76),(2.3-77) und (2.3-78) erhält
man für die noch nicht orientierte, aber determinierte
Struktur des konkreten Systemmodells

$$[S,f,f_\omega] = [G(f),f_\omega] \qquad (4.5-36)$$

$$\text{mit } G(f) =_{Df} \{s^{\alpha_i}\}_{i \in N_B} \qquad (4.5-37)$$

$$\text{wobei } s^{\alpha_i} =_{Df} (s_i, \alpha_i) \qquad (4.5-38)$$

### 4.5.5. Die Menge der Bindungssimplexe

Praktisch lässt sich die Menge $S_B$ der Bindungssimplexe mit
Hilfe der Relation $\rho$ zwischen den Knoten $x_i \in M$ und den Simplexen $s_j \in S$ bestimmen, wobei $\rho$ durch die in den Abschnitten
4.5.1. und 4.5.2. beschriebene Kodierung des Bonddiagramms
definiert ist. Die Relation $\rho$ zwischen M und S kann umschrieben werden durch

$$\rho =_{Df} \text{"ist Ecke des Simplexes"} \qquad (4.5-39)$$

Am brauchbarsten wird $\rho$ definiert durch die Darstellung
aller Werte der charakteristischen Funktion $\kappa_{G(\rho)}$ (vgl. Abschnitt 2.2.3.2.) des Graphen $G(\rho)$ in einer Relationsmatrix
$(a_{ij})$ (vgl. Abschnitt 2.2.3.3.).

$$\text{Relationsmatrix von } \rho =_{Df} (a_{ij}) \qquad (4.5-40)$$

$$\text{mit } i \in I_\rho = [1, \text{card } M] \text{ und } j \in J_\rho = [1, \text{card } S] \qquad (4.5-41)$$

Durch die Relation $\rho$ erhält jeder Knoten $x_i$ ein bis mehrere
eindimensionale Simplexe $s_j$ zugeordnet, die eine Teilmenge
$S_i \subseteq S$ des toplogischen Systems definieren. Da nach den Gln.
(4.5-15) und (4.5-13) eine der beiden Ecken der Bindungssimplexe $s_j \in S_B$ Grenzecke ist d.h. dieser Ecke $x_i$ nur der

eine Simplex $s_j$ durch die Relation $\rho$ zugeordnet wird, ist die entsprechende Teilmenge $S_i$ eine Einermenge mit $\operatorname{card} S_i = 1$. Die Definition der

$$\text{Konversen Relation } \hat{\rho} =_{Df} \text{"hat als Ecke"} \qquad (4.5\text{-}42)$$

erhält man auf einfache Weise durch Transposition der Relationsmatrix $(a_{ij})$ (vgl. die Gln.(2.2-103) bis (2.2-105)).

$$\text{Relationsmatrix von } \hat{\rho} =_{Df} (\hat{a}_{ij}) = (a_{ij})^T \qquad (4.5\text{-}43)$$

$$\text{mit } \hat{a}_{ji} = a_{ij} \qquad (4.5\text{-}44)$$

$$\text{wobei } (i,j) \in I_\rho \times J_\rho =_{Df} K_\rho \qquad (4.5\text{-}45)$$

Definiert man noch die folgende Funktion

$$\text{Bindigkeit von } x_i =_{Df} b(x_i) = \operatorname{card} S_i \qquad (4.5\text{-}46)$$

$$\text{oder } b: x_i \rightarrowtail \operatorname{card} S_i \qquad (4.5\text{-}47)$$

$$\text{mit } S_i =_{Df} \{s_j \mid s_j \in S \wedge x_i \in M \wedge x_i \rho s_j\}, \qquad (4.5\text{-}48)$$

so kann man schliesslich die Menge $S_B$ der Bindungssimplexe wie folgt charakterisieren:

$$S_B =_{Df} \{s_j \mid s_j \in S \wedge s_j \hat{\rho} x_i \wedge b(x_i) = 1\} \qquad (4.5\text{-}49)$$

Wegen der Aequivalenz der beiden Definitionsgln.(4.5-13) und (4.5-49) von $S_B$ gilt auch:

$$b(x_i) = 1 \leftrightarrow x_i \in G_S \qquad (4.5\text{-}50)$$

$$S_B =_{Df} \{s_j \mid s_j \in S \wedge s_j \hat{\rho} x_i \wedge x_i \in G_S\} \qquad (4.5\text{-}51)$$

### Beispiel

Für das Beispiel des Abschnitts 4.5.3. erhält man zunächst aus der Kodierung des Bonddiagramms nach Gl.(2.2-22) den Graph $G(\rho)$ der in Gl.(4.5-39) definierten Relation $\rho$ unter Beachtung der konkretisierenden Funktion $f_\omega$:

$$G(\rho) = \{ (x_1,s_1),\ (x_2,s_2),\ (x_3,s_3),\ (x_4,s_4),\ (x_5,s_1),$$
$$(x_5,s_2),\ (x_5,s_5),\ (x_6,s_3),\ (x_6,s_4),\ (x_6,s_5)\}$$

Die indizierenden Funktionen k und $\ell$ der Gl.(2.2-33) können in diesem Fall am einfachsten als identisch mit den Funktionen $f_e$ in (4.5-9) und $f_S$ in (4.5-11) definiert werden.

$$k =_{Df} f_e : N_e \to M \qquad (4.5\text{-}52)$$

$$\ell =_{Df} f_s : N \to S \qquad (4.5\text{-}53)$$

$$\text{mit} \quad N_e = [1, \text{card}\, M] = [1, 6]; \quad M = \{x_i\}_{i \in N_e}$$

$$\text{und} \quad N = [1, \text{card}\, S] = [1, 5]; \quad S = \{s_j\}_{j \in N}$$

Man erhält die Relationsmatrix $(a_{ij})$ der Relation $\rho$ mit $(i,j) \in I_\rho \times J_\rho = [1,6] \times [1,5]$.

$$
\begin{array}{c}
i \in I_\rho \;\downarrow
\end{array}
\quad
\begin{array}{c}
j \in J_\rho \;\longrightarrow \\[4pt]
\begin{array}{c|ccccc}
 & 1 & 2 & 3 & 4 & 5 \\
1 & 1 & 0 & 0 & 0 & 0 \\
2 & 0 & 1 & 0 & 0 & 0 \\
3 & 0 & 0 & 1 & 0 & 0 \\
4 & 0 & 0 & 0 & 1 & 0 \\
5 & 1 & 1 & 0 & 0 & 1 \\
6 & 0 & 0 & 1 & 1 & 1 \\
\end{array}
\end{array}
\; = (a_{ij})
$$

Die Elemente $a_{ij}$ der Relationsmatrix $(a_{ij})$ werden gemäss den Gln.(2.2-41),(2.2-37),(2.2-38),(2.2-29) und (2.2-27) sowie (2.2-95) bestimmt aus

$$a_{ij} = \kappa_{G(\rho)}(f_e(i), f_s(j)) = \kappa_{G(\rho)}(x_i, s_j) = \begin{cases} 1 \text{ falls } x_i \rho s_j \\ 0 \text{ falls } x_i \text{ non } \rho s_j \end{cases}$$

$$(4.5\text{-}54)$$

$$\text{mit} \quad x_i \rho s_j \;\leftrightarrow\; (x_i, s_j) \in G(\rho) \qquad (4.5\text{-}55)$$

$$\text{und } x_i \text{ non } \rho s_j \;\leftrightarrow\; (x_i, s_j) \notin G(\rho) \qquad (4.5\text{-}56)$$

Als Beispiel seien aufgeführt

$$a_{11} = \kappa_{G(\rho)}(f_e(1), f_s(1)) = \kappa_{G(\rho)}(x_1, s_1) = 1,$$

denn es gilt

$$x_1 \rho s_1 \quad \text{wegen} \quad (x_1, s_1) \in G(\rho).$$

$$a_{53} = \kappa_{G(\rho)}(f_e(5), f_s(3)) = \kappa_{G(\rho)}(x_5, s_3) = 0,$$

denn es gilt

$$x_5 \text{ non } \rho s_3 \quad \text{wegen} \quad (x_5, s_3) \notin G(\rho)$$

Die Relationsmatrix $(\hat{a}_{ij})$ der konversen Relation $\hat{\rho}$ erhält man gemäss den Gln.(4.5-43) bis (4.5-45) durch Transposition von $(a_{ij})$.

$$
\begin{array}{c}
\xrightarrow{\quad j \in I_\rho \quad} \\[4pt]
i \in J_\rho \downarrow \quad
\begin{array}{c|cccccc}
 & 1 & 2 & 3 & 4 & 5 & 6 \\
\hline
1 & 1 & 0 & 0 & 0 & 1 & 0 \\
2 & 0 & 1 & 0 & 0 & 1 & 0 \\
3 & 0 & 0 & 1 & 0 & 0 & 1 \\
4 & 0 & 0 & 0 & 1 & 0 & 1 \\
5 & 0 & 0 & 0 & 0 & 1 & 1 \\
\end{array}
= (\hat{a}_{ij})
\end{array}
$$

Ist einmal die Relationsmatrix $(a_{ij})$ bekannt, so können ihre Elemente $a_{ij}$ wegen $x_i \rho s_j$ in Gl.(4.5-48) auf einfache Weise zur Bestimmung sowohl der Teilmengen $S_i$ der einer Ecke $x_i$ zugeordneten eindimensionalen Simplexe $s_j \in S$, als auch der Funktion der Bindigkeit $b(x_i)$ verwendet werden, indem man die folgenden Gleichungen benützt:

$$S_i =_{Df} \{f_s(j) \mid j \in J_\rho \wedge a_{ij} = 1\} \tag{4.5-57}$$

$$b(x_i) = \text{card } S_i = \sum_{j \in J_\rho} a_{ij} \tag{4.5-58}$$

$$\text{mit } J_\rho = [1, \text{card } S] \tag{4.5-59}$$

Bei Anwendung der Gl.(4.5-57) auf das gegebene Beispiel erhält man die Teilmengen $S_i \subseteq S$.

$$S_1 = \{s_1\}; \quad S_2 = \{s_2\}; \quad S_3 = \{s_3\}; \quad S_4 = \{s_4\}$$

$$S_5 = \{s_1, s_2, s_5\}; \quad S_6 = \{s_3, s_4, s_5\}$$

Aus den Gln.(4.5-47),(4.5-46) und (4.5-56) ergibt sich

$$b: \quad x_1 \rightarrowtail 1 \quad x_2 \rightarrowtail 1 \quad x_3 \rightarrowtail 1 \quad x_4 \rightarrowtail 1 \quad x_5 \rightarrowtail 3 \quad x_6 \rightarrowtail 3$$

Die Bestimmungsgl.(4.5-49) der Menge $S_B$ aller Bindungssimplexe kann ebenfalls durch eine zur Gl.(4.5-57) analoge
Gleichung ersetzt werden, wobei die Werte der Elemente $\hat{a}_{ij}$
der Relationsmatrix $(\hat{a}_{ij})$ der konversen Relation $\hat{\rho}$ verwendet werden:

$$S_B = \{f_s(i) \mid i \epsilon J_\rho \wedge 1 \epsilon b[f_e[I_{\rho i}]]\} \tag{4.5-60}$$

$$\text{mit} \quad I_{\rho i} =_{Df} \{j \mid j \epsilon I_\rho \wedge \hat{a}_{ij} = 1\} \tag{4.5-61}$$

$$\text{und} \quad f_e[I_{\rho i}] =_{Df} \{x_j \mid x_j \epsilon M \wedge j \epsilon I_{\rho i}\} \tag{4.5-62}$$

Diese Definitionsgleichungen stützen sich zum Teil auf die
Ueberlegungen in Abschnitt 2.2.3.6., insbesondere die Gln.
(2.2-102) und (2.2-113).

Für das Beispiel gilt bei

$i = 1:$ $I_{\rho 1} = \{1,5\};$ $f_e[I_{\rho 1}] = \{x_1, x_5\}$

$\qquad b[\{x_1, x_5\}] = \{1,3\};$ $1 \epsilon \{1,3\} \rightarrow f_s(1) = s_1 \epsilon S_B$ .

$i = 2:$ $I_{\rho 2} = \{2,5\};$ $f_e[I_{\rho 2}] = \{x_2, x_5\}$

$\qquad b[\{x_2, x_5\}] = \{1,3\};$ $1 \epsilon \{1,3\} \rightarrow f_s(2) = s_2 \epsilon S_B$

$i = 3:$ $I_{\rho 3} = \{3,6\};$ $f_e[I_{\rho 3}] = \{x_3, x_6\}$

$\qquad b[\{x_3, x_6\}] = \{1,3\};$ $1 \epsilon \{1,3\} \rightarrow f_s(3) = s_3 \epsilon S_B$

$i = 4:$ $I_{\rho 4} = \{4,6\};$ $f_e[I_{\rho 4}] = \{x_4, x_6\}$

$\qquad b[\{x_4, x_6\}] = \{1,3\};$ $1 \epsilon \{1,3\} \rightarrow f_s(4) = s_4 \epsilon S_B$

$i = 5:$ $I_{\rho 5} = \{5,6\};$ $f_e[I_{\rho 5}] = \{x_5, x_6\}$

$\qquad b[\{x_5, x_6\}] = \{3\};$ $1 \notin \{3\} \rightarrow f_s(5) = s_5 \notin S_B$

Die Menge der Bindungssimplexe enthält also nur die Elemente
$s_1, s_2, s_3$ und $s_4$.

$$S_B = \{s_1, s_2, s_3, s_4\}$$

Hiermit kann nun direkt aus den Gln.(4.5-18) und (4.5-21) die Menge $S_{VB}$ der Verbindungssimplexe in S bestimmt werden.

$$S_{VB} = S \backslash S_B = \{s_5\}$$

Mit der Inversen $f_S^{-1}$ der Funktion $f_S$ (Gl.(4.5-53))

$$f_S^{-1}: \quad s_1 \rightarrowtail 1 \quad s_2 \rightarrowtail 2 \quad s_3 \rightarrowtail 3 \quad s_4 \rightarrowtail 4 \quad s_5 \rightarrowtail 5$$

erhält man aus Gl.(4.5-29) die determinierende Funktion f der Struktur $[S,f,f_\omega]$ des konkreten Systemmodells

$$f: \quad s_1 \rightarrowtail 1 \quad s_2 \rightarrowtail 2 \quad s_3 \rightarrowtail 3 \quad s_4 \rightarrowtail 4,$$

wobei nach Gl.(4.5-30) f als Wertebereich W(f) die Menge $\{\alpha_i\}_{i \in N_B}$ der

$$\text{strukturellen Einheiten} =_{Df} [\alpha_i] =_{Df} \alpha_i \qquad (4.5\text{-}63)$$

hat, wobei diese Menge identisch ist mit der in Gl.(3.4-3) definierten Menge L(A) aller Elemente der Spalten der gemäss Gl.(4.5-2) zu bestimmenden Strukturzahl A.

$$L(A) = \{\alpha_i\}_{i \in N_B} \qquad (4.5\text{-}64)$$

Für das Beispiel ergibt sich somit

$$L(A) = \{\alpha_i\}_{i \in N_B} = \{1, 2, 3, 4\}$$

und aus Gl.(4.5-31) erhält man die Indexmenge $N_B$.

$$N_B = [1, \text{card } S_B] = \{1, 2, 3, 4\}$$

Aus den Gln.(4.5-32) bis (4.5-35) ergeben sich schliesslich die indizierenden Funktionen $f_{Bn}: N_B \rightarrow \mathbb{N}^*$ und $f_{Bs}: N_B \rightarrow S_B$ wie folgt:

$$f_{Bn}: \quad 1 \rightarrowtail 1 \quad 2 \rightarrowtail 2 \quad 3 \rightarrowtail 3 \quad 4 \rightarrowtail 4$$

$$f_{Bs}: \quad 1 \rightarrowtail s_1 \quad 2 \rightarrowtail s_2 \quad 3 \rightarrowtail s_3 \quad 4 \rightarrowtail s_4$$

Wegen der speziellen Wahl der Definition der determinierenden Funktion f in Gl.(4.5-29) ist $f_{Bn}$ die identische Abbildung über $N_B$ (vgl. die Definitionsgl.(2.3-3)):

$$f_{Bn} =_{Df} Id_{N_B} \qquad (4.5-65)$$

## 4.5.6. Orientierung der Struktur des konkreten Systemmodells

Mit der Festlegung der strukturellen Einheit

$$[\alpha] =_{Df} \alpha \qquad (4.5-66)$$

(vgl. Gl.(4.5-63)) ist gemäss den Gln.(4.5-29) bis (4.5-38) der

$$\text{Eingangszweig} =_{Df} s_{i_\alpha} = f^{-1}(\alpha) \qquad (4.5-67)$$

des topologischen Systems S (vgl. Gl.(3.8-7)) durch die determinierende Funktion f der Struktur des konkreten Systemmodells $[S,f,f_\omega]$ bestimmt.
Ein Bonddiagramm hat als

$$\text{Eingangselement} =_{Df} \omega_\alpha \qquad (4.5-68)$$

immer eines der in Gl.(1.2-2) und in Abschnitt 4.1.3. definierten Quellenelemente:

$$\omega_\alpha \epsilon Q = \{E, I\} \qquad (4.5-69)$$

Entsprechend der Fig.4.1-2 ist dadurch die Orientierung der Eingangsbindung und des ihr zugeordneten Eingangszweiges $s_{i_\alpha}$ bestimmt. Hiermit ist vermittels der Relation $\hat{\rho}$ und ihrer Relationsmatrix $(\hat{a}_{ij})$ (Gl.(4.5-43)) $x_{\alpha_1}$ als Vorderecke $e_v \vec{s}_{i_\alpha}$ (Gl.(2.3-32)) des orientierten Simplexes $\vec{s}_{i_\alpha}$ festgelegt:

$$x_{\alpha_1} = \imath x_j (s_{i_\alpha} \hat{\rho} x_j \wedge x_j \epsilon G_S) = \imath f_e(j)(\hat{a}_{i_\alpha j} = 1 \wedge b(f_e(j)) = 1) \qquad (4.5-70)$$

$$e_v \vec{s}_{i_\alpha} = x_{\alpha_1} \quad \text{mit} \quad f_\omega(x_{\alpha_1}) = \omega_\alpha \qquad (4.5-71)$$

In Gl.(4.5-70) wurde die Bedingung (4.5-50) benützt; $b(f_e(j)) = b(x_j)$ ist der Wert von $x_j$ bzgl. der in den Gln.

(4.5-46),(4.5-47) und (4.5-58) definierten Funktion b der Bindigkeit.

Die Zweiermengen $E(\vec{s}_i) = E(s_i)$ (Gl.(2.3-33)) der Simplexe $\vec{s}_i$ des orientierten topologischen Systems $\hat{S}$ können allgemein mit Hilfe der Relationsmatrix $(\hat{a}_{ij})$ aus der folgenden Gleichung bestimmt werden:

$$E(\vec{s}_i) = E(s_i) = \{x_j \mid j \in I_\rho \wedge \hat{a}_{ij} = 1 \wedge x_j = f_e(j)\} = f_e[I_{\rho_i}]$$

$$(4.5\text{-}72)$$

$I_\rho$ ist in Gl.(4.5-61) und $f_e[I_{\rho_i}]$ in Gl.(4.5-62) definiert. Mit Hilfe der Beziehung (4.5-72) kann die Gl.(4.5-70) zur Bestimmung der Vorderecke $x_{\alpha_1}$ des Eingangszweiges $s_{i_\alpha}$ wie folgt neu formuliert werden:

$$x_{\alpha_1} = \iota\, x_j (x_j \in E(s_{i_\alpha}) \wedge b(x_j) = 1) \qquad (4.5\text{-}70a)$$

Die orientierten Simplexe $\vec{s}_i$ können nach Gl.(2.3-33) definiert werden, indem eine ihrer Ecken entweder als Vorderecke $e_v\vec{s}$ oder als Nachecke $e_n\vec{s}$ bestimmt wird. Es gilt dann mit Gl.(4.5-72) entweder

$$e_n\vec{s}_i = x_j \in (C_E\{e_v\vec{s}_i\} = E(\vec{s}_i) \setminus \{e_v\vec{s}_i\}) \qquad (4.5\text{-}73)$$

oder

$$e_v\vec{s}_i = x_j \in C_E\{e_n\vec{s}_i\} \qquad (4.5\text{-}74)$$

Aus Gl.(4.5-73) erhält man z.B. mit Gl.(4.5-71) die Nachecke des Eingangszweiges.

$$e_n\vec{s}_{i_\alpha} =_{Df} x_{\alpha_2} \in C_E\{x_{\alpha_1}\} \qquad (4.5\text{-}75)$$

Für alle Grenzecken $x_j \in G_S$ (Gl.(4.5-15)), denen durch die konkretisierende Funktion $f_\omega$ in (4.5-10) ein passives Bonddiagrammelement $f_\omega(x_j) \in \Pi$ (Gl.(1.2-3)) zugeordnet wird, gilt:

$$e_n\vec{s}_i = \iota\, x_j (x_j \in E(\vec{s}_i) \cap M_\Pi) \qquad (4.5\text{-}76)$$

$$\text{mit } M_\Pi =_{Df} \{x_j \mid x_j \in G_S \wedge f_\omega(x_j) \in \Pi\} \qquad (4.5\text{-}77)$$

Wegen Gl.(4.5-15) und Gl.(4.5-13) sind die Zweige $s_i$ der Gl.(4.5-76) Bindungssimplexe $s_i \in S_B$. Ihre Nachecken $e_n\vec{s}_i$ sind die den passiven Elementen des Bonddiagramms zugeordneten

Grenzecken; ihre Vorderecken $e_v\vec{s}_i$ sind durch Gl.(4.5-74) bestimmt.

Damit sind die Vorderecken und Nachecken aller Bindungssimplexe der Struktur des konkreten Systemmodells $[S,f,f_\omega]$ bekannt. Zur vollständigen Definition der Struktur des orientierten konkreten Systemmodells $[\vec{S},\vec{f},f\ ]$ in Gl.(2.4-9) müssen noch die Vorder- und Nachecken der Verbindungssimplexe $s_j \epsilon S_{VB}$ (Gln.(4.5-17) und (4.5-18)) bestimmt werden. Wegen der Richtung des Energieflusses im Bonddiagramm (positiv von der Quelle zur Last: Abschnitt 1.2.3.) und unter Berücksichtigung der Bilanz der Momentanleistungen in Gl. (1.2-6) werden im Normalfall alle Bindungen und Verbindungen von dem in Gl.(4.5-68) definierten Eingangselement $\omega_\alpha$ wegführend orientiert.

Nach dieser Regel ist z.B. die Nachecke $e_n\vec{s}_{i_\alpha}$ (Gl.(4.5-75)) des orientierten Eingangszweiges $\vec{s}_{i_\alpha}$ gleichzeitig Vorderecke für alle Verbindungen $s_j$, die in der Relation $\rho$ (Definitionsgl.(4.5-39)) mit $e_n\vec{s}_{i_\alpha}$ stehen. Für alle Verbindungen, die in der gemäss Gl.(4.5-48) oder Gl.(4.4-57) definierten Menge $S_j = S_{\alpha_2}$ enthalten sind, gilt daher:

$$\forall s_j\, (s_j \epsilon S_{\alpha_2} \cap S_{VB} \rightarrow e_v\vec{s}_j = x_{\alpha_2}) \qquad (4.5\text{-}78)$$

$$\text{mit}\quad S_{\alpha_2} = \{s_j \mid s_j \epsilon S \wedge x_{\alpha_2} \epsilon M \wedge x_{\alpha_2} \rho s_j\} \qquad (4.5\text{-}79)$$

$$\text{oder}\ S_{\alpha_2} = \{f_s(j) \mid j \epsilon J_\rho \wedge i = \alpha_2 \wedge a_{ij} = 1\} \qquad (4.5\text{-}80)$$

Die Menge $S_{VB}$ der Verbindungssimplexe ist in Gl.(4.5-18) definiert.

Die Nachecken der eindimensionalen Simplexe $s_j \epsilon S_{\alpha_2} \cap S_{VB}$ erhält man wiederum gemäss Gl.(4.5-73) aus:

$$\forall s_j\, (s_j \epsilon S_{\alpha_2} \cap S_{VB} \rightarrow e_n\vec{s}_j \epsilon E(\vec{s}_j) \setminus \{e_v\vec{s}_j\}) \qquad (4.5\text{-}81)$$

Die Ausdrücke (4.5-78) und (4.5-81) lassen sich für die Bestimmung der Vorder- und Nachecken aller Verbindungen induktiv verallgemeinern mit Hilfe der wie folgt definierten Relation:

$$\rho_n =_{Df}\ \text{"hat als Nachfolger den Verbindungssimplex"} \qquad (4.5\text{-}82)$$

Die Nachfolgerrelation $\rho_n$ ist im

teilweise orientierten topologischen System $=_{Df} (\vec{S})$ (4.5-83)

definiert durch ihren Graphen $G(\rho_n)$ (Abschnitt 2.2.3.1.)

$$G(\rho_n) =_{Df} \{ (\vec{s}_i, s_j) \mid \vec{s}_i \in \vec{S} \wedge s_j \in S_k \cap S_{VB} \wedge j \neq i \} \tag{4.5-84}$$

$$\text{wobei} \quad S_k =_{Df} \{ f_s(j) \mid j \in J_\rho \wedge k = f_e^{-1}(e_n \vec{s}_i) \wedge a_{kj} = 1 \} \tag{4.5-85}$$

Damit erhält man die

  1. Orientierungsregel für Verbindungssimplexe:

$$\text{OR1:} \quad \forall s_j (\vec{s}_i \rho_n s_j \rightarrow e_v \vec{s}_j = e_n \vec{s}_i) \tag{4.5-86}$$

Als zweite Orientierungsregel gelte die Gl.(4.5-73).

  2. Orientierungsregel für Verbindungssimplexe:

$$\text{OR2:} \quad e_n \vec{s}_j = x_\ell \in C_E \{ e_v \vec{s}_j \} \tag{4.5-87a}$$

Tritt ein Konflikt zwischen den Regeln OR1 und OR2 auf, so
hat die Orientierungsregel OR2 den Vorrang.

Nach den obigen Ausführungen sollten alle Bindungen und Verbindungen vom Eingangselement $\omega_\alpha \in Q$ (Gl.(4.5-68)) wegführend
orientiert werden. Dies würde bedeuten, dass allen Bonddiagrammelementen durch das Eingangsquellenelement die Richtung
des Leistungsflusses aufgezwungen wird.

Ausser dieser Regel ist für die Orientierung der Verbindungssimplexe jedoch auch noch die im nachfolgenden Abschnitt
5.4.1. unter BR4 aufgeführte Regel zu beachten, wonach der
Leistungsfluss für P-S-P-Abschnitte des Bonddiagramms durchgehend sein soll. Den P-S-P-Abschnitten des Bonddiagramms
entsprechen Teilmengen $S_{sr}$ von eindimensionalen Simplexen
$s_i, s_j$ des topologischen Systems S, die eine gemeinsame Ecke
$x_r$ haben, welche ein Element der in Gl.(4.5-25) definierten
Menge $M_S$ ist. Die Mengen $S_{sr}$ sind die Teilmengen der Verbindungssimplexe der in den Gln.(4.5-48) und (4.5-57) definierten Mengen, mit der Einschränkung, dass die gemeinsamen Ecken
$x_r$ Elemente der Teilmenge $M_S$ von M sein müssen.

$$\text{OR3:} \quad S_{sr} =_{Df} S_r \cap S_{VB} (x_r \in M_S) \tag{4.5-87b}$$

Wegen der Festlegung eines durchgehenden Leistungsflusses
nach der erwähnten Regel BR4 ist die Orientierung für die
beiden eindimensionalen Simplexe $s_i, s_j \in S_{sr}$ bestimmt, sobald
die Orientierung von einem der beiden definiert worden ist.
Ist dies z.B. $\vec{s}_i$, so gilt:

$$\text{OR4:} \quad (s_i, s_j \in S_{sr} \wedge e_n \vec{s}_i = x_r) \rightarrow e_v \vec{s}_j = x_r \qquad (4.5\text{-}87c)$$

Die Definition der Orientierung von $s_i$ geschieht durch die
Orientierungsregeln OR1 und OR2, wobei für die Orientierung
eines ersten Verbindungssimplexes gemäss den obigen Ueberlegungen von der Orientierung des Eingangszweiges ausgegangen wird.

### Bemerkung 1

Bei Konflikt der Orientierungsregeln OR1 und OR4 hat OR4
den Vorrang. Das Prinzip des durchgehenden Leistungsflusses
in P-S-P-Abschnitten des Bonddiagramms wird somit in diesen
Fällen als stärker bestimmend definiert.

Aus der in der vorhergehenden Bemerkung festgelegten Priori-
tät ergibt sich das folgende Kriterium für den Abschluss der
Orientierung des Systems:

### Kriterium 1

Die Orientierung der Struktur eines konkreten Systemmodells
ist erst dann abgeschlossen, wenn dessen orientierten eindimensionalen Simplexe alle den Regeln OR3 und OR4 genügen.

Durch die Festlegung der Vorder- und Nachecken aller eindimensionalen Simplexe $s_i$ des topologischen Systems S sind nach
Gl.(2.3-33) alle Simplexe orientiert. Dadurch sind dann auch
das orientierte topologische System $\vec{S}$ und nach Gl.(2.4-9) die
Struktur des orientierten konkreten Systemmodells $[\vec{S}, \vec{f}, f_\omega]$
bestimmt.

### Beispiel

Es soll das Beispiel der Abschnitte 4.5.3. und 4.5.4. fort-
geführt werden.

Mit

$$\alpha = 1$$

erhält man aus Gl.(4.5-67) mit Hilfe der im Beispiel des Abschnitts 4.5.4. definierten determinierenden Funktion f:

$$f^{-1}(1) = s_{i_\alpha} = s_1$$

d.h. $i_\alpha = 1$

Nach Gl.(4.5-70) ist in der Relationsmatrix $(\hat{a}_{ij})$ der konversen Relation $\hat{\rho}$ die Spalte $j$ des Elementes $\hat{a}_{i_\alpha j} = \hat{a}_{1j}$ mit dem Wert 1 zu bestimmen. Man findet $\hat{a}_{11} = \hat{a}_{15} = 1$, d.h. $j = 1,5$. Für $j = 1$ besitzt die Funktion $f_e$ in Gl.(4.5-9) den Wert

$$f_e(j=1) = x_1$$

Die Bindigkeit $b(x_1) = 1$, sodass in Gl.(4.5-71) $x_{\alpha_1}$ gleich $x_1$ gesetzt werden kann:

$$e_v\vec{s}_{i_\alpha} = e_v\vec{s}_1 = x_1 = x_{\alpha_1}$$

$$\text{mit} \quad \alpha_1 = 1$$

Aus Gl.(4.5-72) erhält man mit Hilfe der Relationsmatrix $(\hat{a}_{ij})$ die folgenden Zweiermengen der Ecken der eindimensionalen Simplexe $s_i$ des topologischen Systems $S$:

$$E(s_1) = \{x_1,x_5\}; \; E(s_2) = \{x_2,x_5\}$$

$$E(s_3) = \{x_3,x_6\}; \; E(s_4) = \{x_4,x_6\}$$

$$E(s_5) = \{x_5,x_6\}$$

Aus Gl.(4.5-75) ergibt sich die Nachecke des Eingangszweiges.

$$C_E\{x_{\alpha_1}\} = \{x_1,x_5\}\backslash\{x_1\} = \{x_5\}; \; x_5 = x_{\alpha_2}$$

$$\text{also} \quad e_n\vec{s}_{i_\alpha} = e_n\vec{s}_1 = x_5 = x_{\alpha_2}$$

$$\alpha_2 = 5$$

Mit Hilfe der konkretisierenden Funktion $f_\omega$ (vgl. das Beispiel des Abschnitts 4.5.3.) erhält man aus Gl.(4.5-77) die Menge $M_\Pi$ der Grenzecken $x_j$ mit $f_\omega(x_j) \in \Pi$:

$$M_\Pi = \{x_2,x_3,x_4\}$$

und mit Gl.(4.5-76) die Nachecken aller Bindungssimplexe $\vec{s}_i \in \vec{S}_B$, ausser die schon bestimmte Nachecke $x_{\alpha_2} = x_5$

des Eingangszweiges $\vec{s}_{i_\alpha} = \vec{s}_1$.

$$E(\vec{s}_2) \cap M_\Pi = \{x_2, x_5\} \cap \{x_2, x_3, x_4\} = \{x_2\}; \quad x_2 = e_n\vec{s}_2$$

$$E(\vec{s}_3) \cap M_\Pi = \{x_3, x_6\} \cap \{x_2, x_3, x_4\} = \{x_3\}; \quad x_3 = e_n\vec{s}_3$$

$$E(\vec{s}_4) \cap M_\Pi = \{x_4, x_6\} \cap \{x_2, x_3, x_4\} = \{x_4\}; \quad x_4 = e_n\vec{s}_4$$

Aus Gl.(4.5-74) ergeben sich die Vorderecken der Bindungs-simplexe $\vec{s}_2, \vec{s}_3$ und $\vec{s}_4$.

$$C_E\{e_n\vec{s}_2\} = E(\vec{s}_2) \setminus \{e_n\vec{s}_2\} = \{x_2, x_5\} \setminus \{x_2\} = \{x_5\}; \quad e_v\vec{s}_2 = x_5$$

$$C_E\{e_n\vec{s}_3\} = \{x_3, x_6\} \setminus \{x_3\} = \{x_6\}; \quad e_v\vec{s}_3 = x_6$$

$$C_E\{e_n\vec{s}_4\} = \{x_4, x_6\} \setminus \{x_4\} = \{x_6\}; \quad e_v\vec{s}_4 = x_6$$

Aus den Gln.(2.3-31) und (2.3-32) erhält man die orientierten Bindungssimplexe, deren Vorder- und Nachecken bisher bestimmt wurden.

$$\vec{s}_1 = \langle x_1, x_5 \rangle$$

$$\vec{s}_2 = \langle x_5, x_2 \rangle \qquad \vec{s}_3 = \langle x_6, x_3 \rangle \qquad \vec{s}_4 = \langle x_6, x_4 \rangle$$

Alle Bindungssimplexe der im Beispiel des Abschnitts 4.5.5. bestimmten Menge $S_B$ sind somit orientiert:

$$\vec{S}_B = \{\vec{s}_1, \vec{s}_2, \vec{s}_3, \vec{s}_4\} = \{\langle x_1, x_5 \rangle, \langle x_5, x_2 \rangle, \langle x_6, x_3 \rangle, \langle x_6, x_4 \rangle\}$$

Das teilweise orientierte topologische System $(\vec{S})$ in Gl. (4.5-83) ist somit

$$(\vec{S}) = \{\vec{s}_1, \vec{s}_2, \vec{s}_3, \vec{s}_4, s_5\}$$

und es bleibt nur noch die Orientierung der Verbindungssim-plexe der Menge

$$S_{VB} = \{s_5\}$$

zu bestimmen.

Aus Gl.(4.5-80) erhält man mit $i = \alpha_2 = 5$ und den Elementen der Relationsmatrix $a_{51} = a_{52} = a_{55} = 1$:

$$S_{\alpha_2} = S_5 = \{f_s(1), f_s(2), f_s(5)\} = \{s_1, s_2, s_5\}$$

Aus Gl.(4.5-78) ergibt sich damit

$$S_{\alpha_2} \cap S_{VB} = \{s_1, s_2, s_5\} \cap \{s_5\} = \{s_5\}$$

und daraus folgt:

$$e_v \vec{s}_5 = x_{\alpha_2} = x_5$$

Aus Gl.(4.5-81) erhält man schliesslich

$$E(\vec{s}_5) \setminus \{e_v \vec{s}_5\} = \{x_5, x_6\} \setminus \{x_5\} = \{x_6\}; \quad x_6 = e_n \vec{s}_5$$

und

$$\vec{s}_5 = \langle x_5, x_6 \rangle$$

Wären noch weitere Simplexe von S vorhanden, so müsste ihre Orientierung durch die Orientierungsregeln OR1 und OR2 bestimmt werden.

Zur Illustration sei ihre Anwendung an $s_5$ gezeigt. Aus Gl. (4.5-85) erhält man für das teilweise orientierte System $(\vec{S}) = \{\vec{s}_1, \vec{s}_2, \vec{s}_3, \vec{s}_4, \vec{s}_5\}$

$$f_e^{-1}(e_n \vec{s}_1) = 5, \quad a_{5j} = 1 \quad \text{für } j = 1,2,5$$

$$\rightarrow S_5 = \{f_s(1), f_s(2), f_s(5)\} = \{s_1, s_2, s_5\}$$

$$f_e^{-1}(e_n \vec{s}_2) = 2, \quad a_{2j} = 1 \quad \text{für } j = 2$$

$$\rightarrow S_2 = \{s_2\}$$

Ausserdem wurden $S_3$ und $S_4$ schon im Beispiel des Abschnitts 4.5.5. bestimmt.

$$S_3 = \{s_3\}; \quad S_4 = \{s_4\}$$

Nach Gl.(4.5-84) muss für jede der Mengen $S_2, S_3, S_4$ und $S_5$ der Durchschnitt mit $S_{VB} = \{S_5\}$ bestimmt werden:

$$S_2 \cap S_{VB} = \{s_2\} \cap \{s_5\} = \phi$$

$$S_3 \cap S_{VB} = \{s_3\} \cap \{s_5\} = \phi$$

$$S_4 \cap S_{VB} = \{s_4\} \cap \{s_5\} = \phi$$

$$S_5 \cap S_{VB} = \{s_1, s_2, s_5\} \cap \{s_5\} = \{s_5\}$$

Nur der Durchschnitt $S_5 \cap S_{VB}$ für $S_5 = S_k$ mit $k = f_e^{-1}(e_n \vec{s}_1)$ ist verschieden von der leeren Menge und enthält das Element $s_5$, sodass nach Gl.(4.5-84) gilt:

$$G(\rho_n) = \{(\vec{s}_1, s_5)\}$$

Aus Gl.(2.2-27) folgt dann $\vec{s}_1 \rho_n s_5$ und mit der 2. Orientierungsregel (4.5-87a) gilt:

$$e_v \vec{s}_5 = e_n \vec{s}_1 = x_5; \quad C_E\{e_v \vec{s}_5\} = \{x_5, x_6\} \setminus \{x_5\} = \{x_6\}; \quad x_6 = e_n \vec{s}_5$$

Zusammenfassend erhält man das orientierte topologische System

$$\vec{S} = \{\langle x_1, x_5 \rangle, \langle x_5, x_2 \rangle, \langle x_6, x_3 \rangle, \langle x_6, x_4 \rangle, \langle x_5, x_6 \rangle\}$$

mit den Teilmengen

$$\vec{S}_B = \{\langle x_1, x_5 \rangle, \langle x_5, x_2 \rangle, \langle x_6, x_3 \rangle, \langle x_6, x_4 \rangle\}$$

$$\vec{S}_{VB} = \{\langle x_5, x_6 \rangle\}$$

und der determinierenden Funktion $\vec{f}: \vec{S}_B \to \{\alpha_i\}_{i \in [1,4]}$ (vgl. f im Beispiel des Abschnitts 4.5.5.).

$$\vec{f}: \langle x_1, x_5 \rangle \rightarrowtail 1 \quad \langle x_5, x_2 \rangle \rightarrowtail 2 \quad \langle x_6, x_3 \rangle \rightarrowtail 3 \quad \langle x_6, x_4 \rangle \rightarrowtail 4$$

Nach Gl.(2.4-9) ergibt sich so mit Hilfe der im Beispiel des Abschnitts 4.5.3. definierten konkretisierenden Funktion

$f_\omega$ die folgende Struktur des orientierten konkreten System-modells:

$$[\vec{S},\vec{I},f_\omega] = \{ (<(x_1,E),(x_5,S)>,1),(<(x_5,S),(x_2,R)>,2),$$

$$(<(x_6,P),(x_3,J)>,3),(<(x_6,P),(x_4,C)>,4),$$

$$<(x_5,S),(x_6,P)>\}$$


### 4.5.7. Bonddiagramm und abstraktes System


Gemäss der Definition 2-5 in Abschnitt 2.2.4. ist ein ab-straktes System als Graph G(R) der Strukturrelation R mit den Elementen $g_R \epsilon G(R)$ bestimmt. Aus Abschnitt 4.5.6. geht hervor, wie das orientierte topologische System S aus dem gegebenen Bonddiagramm abgeleitet werden kann. Ist $\vec{S}$ be-kannt, so lässt sich unter Beachtung der Gln.(2.3-35) und (2.3-36) der Graph G(R) durch die Bestimmung seiner Ele-mente $g_R$ auf einfache Weise definieren. Es gilt

$$g_R \epsilon G(R), \quad g_R = (e_v g_R, e_n g_R) = (e_v \vec{s}, e_n \vec{s}) \qquad (4.5-88)$$

Die Menge G(R) kann also wie folgt definiert werden:

$$G(R) =_{Df} \{ (e_v \vec{s}_i, e_n \vec{s}_i) \mid \vec{s}_i \epsilon \vec{S} \} \qquad (4.5-89)$$

Aus den Gln.(2.3-37) und (2.3-38) erhält man den Vorbereich $b_v R$ und den Nachbereich $b_n R$ der Strukturrelation R (die durch Gl.(4.5-89) definierte Relation R ist eine Strukturrelation im Sinne der Definition 2-4 in Abschnitt 2.2.2., da es in $\vec{S}$ wegen der Struktur des Bonddiagramms keine isolierten Ecken gibt).

$$b_v R = b_v \vec{S} = \{x_j \mid \vec{s}_i \epsilon \vec{S} \wedge x_j = e_v \vec{s}_i\} \qquad (4.5-90)$$

$$b_n R = b_n \vec{S} = \{x_j \mid \vec{s}_i \epsilon \vec{S} \wedge x_j = e_n \vec{s}_i\} \qquad (4.5-91)$$

Aus den Gln.(4.5-90) und (4.5-91) folgt, dass das in Gl. (2.2-9) definierte Feld Fd R der Strukturrelation R iden-tisch ist mit der in Gl.(4.5-20) definierten Menge M, wie aus (2.3-39) hervorgeht. Ausserdem werden damit die Aussagen über G(R) und M in den Gln.(4.5-5) und (4.5-7) bestätigt.

$$\{x_j\}_{j \epsilon N_e} = f_e[N_e] = M = Fd\,R = b_v R \cup b_n R \qquad (4.5-92)$$

Ausgehend von den beiden Gln.(4.5-90) und (4.5-91) können
die in den Gln.(2.2-129) bis (2.2-134) definierten Teilmengen des Feldes der Relation R direkt bestimmt werden:

$$\text{Systemeingänge:} \quad X = b_v R \setminus b_n R \qquad (4.5\text{-}93)$$

$$\text{Systemausgänge:} \quad Y = b_n R \setminus b_v R \qquad (4.5\text{-}94)$$

$$\text{Grenzecken} \quad : \; G_S = b_v R \mathbin{\triangle} b_n R \qquad (4.5\text{-}95)$$

$$\text{Innenecken} \quad : \; I_S = C_M G_S \qquad (4.5\text{-}96)$$

Zur Bestimmung der einzeiligen Strukturzahlen $P_i$ in Gl.
(4.5-2) müssen zum Teil Ketten oder Dendrite (vgl. die Definitionen 3-2 und 3-6 des Abschnitts 3.2.) bestimmt werden.
Für diese Zwecke ist es am günstigsten, wenn das abstrakte
System G(R) und die Strukturrelation R durch die Relationsmatrix $(c_{ij})$ gemäss Abschnitt 2.2.3.3. gegeben sind.

Dazu müssen die indizierenden Funktionen k und $\ell$ in (2.2-33)
wie folgt definiert werden:

$$k : \; I \rightarrow b_v R \qquad (4.5\text{-}97)$$

$$\ell : \; J \rightarrow b_n R \qquad (4.5\text{-}98)$$

mit den Indexmengen

$$I = \{ i \in \mathbb{N}^* \mid 1 \leq i \leq \text{card } b_v R \} = [1, \text{ card } b_v R] \subset \mathbb{N}^* \qquad (4.5\text{-}99)$$

$$J = \{ j \in \mathbb{N}^* \mid 1 \leq i \leq \text{card } b_n R \} = [1, \text{ card } b_n R] \subset \mathbb{N}^* \qquad (4.5\text{-}100)$$

Die Elemente $c_{ij}$ der Relationsmatrix von R sind analog zu
den Gln.(4.5-54) bis (4.5-56) durch die Werte $\kappa_{G(R)}(x_i, x_j)$
der in den Gln.(2.2-28) bis (2.2-31) definierten charakteristischen Funktion des Graphen G(R) der Strukturrelation R
bestimmt.

$$c_{ij} = \kappa_{G(R)}(k(i), \ell(j)) = \kappa_{G(R)}(x_i, x_j) = \begin{cases} 1 \text{ falls } x_i R x_j \\ 0 \text{ falls } x_i \text{ non } R x_j \end{cases}$$
$$(4.5\text{-}101)$$

$$\text{mit} \quad x_i R x_j \quad \leftrightarrow (x_i, x_j) \in G(R) \qquad (4.5\text{-}102)$$

$$\text{und} \quad x_i \text{ non } R x_j \leftrightarrow (x_i, x_j) \notin G(R) \qquad (4.5\text{-}103)$$

Die Relationsmatrix $(\hat{c}_{ij})$ der konversen Relation $\hat{R}$ mit

$$G(\hat{R}) \subset b_n R \times b_v R \qquad (4.5\text{-}104)$$

und gemäss Gl.(2.2-28)

$$\kappa_{G(\hat{R})} : \; b_nR \times b_vR \to \{0,1\} \tag{4.5-105}$$

ergibt sich nach Gl.(2.2-105) durch Transposition der Relationsmatrix $(c_{ij})$, wodurch deren indizierende Funktionen k und $\ell$ für $(c_{ij})^T$ ausgetauscht sind.

$$\kappa_{G(\hat{R})} = \kappa_{G(R)} (\ell(i),k(j)) \tag{4.5-106}$$

$$\text{wobei} \quad (i,j) \in J \times I =_{Df} K' \tag{4.5-107}$$

$$(\hat{c}_{ij}) = (c_{ij})^T \tag{4.5-108}$$

### Beispiel

Am Ende des Beispiels von Abschnitt 4.5.6. wurde das orientierte topologische System $\vec{S}$ erhalten, welches durch das Bonddiagramm in Fig.4.5-1 bestimmt ist. Aus $\vec{S}$ kann durch Gl.(4.5-89) der Graph G(R) der Strukturrelation R direkt abgeleitet werden.

$$G(R) = \{ (x_1,x_5), (x_5,x_2), (x_6,x_3), (x_6,x_4), (x_5,x_6) \}$$

Aus den Gln.(4.5-90) und (4.5-91) ergeben sich der Vorbereich $b_vR$ und der Nachbereich $b_nR$ der Strukturrelation R.

$$b_vR = \{x_1,x_5,x_6\}$$
$$b_nR = \{x_2,x_3,x_4,x_5,x_6\}$$

Gl.(4.5-92) liefert das Feld der Strukturrelation R.

$$M = Fd\,R = b_vR \cup b_nR = \{x_1,x_2,x_3,x_4,x_5,x_6\} = \{x_i\}_{i \in N_e}$$

$$\text{mit} \quad N_e = [1, card\,M] = [1,6] \subset \mathbf{N}^*$$

Ein Vergleich mit dem Wertebereich $W(f_e)$ der indizierenden Funktion $f_e$ in (4.5-52) im Beispiel des Abschnitts 4.5.5. zeigt, dass $W(f_e)$ und $Fd\,R$ übereinstimmen.

Die Menge X der Eingänge des abstrakten Systems erhält man
aus Gl.(4.5-93) und die Menge Y der Ausgänge aus Gl.(4.5-94).

$$X = \{x_1,x_5,x_6\} \setminus \{x_2,x_3,x_4,x_5,x_6\} = \{x_1\}$$

$$Y = \{x_2,x_3,x_4,x_5,x_6\} \setminus \{x_1,x_5,x_6\} = \{x_2,x_3,x_4\}$$

Aus den Gln.(4.5-95) und (4.5-96) ergeben sich die Mengen $G_S$
der Grenzecken und $I_S$ der Innenecken des abstrakten Systems
unter Beachtung der Definitionsgl.(2.2-133) der symmetrischen Differenz $\Delta$.

$$G_S = \{x_1\} \cup \{x_2,x_3,x_4\} = \{x_1,x_2,x_3,x_4\}$$

$$I_S = C_M G_S = \{x_5,x_6\}$$

Aus den Gln.(4.5-99) und (4.5-100) erhält man die Indexmengen I und J.

$$I = [1, \operatorname{card} b_v R] = [1,3]$$

$$J = [1, \operatorname{card} b_n R] = [1,5]$$

I und J sind die Definitionsbereiche der in (4.5-97) und
(4.5-98) definierten indizierenden Funktionen k und $\ell$ der
Relationsmatrix $(c_{ij})$.

$$k: \quad 1 \rightarrowtail x_1 \qquad 2 \rightarrowtail x_5 \qquad 3 \rightarrowtail x_6$$

$$\ell: \quad 1 \rightarrowtail x_2 \qquad 2 \rightarrowtail x_3 \qquad 3 \rightarrowtail x_4 \qquad 4 \rightarrowtail x_5 \qquad 5 \rightarrowtail x_6$$

Aus den Gln.(4.5-101) bis (4.5-103) erhält man die Relationsmatrix $(c_{ij})$ der Strukturrelation R.

$$
i\in I \downarrow \quad
\begin{array}{c|ccccc}
 & \multicolumn{5}{c}{j\in J \longrightarrow} \\
 & 1 & 2 & 3 & 4 & 5 \\
\hline
1 & 0 & 0 & 0 & 1 & 0 \\
2 & 1 & 0 & 0 & 0 & 1 \\
3 & 0 & 1 & 1 & 0 & 0
\end{array}
\;= (c_{ij})
$$

Gemäss Gl.(4.5-108) ergibt sich schliesslich durch Transposition von $(c_{ij})$ die Relationsmatrix $(\hat{c}_{ij})$ der konversen Relation $\hat{R}$.

$$
\begin{array}{c}
\phantom{i\in J}\quad \xrightarrow{\;j\in I\;} \\[4pt]
i\in J\;\Big\downarrow\quad
\begin{array}{c|ccc}
 & 1 & 2 & 3 \\
1 & 0 & 1 & 0 \\
2 & 0 & 0 & 1 \\
3 & 0 & 0 & 1 \\
4 & 1 & 0 & 0 \\
5 & 0 & 1 & 0
\end{array}
\;=\;(\hat{c}_{ij})
\end{array}
$$

### 4.5.8. Entsprechungen zwischen der klassischen Netzwerk-topologie und den Bonddiagrammen

In der Definition 2-20 in Abschnitt 2.4. ist das Bonddiagramm des abstrakten Systems $G(R)$ als zeichnerische Darstellung der Struktur des konkreten Systemmodells $[S,f,f_\omega]$ definiert. Nach Gl.(4.5-28) und den Ausführungen in Abschnitt 4.5.4. umfasst der Definitionsbereich $D(f)$ der definierenden Funktion nicht alle eindimensionalen Simplexe von $S$, wie dies für klassische Netze der Fall ist, sondern nur die Bindungssimplexe der Teilmenge $S_B \subseteq S$, da es die Bindungssimplexe sind, die den Zweigen des klassischen Netzes entsprechen. Definiert man

$$\text{klassisches topologisches System} =_{Df} S' \qquad (4.5\text{-}109)$$

$$\text{Zweig von } S' =_{Df} s_i' \qquad (4.5\text{-}110)$$

$$\text{determinierende Funktion von } S' =_{Df} f' \qquad (4.5\text{-}111)$$

$$\text{determiniertes System } S' =_{Df} \Gamma' = [S',f'] = [\Gamma'(R'),f'] \qquad (4.5\text{-}112)$$

$$\text{Strukturrelation von } S' =_{Df} R' \qquad (4.5\text{-}113)$$

so können die obigen Ueberlegungen in den folgenden Entsprechungen zusammengefasst werden:

$$S' \leftrightarrow S_B \qquad (4.5\text{-}114)$$

$$S' \ni s_i' \leftrightarrow s_i \in S_B \qquad (4.5\text{-}115)$$

$$S' = D(f') \leftrightarrow D(f) = S_B \qquad\qquad (4.5\text{-}116)$$

$$[S',f'] = \Gamma' \leftrightarrow \Gamma_B =_{Df} [S,f] \qquad\qquad (4.5\text{-}117)$$

Unter Beachtung der Gl.(4.5-1) geht aus diesen Entsprechungen hervor, dass für die Bestimmung der einzeiligen Strukturzahlen $P_i$ in Gl.(4.5-2) die durch die Verbindungssimplexe und die Innenecken des topologischen Systems S zusammengefügten Bindungssimplexe als geometrisches Bild $\underline{B}(A)$ der zu bestimmenden Strukturzahl A definiert werden müssen:

$$\underline{B}(A) = \Gamma_B = [S,f] \qquad\qquad (4.5\text{-}118)$$

$$\text{mit} \quad D(f) = S_B \subseteq S \qquad\qquad (4.5\text{-}119)$$

(Bemerkung: Gemäss der Definitionsgl.(3.3-10) des Produktes zweier Strukturzahlen und der Gl.(3.3-13) können die einzeiligen Strukturzahlen $P_i$ nicht als Produkt zweier anderer Strukturzahlen geschrieben werden, ausser als Produkt von $P_i$ selbst mit dem in Gl.(3.3-12) definierten Einselement in $M_A$. Andererseits ist nach den Sätzen 3-1 und 3-2 in Abschnitt 3.5.3. jede Strukturzahl A als Produkt solcher Faktoren $P_i$ definiert. Die einzeiligen Strukturzahlen $P_i$ werden daher als <u>Primzahlen</u> bezeichnet.

$$\text{einzeilige Strukturzahl } P_i =_{Df} \text{Primzahl} \qquad\qquad (4.5\text{-}120)$$

Nach [18]S505 heisst jede Strukturzahl, die keine Primzahl ist, komposite Strukturzahl.)

Nach Satz 3-2 in Abschnitt 3.5.3. muss für die Berechnung der Primzahlen $P_i$ ein Fasernsystem $\underline{F}'_k$ bzgl. eines Baumes $[D'_k,f'_k]$ von $\Gamma'$ bestimmt werden. Wegen (4.5-114) entspricht jedem Baum $[D'_k,f'_k] = D'_{dk}$ (vgl.Gl.(3.5-18)) in S' eine Teilmenge $D_{Bdk}$ von determinierten Bindungssimplexen aus $\Gamma_B$.

$$[D'_k,f'_k] = D'_{dk} \leftrightarrow D_{Bdk} =_{Df} [D_{Bk},f_k] \qquad\qquad (4.5\text{-}121)$$

$$\text{mit} \quad D_{Bdk} \subset \Gamma_B; \quad D_{Bk} \subset S_B \qquad\qquad (4.5\text{-}122)$$

$$\text{und} \quad f_k =_{Df} f|D_{Bk} \qquad\qquad (4.5\text{-}123)$$

Ebenso wie jedem Baum $D'_{dk} \subset \Gamma'$, entspricht wegen (4.5-114) und (4.5-119) auch jeder Faser $F'_{di} \in \underline{F}'_{dk}$ über einem Zweig

$s'_{ki}$ des Baumes $D'_{dk}$ eine Teilmenge $F_{Bdi} = [F_{Bi}, f_i]$ von Bindungssimplexen in $\Gamma_B$.

$$[F'_i, f'_i] = F'_{di} \leftrightarrow F_{Bdi} =_{Df} [F_{Bi}, f_i] \qquad (4.5\text{-}124)$$

$$\text{mit} \quad F_{Bdi} \subset \Gamma_B; \quad F_{Bi} \subset S_B \qquad (4.5\text{-}125)$$

$$\text{und} \quad f_i =_{Df} f | F_{Bi} \qquad (4.5\text{-}126)$$

## 4.5.9. Fundamentalbeziehung der Intravariablen

Gemäss den Definitionen 3-13 und 3-14 in Abschnitt 3.5.1. besteht ein Fasernsystem $\underline{F}'_{dk}$ aus $\xi$ Fasern $F'_{di}$, welche die Restklassen $[s'_{ki}]_{\rho M'_i}$ aller determinierten eindimensionalen Simplexe $s'^j \in \Gamma'$ sind, die genau einen Knoten aus $M'_i \subset M' = Fd\ R'$ besitzen. Die Definition der Knotenmenge $M'_i$ in $M'$ führt zu einer Partition $\underline{Z}'_i (M')$ von $M'$ (vgl. die Definitionsäquivalenz (2.2-17)) mit zwei disjunkten Komponenten $M'_i$ und $C_{M'} M'_i$

$$\underline{Z}'_i (M') = \{ M'_i , C_{M'} M'_i \} \qquad (4.5\text{-}127)$$

Da alle Elemente $s'^j \in [s'_{ki}]_{\rho M'_i}$ nach Definition genau eine Ecke in $M'_i$ haben, muss die zweite Ecke eines jeden der Simplexe $s'^j$ aus $C_{M'} M'_i$ sein d.h. durch die Entfernung aller Simplexe $s'^j \in [s'_{k,i}]_{\rho M'_i}$ zerfällt das determinierte toplogische System $\Gamma'$ in zwei vollständig getrennte Subsysteme. In der klassischen Netzwerktopologie werden den Zweigen eines solchen "Trennbündels" ideale physikalische Elemente zugeordnet, wobei gemäss den Definitionen 3.8.1. bis 3.8.3. in [4] die algebraische Summe aller hier als Intravariablen $i_j(t)$ bezeichneten Signale, die z.B. in das durch $M'_i$ definierte Subsystem eintreten oder von ihm austreten, gleich Null ist.

$$\text{Fundamentalbeziehung:} \quad \sum_j i_j(t) = 0 \quad \text{für } s'^j \in [s'_{k,i}]_{\rho M'_i} \qquad (4.5\text{-}128)$$

Wendet man diese Bedingung unter Beachtung der Gln.(4.2-2), (4.2-5),(4.2-8) und (4.2-10) auf die verschiedenen Disziplinen an, so erhält man in der Elektrotechnik den ersten Kirchhoffschen Satz [13]S14, in der Mechanik das

d'Alembert'sche Prinzip für dynamisches Gleichgewicht
[37]S3 und in der  Hydrodynamik die Kontinuitätsgleichung
[34]S29.


### 4.5.10. Die durch die Fundamentalbeziehung bestimmten Ketten in $\Gamma_B$


Die Regeln für die Bestimmung der in den Gln.(4.5-124) bis
(4.5-126) definierten Teilmengen $F_{Bdi} \subset \Gamma_B$ bzgl. der Elemente
einer Teilmenge $D_{Bdk} \subset \Gamma_B$ (Gln.(4.5-121) bis (4.5-123)) erhält man durch Anwendung der Fundamentalbeziehung (4.5-128)
auf das in den Gln.(4.5-117) bis (4.5-119) definierte determinierte topologische System $\Gamma_B = [S,f]$ der Struktur $[S,f,f_\omega]$
des konkreten Systemmodells, deren zeichnerische Darstellung
das Bonddiagramm ist.

Wie aus Gl.(2.4-2) hervorgeht werden durch die konkretisierende Funktion $f_p$ die determinierten eindimensionalen Simplexe $s^j \epsilon \Gamma_B$ den Leistungsvariablen $p_j$, und damit auch den
Intravariablen $i_j$ zugeordnet, und nicht den Bonddiagrammelementen $\omega \epsilon \Omega$. Unter der Berücksichtigung von (4.5-125)
folgt daraus, dass in $\Gamma_B$ alle diejenigen determinierten Bindungssimplexe bestimmt werden müssen, die den einzelnen Termen in der Beziehung (4.5-128) zugeordnet sind.

Die Grundlage dazu bilden die konstitutiven Beziehungen von
Verknüpfungen in Abschnitt 4.1.6. Die diesbezüglich wichtigsten Beziehungen sind durch die Gln.(4.1-21),(4.1-22) und (4.1-29)
gegeben.  Sie besagen, dass die Intravariablen aller Bindungen einer S-Verknüpfung sich algebraisch zu Null summie-
ren.

Daraus folgt für die Bestimmung einer Teilmenge $F_{Bdi}$ von determinierten Bindungssimplexen $s^j \epsilon \Gamma_B$, dass man ausgehend von
der Innenecke $x_{i,0}$ eines gewählten Bindungssimplexes eine
Kette $K_{Si}$ von Verbindungssimplexen (vgl. Definition 3-2 in
Abschnitt 3.2.) bestimmen muss, wobei die Endecke $x_{i,m_i}$ der
Kette $K_{Si}$ wiederum die Innenecke eines Bindungssimplexes
sein sollte.

$$K_{Si}(F_{Bdi}) =_{Df} \{ {}^{i}s_j \mid {}^{i}s_j \epsilon S_{VB} \wedge j \epsilon [1,m_i] \wedge x_{i,0}, x_{i,m_i} \epsilon E[S_B] \cap I_S \}$$
$$(4.5-129)$$

$$\text{mit} \quad E[S_B] =_{Df} \bigcup_{s_j \epsilon S_B} E(s_j) \qquad (4.5-130)$$

$$\text{und} \quad S_{VB} = S \backslash S_B \qquad (4.5-131)$$


$E(s_j)$ ist die in Gl.(2.3-33) definierte Zweiermenge der
Ecken von $s_j$, $S_{VB}$ die mit Hilfe der Gln.(4.5-18) und (4.5-21)

definierte Menge der Verbindungssimplexe des topologischen
Systems S und $S_B$ die in den Gln.(4.5-60) bis (4.5-62) definierte Menge der Bindungssimplexe in S.

## 4.5.11. Kettenbildungsregeln; Reduktionsfaktoren

Die Glieder einer Kette $K_{Si}$ können schrittweise bestimmt
werden. Trifft man bei der Kettenbildung auf einen Knoten
$x_{i,j}$ mit $f_\omega(x_{i,j}) = S$ ($f_\omega$ siehe (4.5-10)), so wird zunächst
geprüft ob $x_{i,j} \epsilon E[S_B] \cap I_S$ (vgl. Gl.(4.5-129)); wenn ja, so
ist die Kettenbildung abgeschlossen. $f_\omega(x_{i,j}) = S$ bedeutet,
dass $x_{i,j}$ ein Element der in Gl.(4.5-25) definierten Menge
$M_S$ ist.

$$x_{i,j} \epsilon M_S \cap E[S_B] \cap I_S \rightarrow x_{i,j} = x_{i,m_i} \qquad (4.5\text{-}132)$$

Ein Sonderfall liegt dann vor, wenn $x_{i,j} = x_{i,m_i} = x_{i,0}$;
$K_{Si}$ aus Gl.(4.5-129) ist dann die leere Menge.

$$x_{i,m_i} = x_{i,0} \rightarrow K_{Si} = \phi \qquad (4.5\text{-}133)$$

Für diesen Fall folgt aus Gl.(4.5-132), dass die S-Verknüpfung zwei Bindungen hat, deren Intravariablen nach den obigen Ueberlegungen gleich sind. Die Kettenbildung ist abgeschlossen, da der S-Verknüpfung mit zwei Bindungen im klassischen topologischen System S' (Definitionsgl.(4.5-109))
ein einziger Knoten mit zwei Zweigen entspricht (vgl. Fig.
1.2-5), deren Entfernung den betreffenden Knoten ganz von
S' abtrennt und das System im Sinne der Gl.(4.5-127) in
zwei getrennte Teile zerlegt.

Es kann jedoch auch sein, dass der bei der Kettenbildung
angetroffene Knoten $x_{i,j}$ mit $f_\omega(x_{i,j}) = S$ nicht Ecke eines
Bindungssimplexes ist, also $x_{i,j} \notin E[S_B] \cap I_S$, sondern nur zu
Verbindungssimplexen gehört. In diesem Fall wird die Kettenbildung mit nur einem, beliebig gewählten dieser Verbindungssimplexe fortgesetzt, da die Intravariablen aller Bindungen einer S-Verknüpfung gleich sind.

$$x_{i,j} \epsilon M_S \setminus (E[S_B] \cap I_S) \rightarrow {}^i s_{j+1} \epsilon S_{i,j} \cap S_{VB} \qquad (4.5\text{-}134)$$

Die Menge $S_{i,j}$ aller eindimensionalen Simplexe, von denen
$x_{i,j}$ eine Ecke ist, ist in den Gln.(4.5-48) und (4.5-57) definiert.

Bei der Kettenbildung kann man auch auf einen Knoten $x_{i,j}$ mit $f_\omega(x_{i,j}) = P$ treffen, der ein Element der in Gl.(4.5-26) definierten Menge $M_p$ ist. Wegen der konstitutiven Beziehung (4.1-29) der P-Verknüpfung und der Fundamentalbeziehung (4.5-128) müssen in diesem Fall die Verbindungssimplexe, von denen $x_{i,j}$ eine Ecke ist, alle ohne Ausnahme in die weitere Kettenbildung einbezogen werden. Das bedeutet aber, dass bei mehr als einem weiteren Verbindungssimplex der Knoten $x_{i,j}$ Anfangspunkt einer oder mehrerer Seitenketten ist, die auf die gleiche Weise, wie bisher beschrieben, gebildet werden müssen.

$$(x_{i,j} \in M_p) \wedge S_{i,j} \cap S_{VB} \neq \phi \rightarrow \{^i s_{\nu,1}\}_{\nu \in I_{i,j}} = S_{i,j} \cap S_{VB} \qquad (4.5\text{-}135)$$

$$\text{mit } I_{i,j} =_{Df} \{n \in \mathbb{N}^* \mid 1 \leq n \leq card(S_{i,j} \cap S_{VB})\} \qquad (4.5\text{-}136)$$

Ist $x_{i,j}$ hingegen nicht Ecke eines oder mehrerer Verbindungssimplexe, sondern nur von Bindungssimplexen, so ist die Bildung der Kette $K_{si}$ abgeschlossen, sofern keine restlichen Seitenketten mehr zu bestimmen sind.

$$S_{i,j} \cap S_{VB} = \phi \rightarrow x_{i,j} = x_{i,m_i} \qquad (4.5\text{-}137)$$

Die letzte Art von Innenecken schliesslich, die bei der Kettenbildung angetroffen werden können, sind die Knoten $x_{i,j}$ mit $f_\omega(x_{i,j}) \in U$ d.h. Knoten $x_{i,j}$, die Elemente der in Gl.(4.5-24) definierten Menge $M_U$ sind (die Menge U der Uebertrager ist in Gl.(1.2-4) definiert). Reduziert man die Ausgangsgrössen eines Uebertragerelementes auf dessen Primärseite, wie dies z.B. für Lastimpedanzen in Abschnitt 4.3.2. durchgeführt worden ist, so kann beim idealen Uebertragerelement die reduzierte Intravariable $i_2^*$ der primärseitigen Intravariablen $i_1$ gleichgesetzt und somit der Knoten $x_{i,j} \in M_U$ bei der Kettenbildung im Prinzip gleich wie ein Element der Menge $M_S$ behandelt werden.

$$x_{i,j} \in M_U \rightarrow {}^i s_{j+1} \in S_{i,j} \cap S_{VB} = S_{i,j} \qquad (4.5\text{-}138)$$

Der Durchschnitt $S_{i,j} \cap S_{VB}$ ist die Menge $S_{i,j}$ selber, da ein Uebertragerelement wegen der Definitionen in den Gln.(4.5-13) bis (4.5-18) nur Verbindungen und keine Bindungen besitzt.

Die auf die Primärseite reduzierten Variablen $i_2^*$ und $e_2^*$ erhält man direkt aus den konstitutiven Beziehungen in Abschnitt 4.1.5.

Transformatorelement T:

$$i_2^* = \frac{1}{m} i_2 = i_1 \qquad (4.5\text{-}139)$$

$$e_2^* = m e_2 = e_1 \qquad (4.5\text{-}140)$$

Gyratorelement G:

$$i_2^* = \frac{1}{r} e_2 = i_1 \qquad (4.5\text{-}141)$$

$$e_2^* = r i_2 = e_1 \qquad (4.5\text{-}142)$$

Für die in Abschnitt 4.3.2. erwähnten Beispiele von Transformatorelementen erhält man:

Elektrischer Transformator:

$$i_2^* = \frac{w_2}{w_1} i_2 \qquad (4.5\text{-}143)$$

$$e_2^* = \frac{w_1}{w_2} e_2 \qquad (4.5\text{-}144)$$

Zweiseitiger Hebel:

$$i_2^* = \frac{\ell_2}{\ell_1} i_2 \qquad (4.5\text{-}145)$$

$$e_2^* = \frac{\ell_1}{\ell_2} e_2 \qquad (4.5\text{-}146)$$

Riemen- oder Zahnradtrieb:

$$i_2^* = \frac{d_1}{d_2} i_2 \qquad (4.5\text{-}147)$$

$$e_2^* = \frac{d_2}{d_1} e_2 \qquad (4.5\text{-}148)$$

Hydraulischer Transformator:

$$i_2^* = \frac{A_1}{A_2} i_2 \qquad (4.5\text{-}149)$$

$$e_2^* = \frac{A_2}{A_1} e_2 \qquad (4.5\text{-}150)$$

Klassentransformator:

$$i_2^* = k_2\, i_2 = i_1 \qquad\qquad (4.5\text{-}151)$$

$$e_2^* = k_1\, e_2 = e_1 \qquad\qquad (4.5\text{-}152)$$

### 4.5.12. Hauptverbindungen, Hauptknoten und Kettenbildungs-regeln KRi

Wie schon erwähnt muss man zur Bestimmung der Primzahlen $P_i$ in Gl.(4.5-2) im klassischen topologischen System S' von den Fasern $F'_{di} = [s'_{k,i}]_{\rho M'_i}$ über den Zweigen $s'_{k,i}$ eines Baumes $D'_{dk}$ des determinierten topologischen Systems $\Gamma'$ ausgehen. Dem entspricht nach den Gln.(4.5-121) bis (4.5-126), dass man in $\Gamma_B$ (definiert in den Gln.(4.5-117) bis (4.5-119)) die Teilmengen $D_{Bdk} = [D_{Bk}, f_k]$ und bezüglich deren eindimensionalen Simplexen die Teilmengen $F_{Bdi} = [F_{Bi}, f_i]$ bestimmt.

Dazu müssen die Elemente $s_{k,i}$ für $D_{Bdk}$ in $\Gamma_B$ so gewählt werden, dass sie den Zweigen $s'_{k,i}$ eines Baumes in $\Gamma'$ entsprechen.

Als erste Bedingung dafür gilt nach (4.5-122), dass $s_{k,i}$ als determinierter Bindungssimplex aus $[S_B, f]$ gewählt wird. Eine zweite Bedingung für die Wahl von $s_{k,i}$ lässt sich aus den folgenden Ueberlegungen ableiten: Die Fasern $F'_{di} = [s'_{k,i}]_{\rho M'_i}$ sind insofern unabhängig voneinander, als der Zweig $s'_{k,i}$ des Baumes $D'_{dk}$ in keiner anderen Faser des Fasernsystems $F'_{dk}$ (Gl. (3.5-11)) enthalten ist, ausser in $F'_{di}$. Die gleiche Unabhängigkeit kann man für die Teilmengen $F_{Bdi}$ in $\Gamma_B$ gewährleisten, wenn $s_{k,(i+1)}$ in $[S_B, f]$ so gewählt wird, dass $s_{k,(i+1)}$ in keiner der schon bestimmten Teilmengen $F_{Bdi}$ vorkommt. Ist

$$\xi_i =_{Df} \text{Anzahl der bisher bestimmten Teilmengen } F_{Bdi}$$
$$(4.5\text{-}153)$$

so kann $s_{k,(i+1)}$ wie folgt gewählt werden:

$$s_{k,(i+1)} \in [S_B, f] \setminus \bigcup_{i \in [1, \xi_i]} F_{Bdi} \qquad\qquad (4.5\text{-}154)$$

Die Innenecke des so gewählten Bindungssimplexes dient nach Abschnitt 4.5.10. als Anfangsecke für die Bildung der in Gl. (4.5-129) definierten Kette $K_{S(i+1)}$. Für diese Kette wird $s_{k,(i+1)}$ deshalb als Startbindung und ihre Grenzecke als Startecke bezeichnet.

$$\text{Startbindung} =_{Df} s_S =_{Df} s_{k,(i+1)} =_{Df} (^{i+1}s_0, {}^{i+1}\alpha_0) \qquad (4.5\text{-}155)$$

$$\text{Startecke} =_{Df} x_S =_{Df} x_\nu \epsilon E(s_S) \cap G_S \qquad (4.5\text{-}156)$$

Die Anfangsecke $x_{(i+1),0}$ der Kette $K_{S(i+1)}(F_{Bd(i+1)})$ ist dann gegeben durch

$$x_{(i+1),0} = x_\nu \epsilon E(s_S) \cap I_S \qquad (4.5\text{-}157)$$

Ausgehend von der Anfangsecke kann man nun unter Beachtung der Kettenbildungsregeln in Abschnitt 4.5.11. die Kette $K_{S(i+1)}$ mit ihren eventuellen Nebenketten $^{i+1}K_{S\nu}$ bestimmen. Für die Anwendung der Regeln (4.5-132) bis (4.5-138) ist die wie folgt definierte Teilmenge des Feldes Fd R = M nützlich:

Menge der Innenecken aller Bindungssimplexe ohne Startbindung $=_{Df}$

$$I_{SB} =_{Df} E[S_B \setminus \{^i s_0\}] \cap I_S \qquad (4.5\text{-}158)$$

Die Kettenbildung geschieht, indem für eine schon bekannte Ecke der Kette (z.B. die Anfangsecke $x_{i,0}$ oder eine beliebige Ecke $x_{i,j}$ in Gl.(4.5-129)) die in Gl.(4.5-57) definierte Menge $S_{i,j}$ aller eindimensionalen Simplexe in S, von denen $x_{i,j}$ eine Ecke ist (Relation $\rho$ in Gl.(4.5-39)), bestimmt werden. Für eine fortschreitende Kettenbildung kommen nach Gl. (4.5-129) in $S_{i,j}$ nur diejenigen Simplexe in Frage, die Verbindungssimplexe sind und bei der bisherigen Bildung der Kette $K_{Si}$ noch nicht verwendet worden sind. Definiert man daher die bis und mit Schritt j bestimmte Teilmenge der Kettenglieder von $K_{Si}$ als

$$S_{hi,j} =_{Df} \text{Menge der Hauptverbindungen} \qquad (4.5\text{-}159)$$

$$S_{hi,j} =_{Df} S_{hi,(j-1)} \cup \{^i s_j\}; \quad S_{hi,j} \subseteq K_{Si}; \quad S_{hi,j} = K_{Si} \leftrightarrow x_{i,j} = x_{i,m_i}$$
$$(4.5\text{-}160)$$
$$S_{hi,0} =_{Df} \phi \qquad (4.5\text{-}161)$$

so muss jeder neu zu bestimmende eindimensionale Simplex $^i s_{j+1}$ aus der Menge

$$S_{Ni,j} =_{Df} (S_{i,j} \cap S_{VB}) \setminus S_{hi,j} \qquad (4.5\text{-}162)$$

gewählt werden. Diese Wahl geschieht mit Hilfe der Regeln
in Abschnitt 4.5.11., die unter Berücksichtigung der Gln.
(4.5-158) bis (4.5-162) wie folgt präzisiert werden müssen
(im folgenden mit KR1 bis KR6 bezeichnet):

$$KR1: \quad x_{i,j} \in M_S \cap I_{SB} \to x_{i,j} = x_{i,m_i} \qquad (4.5\text{-}163)$$

$$KR2: \quad x_{i,m_i} = x_{i,0} \leftrightarrow S_{hi} = \phi \qquad (4.5\text{-}164)$$

$$\text{wobei } S_{hi} =_{Df} K_{Si} \cup (\underset{\nu}{\cup}\,{}^i K_{S\nu}) \qquad (4.5\text{-}165)$$

$$\text{mit } {}^i K_{S\nu} =_{Df} \nu\text{-te Nebenkette von } K_{Si} \qquad (4.5\text{-}166)$$

$$KR3: \quad x_{i,j} \in M_S \setminus I_{SB} \to {}^i s_{j+1} \in S_{Ni,j} \qquad (4.5\text{-}167)$$

$$KR4: \quad x_{i,j} \in M_P \wedge \text{card } S_{Ni,j} = n \neq 0 \to$$

$$\begin{cases} \{{}^i s_{j+1}\} = S_{Ni,j} & \text{falls } n=1 \\[2mm] (\nu \in [\mu+1,\mu+n] \wedge x_{i,j} = x_{i,m_i} = {}^i x_{\nu,0} \wedge \{{}^i s_{\nu,(j=1)}\} = S_{Ni,j}) \\ \hspace{5cm} \text{falls } n>1 \end{cases} \qquad (4.5\text{-}168)$$

$$\mu = \mu+n; \text{ Startwert } \mu = 0 \qquad (4.5\text{-}169)$$

$$KR5: \quad S_{Ni,j} = \phi \to x_{i,j} = x_{i,m_i} \qquad (4.5\text{-}170)$$

$$KR6: \quad x_{i,j} \in M_\mu \to {}^i s_{j+1} \in S_{Ni,j} \qquad (4.5\text{-}171)$$

Durch Verallgemeinerung der Gl.(4.5-130) erhält man die
Menge der Ecken einer beliebigen Teilmenge $S_\nu \subseteq S$ von eindimensionalen Simplexen des topologischen Systems S.

$$E[S_\nu] =_{Df} \underset{s_j \in S_\nu}{\cup} E(s_j) \qquad (4.5\text{-}172)$$

Damit kann man die folgenden Definitionen einführen:

$$\text{Menge der Hauptknoten} =_{Df} M_{hi,j} =_{Df} E[S_{hi,j}] \cup \{x_{i,0}\} \qquad (4.5\text{-}173)$$

$$M_{hi} =_{Df} E[S_{hi}] \cup \{x_{i,0}\} \qquad (4.5\text{-}174)$$

Nach der Bestimmung von ${}^i s_{j+1}$ mit der Ecke $x_{i,j}$ gemäss den
obigen Regeln kann die zweite Ecke $x_{i,(j+1)}$ von ${}^i s_{j+1}$ unter

Beachtung der Gl.(4.5-72) bestimmt werden durch

$$x_{i,(j+1)} \in E(^i s_{j+1}) \setminus \{x_{i,j}\} \tag{4.5-175}$$

womit mit Hilfe der Regeln (4.5-163) bis (4.5-174) als nächstes $^i s_{j+2}$ gefunden werden kann, usw.


### 4.5.13. Bestimmung der Primzahlen $P_i$

Aus den Gleichungen und Regeln in Abschnitt 4.5.12. erhält man die in Gl.(4.5-165) definierte Menge $S_{hi}$ aller Hauptverbindungen und die in Gl.(4.5-174) definierte Menge $M_{hi}$ aller Hauptknoten bzgl. eines durch die Gln.(4.5-154) und (4.5-155) bestimmten Elementes $s_S = s_{k,(i+1)}$.

Die gesuchte, in den Gln.(4.5-124) bis (4.5-126) definierte Teilmenge $F_{Bdi}$ ergibt sich nach Gl.(4.5-126) mit Hilfe der auf $F_{Bi}$ eingeschränkten determinierenden Funktion f, nachdem $F_{Bi}$ als Menge der Bindungssimplexe, von denen die Hauptknoten Ecken sind, bestimmt worden ist.

Für die Bestimmung von $F_{Bi}$ muss man, wie schon erwähnt, von der Kette $K_{Si}$ und ihrer eventuellen Nebenketten $^i K_{Sv}$ d.h. der in Gl.(4.5-165) definierten Menge $S_{hi}$ der Hauptverbindungen ausgehen. Die zugehörige, in Gl.(4.5-174) definierte Menge $M_{hi}$ der Hauptknoten umfasst diejenigen Ecken des Systems, durch die die Bindungssimplexe von $F_{Bi}$ bestimmt sind. Dabei ist zu beachten, dass, wie schon aus den Ueberlegungen in Abschnitt 4.5.11. hervorgeht, je nach Art des Knotens die Bindungssimplexe unterschiedlich bestimmt sind.

In diesem Zusammenhang muss als erstes hervorgehoben werden, dass wegen der Gln.(4.5-129) und (4.5-158) alle Hauptknoten Innenecken des Systems sind d.h.

$$M_{hi} \subset I_S \tag{4.5-176}$$

Aus Gl.(4.5-27) im Beispiel des Abschnitts 4.5.3. folgt deshalb, dass allen Hauptknoten S- oder P-Verknüpfungen oder Uebertragerelemente zugeordnet sind. Als strukturbestimmende Elemente spielen hiervon nur die S- und P-Verknüpfungen mit den Knoten $x_\xi$, denen sie durch $f_\omega$ in Gl.(4.5-10) zugeordnet sind, eine Rolle bei der Bestimmung der Bindungssimplexe von

$F_{Bi}$. Unter Beachtung der Gln.(4.5-25) und (4.5-26) werden daher die beiden folgenden Teilmengen definiert:

$$M_{Phi} =_{Df} M_{hi} \cap M_P \qquad\qquad (4.5\text{-}177)$$

$$M_{Shi} =_{Df} M_{hi} \cap M_S \qquad\qquad (4.5\text{-}178)$$

Ein erstes Element für $F_{Bi}$ erhält man am einfachsten durch die Bestimmung des nicht determinierten Bindungssimplexes $^i s_0 = s_\ell$ der Startbindung $s_S = s_{k,i}$ (Gl.(4.5-155)).

$$^i s_0 = \iota s_\ell((s_\ell, \ell) = s_{k,i} = s_S) \qquad\qquad (4.5\text{-}179)$$

Die übrigen Elemente von $F_{Bi}$ sind durch die Knoten der Mengen $M_{Phi}$ und $M_{Shi}$ bestimmt. Am besten geht man für einen beliebigen Hauptknoten

$$x_\xi \epsilon M_{hi}$$

zunächst von der Menge $S(x_\xi) = S_\xi$ aller eindimensionalen Simplexe $s_j = f_S(j)$ aus, von denen $x_\xi$ eine Ecke ist. $S_\xi$ kann entsprechend der Gl.(4.5-57) definiert werden.

$$S_\xi =_{Df} S(x_\xi) =_{Df} \{f_S(j) \mid x_\xi \epsilon M_{hi} \wedge j \epsilon J_\rho \wedge a_{\xi j} = 1\} \qquad (4.5\text{-}180)$$

Für $F_{Bi}$ kommen nur Elemente aus $S_\xi$ in Frage, die Bindungssimplexe sind, ausgenommen der in Gl.(4.5-179) schon berücksichtigte Bindungssimplex der Starbindung für $x_\xi = x_{i,0}$. Die Menge $S_{B\xi}$ der so umschriebenen Bindungssimplexe von $x_\xi$ ist gegeben durch

$$S_{B\xi} =_{Df} (S_B \cap S_\xi) \setminus \{^i s_0\} \qquad\qquad (4.5\text{-}181)$$

Ob nur ein oder alle Bindungssimplexe aus $S_{B\xi}$ als Elemente von $F_{Bi}$ zu wählen sind, hängt von der Art des betroffenen Hauptknotens $x_\xi$ ab, d.h. ob $x_\xi$ zur Teilmenge $M_{Phi}$ (Gl.(4.5-177)) oder zur Teilmenge $M_{Shi}$ (Gl.(4.5-178)) gehört.

Ist $x_\xi$ ein Element von $M_{Phi}$, so müssen analog zur Kettenbildungsregel (4.5-135) und aufgrund der Fundamentalbeziehung (4.5-128) und der konstitutiven Beziehung (4.1-29) einer P-Verknüpfung alle Bindungssimplexe aus $S_{B\xi}$ als Elemente von $F_{Bi}$ definiert werden. Der Gesamtbeitrag aller Hauptknoten $x_\xi \epsilon M_{Phi}$ zur Bildung von $F_{Bi}$ ist die Vereinigung $S_{BPi}$ aller ihrer Teilmengen $S_{B\xi}$.

$$S_{BPi} \underset{Df}{=} \bigcup_{x_\xi \in M_{Phi}} S_{B\xi} \qquad (4.5\text{-}182)$$

Für die Hauptknoten $x_\xi$ aus $M_{Shi}$ dagegen zeigen die Kettenbildungsregel für Verbindungssimplexe (4.5-134) einerseits
und die schon erwähnte Fundamentalbeziehung sowie die konstitutiven Beziehungen (4.1-21) und (4.1-22) einer S-Verknüpfung andererseits, dass nur ein einziger Bindungssimplex
aus der jeweiligen Teilmenge $S_{B\xi}$ zur Bildung von $F_{Bi}$ beitra-
gen darf. Bezeichnet man einen solchen Bindungssimplex mit

$$s_{B\xi} \in S_{B\xi} \quad \leftrightarrow \quad x_\xi \in M_{Shi} \qquad (4.5\text{-}183)$$

so liefert die Vereinigung $S_{BSi}$ aller Einermengen $\{s_{B\xi}\}$ den
Gesamtbeitrag zur Bildung von $F_{Bi}$.

$$S_{BSi} \underset{Df}{=} \bigcup_{x_\xi \in M_{Shi}} \{s_{B\xi}\} \qquad (4.5\text{-}184)$$

Aus den Gln.(4.5-179),(4.5-182) und (4.5-184) ergibt sich
dann die Menge $F_{Bi}$ nicht determinierter Bindungssimplexe wie
folgt:

$$F_{Bi} = S_{BPi} \cup S_{BSi} \cup \{{}^i s_0\} \qquad (4.5\text{-}185)$$

Wegen der Entsprechung (4.5-124) erhält man abschliessend
aus Satz 3-2 in Abschnittt 3.5.3. die gesuchte Primzahl $P_i$.

$$P_i = f_i[F_{Bi}] \qquad (4.5\text{-}186)$$

$$\text{mit} \quad f_i = f \,|\, F_{Bi} \qquad (4.5\text{-}187)$$

Die Primzahlen $P_i$ in Gl.(3.5-30) sind alle bestimmt, wenn
die Differenz in (4.5-154) die leere Menge ist.

$$[S_B, f] \setminus \bigcup_{i \in [1, \xi_i]} F_{Bdi} = \phi \rightarrow \xi_i = \xi = w - 1 \qquad (4.5\text{-}188)$$

Die Zahl $\xi$ ist in Gl.(3.5-31) definiert.

## Beispiel

Im Beispiel des Abschnitts 4.5.5. wurde die folgende Menge
von Bindungssimplexen bestimmt:

$$S_B = \{s_1, s_2, s_3, s_4\}$$

Im gleichen Beispiel ergab sich die determinierende Funktion

$$f: s_1 \rightarrowtail 1 \quad s_2 \rightarrowtail 2 \quad s_3 \rightarrowtail 3 \quad s_4 \rightarrowtail 4$$

womit man das folgende Subsystem von determinierten Bindungssimplexen erhält:

$$[S_B, f] = \{(s_1, 1), (s_2, 2), (s_3, 3), (s_4, 4)\}$$

Da noch keine Teilmengen $F_{Bdi}$ bestimmt wurden, kann als erste Startbindung $s_S = s_{k,i} = s_{k,1}$ ein beliebiges Element aus
$[S_B, f]$ gewählt werden.

$$s_S = s_{k,i} \in [S_B, f] \tag{4.5-189}$$

Für das Beispiel gelte mit k=1

$$s_S = s_{1,1} = (^1s_0, {}^1\alpha_0) = (s_1, 1) = s^1$$

Im Beispiel des Abschnitts 4.5.6. wurden die folgenden Zweiermengen der Ecken der eindimensionalen Simplexe $s_i$ des topologischen Systems S bestimmt:

$$E(s_1) = \{x_1, x_5\}; \quad E(s_2) = \{x_2, x_5\}; \quad E(s_3) = \{x_3, x_6\}$$
$$E(s_4) = \{x_4, x_6\}; \quad E(s_5) = \{x_5, x_6\}$$

Im Beispiel des Abschnitts 4.5.7. ergaben sich die Menge der
Grenzecken

$$G_S = \{x_1, x_2, x_3, x_4\}$$

und die Menge der Innenecken

$$I_S = \{x_5, x_6\}$$

des abstrakten Systems G(R) der Strukturrelation R, über der
das topologische System S entfaltet ist.

Wegen

$$E(s_S) = E(s_{1,1}) = E(s_1) = \{x_1, x_5\}$$

erhält man aus Gl.(4.5-157) die erste Anfangsecke

$$E(s_S) \cap I_S = \{x_1, x_5\} \cap \{x_5, x_6\} = \{x_5\} \rightarrow x_{1,0} = x_5$$

Gemäss Gl.(4.5-158) muss für die Berechnung von $I_{SB}$ zunächst mit Hilfe der Gl.(4.5-130) die Menge $E[S_B \backslash \{^1s_0\}]$ der Ecken aller Bindungssimplexe ohne die Startbindung bestimmt werden.

$$E[S_B \backslash \{^1s_0\}] = E(s_2) \cup E(s_3) \cup E(s_4) = \{x_2, x_3, x_4, x_5, x_6\}$$

Damit kann nun die Menge $I_{SB}$ der Innenecken aller Bindungssimplexe berechnet werden.

$$I_{SB} = E[S_B \backslash \{^1s_0\}] \cap I_S = \{x_5, x_6\}$$

Im Beispiel des Abschnitts 4.5.3. wurden die folgenden Teilmengen der Innenecken bestimmt:

$$M_U = \phi$$

$$M_S = \{x_5\}$$

$$M_P = \{x_6\}$$

Damit folgt aus der Kettenbildungsregel KR1 (4.5-163) mit $x_{i,j} = x_{1,0} = x_5$

$$x_{i,j} = x_5 \epsilon M_S \cap I_{SB} = \{x_5\} \cap \{x_5, x_6\} = \{x_5\}$$

$$\rightarrow x_{i,j} = x_{i,m_i} = x_5$$

Aus der Kettenbildungsregel KR2 (4.5-164) erhält man

$$x_{i,m_i} = x_5 = x_{1,0} \rightarrow S_{hi} = S_{h1} = \phi$$

Damit ist auch $E[S_{h1}] = \phi$ und aus Gl.(4.5-174) folgt:

$$M_{h1} = \phi \cup \{x_5\} = \{x_5\}$$

Die Gl.(4.5-180) liefert mit Hilfe der im Beispiel des Abschnitts 4.5.5. bestimmten Relationsmatrix $(a_{ij})$ die Menge $S_5$ aller eindimensionalen Simplexe, von denen $x_5$ eine Ecke ist.

$$S(x_5) = S_5 = \{s_1, s_2, s_5\}$$

Aus Gl.(4.5-181) erhält man mit $^1s_0 = s_1 = \imath s_\ell((s_\ell, \ell) = (s_1, 1) = s_{1,1})$ die Menge $S_{B5}$ der Bindungssimplexe von $x_5$ ohne die Startbindung.

$$S_{B5} = (\{s_1, s_2, s_3, s_4\} \cap \{s_1, s_2, s_5\}) \setminus \{s_1\} = \{s_2\}$$

Für die Bestimmung von $F_{B1}$ aus Gl.(4.5-185) müssen die Teilmengen $M_{Ph1}$ und $M_{Sh1}$ bekannt sein. Sie ergeben sich aus den Gln. (4.5-177) und (4.5-178).

$$M_{Ph1} = M_{h1} \cap M_P = \{x_5\} \cap \{x_6\} = \phi$$

$$M_{Sh1} = M_{h1} \cap M_S = \{x_5\} \cap \{x_5\} = \{x_5\}$$

Aus Gl.(4.5-185) erhält man somit

$$F_{B1} = \phi \cup S_{BS1} \cup \{s_1\}$$

Gemäss (4.5-183) ergibt sich mit $S_{B5} = \{s_2\}$ der Simplex $s_2 = s_{B\xi} = s_{B5} \in S_{B5}$. Da $M_{Sh1}$ nur eine Ecke enthält ist $\{s_{B\xi}\} = \{s_2\}$ die einzige Menge für die Bildung der Vereinigung $S_{BS1}$.

$$F_{B1} = \phi \cup \{s_2\} \cup \{s_1\} = \{s_1, s_2\}$$

Aus Gl.(4.5-186) ergibt sich schliesslich mit Hilfe der auf $F_{B1}$ eingeschränkten determinierenden Funktion $f_1$ (Gl.(4.5-187))

$$f_1: s_1 \rightarrowtail 1 \qquad s_2 \rightarrowtail 2$$

die erste der gesuchten Primzahlen.

$$P_1 = f_1[F_{B1}] = f_1[\{s_1, s_2\}] = [1, 2]$$

Als erste Teilmenge determinierter Bindungssimplexe erhält man

$$F_{Bd1} = [F_{B1}, f_1] = \{(s_1, 1), (s_2, 2)\}$$

Die Differenz in Gl.(4.5-154) ist

$$[S_B, f] \backslash F_{Bdl} = \{(s_3, 3), (s_4, 4)\}$$

Nach Gl.(4.5-154) muss $s_{1,(i+1)} = s_{1,2}$ eines der Elemente der gebildeten Differenz sein. Mit Gl.(4.5-155) kann also die Startbindung z.B. wie folgt gewählt werden:

$$s_S = s_{1,2} = (^2s_0, {}^2\alpha_0) = (s_3, 3) = s^3$$

Die Menge der Ecken von $s_S$ ist

$$E(s_S) = E(s_{1,2}) = E(s_3) = \{x_3, x_6\}$$

Die Startecke ist nach Gl.(4.5-156)

$$E(s_S) \cap G_S = \{x_3, x_6\} \cap \{x_1, x_2, x_3, x_4\} = \{x_3\}, \quad x_S = x_3$$

Aus Gl.(4.5-157) ergibt sich die zweite Anfangsecke.

$$E(s_S) \cap I_S = \{x_3, x_6\} \cap \{x_5, x_6\} = \{x_6\}, \quad x_{2,0} = x_6$$

Es ist also $x_{i,j} = x_{2,0} = x_6$. Die Menge $S_{i,j} = S_{2,0}$ aller eindimensionalen Simplexe, von denen $x_{2,0} = x_6$ eine Ecke ist, wurde im Beispiel des Abschnitts 4.5.5. als Menge $S_6$ bestimmt.

$$S_{i,j} = S_{2,0} = S_6 = \{s_3, s_4, s_5\}$$

Wegen $j=0$ erhält man aus Gl.(4.5-161)

$$S_{hi,0} = S_{h2,0} = \phi$$

und aus Gl. (4.5-162) die Menge

$$S_{Ni,j} = S_{N2,0} = (\{s_3, s_4, s_5\} \cap \{s_5\}) \backslash \phi = \{s_5\}$$

wobei die Menge der Verbindungssimplexe

$$S_{VB} = \{s_5\}$$

im Beispiel des Abschnitts 4.5.5. bestimmt wurde.

Da $x_{i,j} = x_6 \in \{x_6\} = M_P$ und $S_{N2,0} = \{s_5\} \neq \phi$, folgt aus der Kettenbildungsregel KR4 (4.5-168) mit $n=1$:

$$\{^2s_1\} = S_{N2,0} = \{s_5\}$$

Aus Gl.(4.5-160) ergibt sich mit $S_{hi,(j-1)} = S_{h2,0} = \phi$ und $^is_j = {}^2s_1 = s_5 \in S_{N2,0}$ die Teilmenge $S_{hi,j} = S_{h2,1}$ der bisherigen Hauptverbindungen.

$$S_{h2,1} = \phi \cup \{s_5\} = \{s_5\}$$

Die Zweiermenge $E(s_5)$ der Ecken von $s_5$ wurde weiter oben angegeben zu

$$E(s_5) = \{x_5, x_6\}$$

Mit Hilfe der Definitionsgl. (4.5-172) und mit $x_{i,0} = x_{2,0} = x_6$ erhält man aus Gl.(4.5-173) die Menge der bisherigen Hauptknoten.

$$M_{hi,j} = M_{h2,1} = E[S_{h2,1}] \cup \{x_{2,0}\} = \{x_5, x_6\} \cup \{x_6\} = \{x_5, x_6\}$$

Gemäss (4.5-175) ergibt sich die zweite Ecke $x_{2,1}$ von $^2s_1 = s_5$ aus

$$E(^2s_1) \setminus \{x_{2,0}\} = E(s_5) \setminus \{x_6\} = \{x_5\}, \quad x_{2,1} = x_5$$

Die Menge $S_{i,j} = S_{2,1}$ aller eindimensionalen Simplexe, von denen $x_{2,1} = x_5$ eine Ecke ist, wurde im Beispiel des Abschnitts 4.5.5. als Menge $S_5$ bestimmt.

$$S_{i,j} = S_{2,1} = S_5 = \{s_1, s_2, s_5\}$$

Mit $j=1$ folgt aus Gl.(4.5-162):

$$S_{N2,1} = (S_{2,1} \cap S_{VB}) \setminus S_{h2,1}$$
$$= (\{s_1, s_2, s_5\} \cap \{s_5\}) \setminus \{s_5\} = \phi$$

Aus der Kettenbildungsregel KR5 (4.5-170) folgt daher, dass $x_{2,1} = x_5$ Endecke der Kette $K_{S2}$ ist.

$$x_{2,m_2} = x_{2,1} = x_5 \quad \text{mit } m_2 = 1$$

Damit ist die Bedingung $x_{i,j} = x_{i,m_i}$ in Gl.(4.5-160) erfüllt, für welche die Kette $K_{S2}$ gleich der bisherigen Menge $S_{h2,1}$ aller Verbindungssimplexe gesetzt werden kann.

$$K_{S2} = S_{h2,1} = \{s_5\}$$

Da keine Nebenketten vorhanden sind, erhält man aus Gl. (4.5-165):

$$S_{h2} = K_{S2} \cup \phi = \{s_5\}$$

Mit $x_{i,0} = x_{2,0} = x_6$ ergibt sich damit aus Gl.(4.5-174) unter Beachtung der Gl.(4.5-172) die Menge $M_{h2}$ der Hauptknoten.

$$M_{h2} = E[S_{h2}] \cup \{x_{2,0}\} = E(s_5) \cup \{x_6\} = \{x_5, x_6\}$$

Aus den Gln.(4.5-177) und (4.5-178) erhält man die folgenden Teilmengen der Hauptknoten:

$$M_{Ph2} = M_{h2} \cap M_P = \{x_5, x_6\} \cap \{x_6\} = \{x_6\}$$

$$M_{Sh2} = M_{h2} \cap M_S = \{x_5, x_6\} \cap \{x_5\} = \{x_5\}$$

Der nicht determinierte Bindungssimplex $^i s_0 = {}^2 s_0$ der Startbindung $s_S = s_{k,i} = s_{1,2} = (s_3, 3)$ ergibt sich aus Gl.(4.5-179).

$$^2 s_0 = \iota s_\ell ((s_3, 3) = s_{1,2} = s_S) = s_3$$

Die in Gl.(4.5-180) definierten Teilmengen der eindimensionalen Simplexe, von denen die Elemente aus $M_{h2} = \{x_5, x_6\}$ Ecken sind, wurden schon im Beispiel des Abschnitts 4.5.5. als Mengen $S_5$ und $S_6$ bestimmt.

$$S(x_5) = S_5 = \{s_1, s_2, s_5\}$$
$$S(x_6) = S_6 = \{s_3, s_4, s_5\}$$

Damit ergeben sich aus Gl.(4.5-181) die folgenden Mengen der Bindungssimplexe der Hauptknoten:

$$S_{B5} = (S_B \cap S_5) \setminus \{^2 s_0\}$$

$$= (\{s_1, s_2, s_3, s_4\} \cap \{s_1, s_2, s_5\}) \setminus \{s_3\} = \{s_1, s_2\}$$

$$S_{B6} = (S_B \cap S_6) \setminus \{^2 s_0\}$$

$$= (\{s_1, s_2, s_3, s_4\} \cap \{s_3, s_4, s_5\}) \setminus \{s_3\} = \{s_4\}$$

Wegen $M_{Ph2} = \{x_6\}$ folgt aus Gl.(4.5-182):

$$S_{BP2} = S_{B6} = \{s_4\}$$

Wegen $M_{Sh2} = \{x_5\}$ kann gemäss (4.5-183) als $s_{B5}$ eines der Elemente aus $S_{B5}$ gewählt werden, z.B.

$$s_{B5} = s_1 \in \{s_1, s_2\}$$

Auch in diesem Fall ist $M_{Sh2}$ eine Einermenge und es folgt aus Gl.(4.5-184):

$$S_{BS2} = \{s_{B5}\} = \{s_1\}$$

Schliesslich erhält man aus Gl.(4.5-185) die Menge $F_{B2}$.

$$F_{B2} = S_{BP2} \cup S_{BS2} \cup \{^2 s_1\} = \{s_4\} \cup \{s_1\} \cup \{s_3\} = \{s_1, s_3, s_4\}$$

Mit Hilfe der auf $F_{B2}$ eingeschränkten determinierenden Funktion $f_2$ aus Gl.(4.5-187)

$$f_2: s_1 \rightarrowtail 1 \qquad s_3 \rightarrowtail 3 \qquad s_4 \rightarrowtail 4$$

ergibt sich aus Gl.(4.5-186) die zweite Primzahl.

$$P_2 = f_2[F_{B2}] = f_2[\{s_1, s_3, s_4\}] = [1, 3, 4]$$

Der Menge $F_{B2}$ entspricht die folgende Teilmenge determinierter Bindungssimplexe:

$$F_{Bd2} = [F_{B2}, f_2] = \{(s_1, 1), (s_3, 3), (s_4, 4)\}$$

Wegen

$$F_{Bd1} \cup F_{Bd2} = \{(s_1,1),(s_2,2)\} \cup \{(s_1,1),(s_3,3),(s_4,4)\}$$
$$= \{(s_1,1),(s_2,2),(s_3,3),(s_4,4)\} = [S_B,f]$$

gilt

$$[S_B,f] \setminus (F_{Bd1} \cup F_{Bd2}) = \phi$$

Somit ist die entsprechende Bedingung in Gl.(4.5-188) erfüllt und die Anzahl der gesuchten Primzahlen ist

$$\xi = \xi_2 = 2$$

Nach Gl.(4.5-2) ist die gesuchte Strukturzahl A des in
Fig.4.5-1 dargestellten Bonddiagramms somit das Produkt der
beiden Primzahlen $P_1$ und $P_2$.

$$A = P_1 \cdot P_2 = [1,2] \cdot [1,3,4]$$

Unter Anwendung der Definitionsäquivalenz (3.3-10) erhält
man:

$$A = \begin{bmatrix} 1 & 1 & 2 & 2 & 2 \\ 3 & 4 & 1 & 3 & 4 \end{bmatrix}$$

# 5. Anwendungsbeispiele

## 5.1. Bonddiagramme, Zustandsvariablen und Strukturzahlen

Die wesentlichen Vorteile von Bonddiagrammen für die Modellierung von Systemen seien als Grundlage für die weiteren Ueberlegungen in den folgenden Punkten zusammengefasst:

1. Die Variablen der Bonddiagramme sind Leistungsvariablen (vgl. Abschnitt 4.1.1.). Leistungsvariablen sind die einzigen mathematischen Variablen, die auf einfache Weise als physikalische Messgrössen definiert werden können [4]S36.

2. Die Bindungen eines Bonddiagramms stellen Schnittstellen zwischen Systemelementen dar, an denen Energieflüsse übertragen werden (vgl. Abschnitt 1.2.1.). Durch die explizite Verwendung des Energiebegriffes, der die einheitliche Beschreibung einer Vielfalt physikalischer Erscheinungen ermöglicht ([30]S12-17, Abb. 1.2), werden die Bonddiagramme zu einem wirkungsvollen Instrument für die Darstellung und Analyse interdisziplinärer Systeme.

Hat man ein gegebenes System durch ein Bonddiagramm dargestellt, so ist der nächste Schritt bei der Modellierung die Formulierung eines geeigneten mathematischen Systemmodells. Eine der geläufigsten Methoden dazu ist die Wahl eines Satzes von linear unabhängigen Systemvariablen und das Aufstellen der Systemgleichungen.

Unter den verschiedenen möglichen Arten haben ROSENBERG und KARNOPP die Zustandsvariablendarstellung für Bonddiagramme ausgewählt ([15]S119-140, [2], [38]). Diese Wahl führt jedoch dazu, dass die oben zusammengefassten bedeutenden Vorteile der Modellierung von Systemen durch Bonddiagramme teilweise wieder verloren gehen aus den folgenden Gründen:

1. Nach [29] Kapitel 2 gibt es viele mögliche Arten der Darstellung eines gegebenen Systems durch Zustandsvariablen, wobei nur ausnahmsweise alle vom rein mathematischen Standpunkt aus sinnvollen Variablen auch physikalische Bedeutung haben d.h. direkt am konkreten System messbar sind.

2. Die einwandfreie Lösbarkeit der erhaltenen Systemgleichungen auf dem Digitalrechner oder auch von Hand kann
   nur gewährleistet werden, indem

   a) die Menge der Leistungsvariablen in fünf verschiedene
      Gruppen von Variablen unterteilt wird ([15]S121), wo-
      bei die Zuordnung der Variablen zu diesen Gruppen von
      Hand einen zusätzlichen Aufwand bedeutet und nicht im-
      mer leicht ist, und für den Digitalrechner wieder be-
      sondere, komplizierte Verfahren erfordert[2].

   b) jedes Bonddiagramm unter Beachtung der Ausführungen in
      den Abschnitten 4.1.3. bis 4.1.6. zu einem kausalen
      Bonddiagramm vervollständigt wird. Dies führt häufig
      zu Kausalitätskonflikten, die von Hand nur mit sehr
      viel Erfahrung im Umgang mit Bonddiagrammen
      ([15]S114-119) und auf dem Digitalrechner nur durch
      weitere Partitionierung des Vektors der Zustandsvaria-
      blen (Abschnitt 3 in [2]) gelöst werden können.

Wendet man dagegen die in den vorhergehenden Kapiteln beschriebene und für Bonddiagramme weiterentwickelte Methode
der Strukturzahlen an, so kann man direkt auf einfache Weise
die für praktische Untersuchungen gut geeignete Eingangs-
Ausgangsdarstellung ([29]S12) eines Systems erhalten

1. ohne Verlust der Systemdarstellung mit Hilfe der konkreten Leistungsvariablen

2. ohne Probleme mit der Wahl von Systemvariablen;

3. ohne Einführung von Kausalitäten;

4. ohne Aufstellung von Gleichungssystemen;

5. ohne Lösung von Gleichungssystemen und

6. ohne jegliche Matrizenoperationen.

Besonders die Punkte 5 und 6 deuten auf eine wesentliche Ver-
ringerung des Rechenaufwandes hin, insbesondere für die Systemanalyse mit Hilfe einer Digitalrechenanlage.

Natürlich kann auch, wenn dies erwünscht ist, die Eingangs-
Ausgangsdarstellung eines Systems auf bekannte Weise ([29]
Kapitel 2 und 3) in eine Zustandsvariablen-Darstellung über-
geführt werden.

Um einen direkten Vergleich der Zustandsvariablen-Methode
und der Methode der Strukturzahlen zu ermöglichen, werden in
den nächsten Abschnitten zuerst die Methode der Zustandsvariablen für Bonddiagramme kurz erläutert und dann beide Methoden an Beispielen aus verschiedenen Gebieten illustriert.

# 5.2. Methode der Zustandsvariablen für Bonddiagramme

## 5.2.1. Regeln zur Bestimmung der Kausalitäten eines Bonddiagramms

Zur Bestimmung einer vollständigen und konsistenten Kausalität eines Bonddiagramms wurde in [15]S108 eine Hierarchie der kausalen Eigenschaften der Bonddiagrammelemente festgelegt, durch welche die Reihenfolge, in der ihre Kausalitäten bestimmt werden sollen, gegeben ist wie folgt:

1. Kausalitäten der Quellenelemente Q wie in Fig. 4.1-2.

2. Ausbreitung der durch die Quellenelemente gegebenen kausalen Information so weit als möglich über die Verknüpfungen $\Phi$ und die Uebertragerelemente U des gegebenen Bonddiagramms. Die entsprechenden Kausalitätsregeln sind in den Abschnitten 4.1.5. und 4.1.6. zusammengestellt.

3. Festlegung einer vorzugsweise integralen ("natürlichen") Kausalität der J- und C-Elemente.

4. Ausbreitung der kausalen Information (vgl. Punkt 2).

5. Wahl der Kausalität von R-Elementen und Ausbreitung der kausalen Information unter Beachtung der Kausalitätsregeln (vgl. Punkt 2).

Unter Umständen müssen nicht alle Schritte 1 bis 5 (oder aber auch wiederholt) durchlaufen werden. Für die Lösung von möglicherweise auftretenden Kausalitätskonflikten sei auf die Ausführungen in [15]S114-119 verwiesen. Zur Illustration des Verfahrens vergleiche man mit den Beispielen der nachfolgenden Abschnitte 5.7. und 5.8.

## 5.2.2. Wahl der Variablen

In einem Bonddiagramm mit n Bindungen mit je 2 Leistungsvariablen gibt es 2n Intra- und Extravariablen (vgl. Abschnitt 4.1.1.), für deren Definition 2n Beziehungen notwendig wären. Zur Reduktion der Anzahl dieser Beziehungen werden spezielle Teilmengen der Leistungsvariablen ausgewählt.

Zu diesem Zweck wurden die Leistungsvariablen in [15], Abschnitt 5.3, in 5 Gruppen eingeteilt, die hier wie folgt definiert seien:

1. $X \underset{Df}{=}$  Menge der Zustandsvariablen                    (5.2-1)

$\underset{Df}{=}$  Intravariablen der J-Elemente und Extravariablen der C-Elemente

2. $U =_{Df}$ Menge der Quellenvariablen                                    (5.2-2)

3. $T =_{Df}$ Menge der Momentvariablen                                     (5.2-3)

   (sie sind nur zeitweise im Gebrauch
   und werden später eliminiert)

4. $H =_{Df}$ Menge der Hilfsvariablen                                      (5.2-4)

   (sie werden als erste eliminiert,
   nachdem die Systemgleichungen
   aufgestellt worden sind)

5. $Y =_{Df}$ Menge der Ausgangsvariablen                                   (5.2-5)

   $V =_{Df}$ Menge der expliziten Leistungsvariablen

   $V =_{Df} X \cup U \cup T \cup H$                                        (5.2-6)

Wie die Variablen des Bonddiagramms im konkreten Fall zugeordnet werden sollen geht aus den Beispielen der nächsten Abschnitte hervor.


## 5.2.3. Formulierung der Systemgleichungen


Das in [15]S122-140 aufgegebene Verfahren zum Aufstellen
der Systemgleichungen soll hier in einzelnen Schritten
leicht abgeändert zusammengefasst werden.

Schritt 1: Die konstitutiven Beziehungen

a) Für die passiven Elemente des gegebenen Bonddiagramms
   werden die konstitutiven Beziehungen aus Abschnitt 4.1.4.
   so formuliert, dass alle gemäss Abschnitt 5.2.2. für das
   Bonddiagramm definierten Variablen als abhängige Variablen auftreten; sie werden als Funktionen der zweiten
   Leistungsvariablen der entsprechenden Bindung angegeben,
   unabhängig davon, ob letztere auch zu den definierten
   expliziten oder Ausgangsvariablen gehören oder nicht.

b) Die expliziten Variablen der J- und C-Elemente mit integraler Kausalität werden zu den Zustandsvariablen X
   gerechnet, diejenigen mit derivativer Kausalität zu den
   Hilfsvariablen; dadurch werden sie als erste eliminiert,
   womit die Standardform linearer Systemgleichungen
   $(DX = AX+BU$ mit $D = d/dt)$ mit integraler Kausalität gewährleistet ist.

Schritt 2: Explizite Form der konstitutiven Beziehungen

Unter Berücksichtigung der konstitutiven Beziehungen der P-
und S-Verknüpfungen in Abschnitt 4.1.6. werden in den kon-

stitutiven Beziehungen aus Schritt 1 alle nicht expliziten
Variablen durch ihre Aequivalente aus der Menge V der expliziten Leistungsvariablen des Bonddiagramms ersetzt.

<u>Schritt 3: Implizite Matrizengleichungen</u>

Bezeichnet man die <u>Vektoren</u> der in Abschnitt 5.2.2. definierten Teilmengen von <u>Bonddiagrammvariablen</u> mit
$\underline{X}$, $\underline{U}$, $\underline{T}$, $\underline{H}$, $\underline{Y}$ und die entsprechenden <u>Verknüpfungsmatrizen</u>
mit $C_{ij}$; $i=1,...,4$; $j=1,...,4$, so erhält man im konkreten
Fall die Elemente der Matrizen $C_{ij}$ am einfachsten, wenn
man zunächst die explizite Form der konstitutiven Beziehungen so aufschreibt, dass

1. für jede Variable der rechten Seite einer Gleichung eine
   eigene Kolonne der geordnet untereinander geschriebenen
   Gleichungen reserviert ist;

2. diese Kolonnen entsprechend den 5 definierten Teilmengen
   der Leistungsvariablen gruppiert sind;

3. für die Zustandsvariablen X, die Momentvariablen T und
   die Hilfsvariablen H drei Gleichungssysteme entstehen.

Die drei Gleichungssysteme können getrennt aufgeschrieben
und aus ihnen die in [15]S127 gegebenen impliziten Matrizengleichungen direkt abgeleitet werden.


a) <u>Zustandsvariablengleichungen</u>
   Aus ihnen erhält man die Matrizengleichung der Form

$$F \cdot D\underline{X} = C_{11}\underline{X} + C_{12}\underline{T} + C_{13}\underline{H} + C_{14}\underline{U} \qquad (5.2\text{-}7)$$

   Die Matrix F heisst <u>Feldmatrix</u> und D ist der Differentialoperator $\frac{d}{dt}$ .


b) <u>Momentvariablengleichungen</u>
   Aus ihnen erhält man die implizite Matrizengleichung der
   Form

$$\underline{T} = C_{21}\underline{X} + C_{22}\underline{T} + C_{23}\underline{H} + C_{24}\underline{U} \qquad (5.2\text{-}8)$$

c) <u>Hilfsvariablengleichungen</u>
   Aus diesen Gleichungen erhält man die implizite Matrizengleichung der Form

$$\underline{H} = C_{31}\underline{X} + C_{32}\underline{T} + C_{33}\underline{H} + C_{34}\underline{U} \qquad (5.2\text{-}9)$$

Häufig haben alle Elemente einer oder mehrerer der Verknüp-
fungsmatrizen $C_{ij}$ den Wert Null, sodass die entsprechenden
Terme in den Gln.(5.2-7) bis (5.2-9) wegfallen.

Schritt 4: Formale, explizite Matrizengleichungen

In ihrer meist benutzten Form lauten die expliziten Matrizengleichungen eines linearen Systems (vgl.[8]S38)

$$D\underline{X} = A\underline{X} + B\underline{U} \qquad (5.2\text{-}10)$$

$$Y = C\underline{X} + D_S\underline{U} \qquad (5.2\text{-}11)$$

Die Matrizen A,B,C und $D_S$ werden als Systemmatrizen bezeichnet.

Die Gln.(5.2-7) bis (5.2-9) können durch die folgenden Schritte in die Form der Gl.(5.2-10) übergeführt werden:

a) Elimination der Hilfsvariablen $\underline{H}$ und der Momentvariablen $\underline{T}$

Zunächst kann Gl.(5.2-9) nach $\underline{H}$ aufgelöst werden.

$$\underline{H} = C'_{33}(C_{31}\underline{X} + C_{32}\underline{T} + C_{34}\underline{U}) \qquad (5.2\text{-}12)$$

$$\text{mit} \quad C'_{33} =_{Df} (I - C_{33})^{-1} \qquad (5.2\text{-}13)$$

$$\text{wobei} \quad \text{Einheitsmatrix} =_{Df} I =_{Df} \begin{bmatrix} 1 & 0 & . & . & . & 0 \\ 0 & 1 & . & . & . & 0 \\ . & . & . & & & . \\ . & . & . & & & . \\ . & . & & . & & . \\ 0 & 0 & . & . & . & 1 \end{bmatrix} \qquad (5.2\text{-}14)$$

Durch Auflösung von Gl.(5.2-8) nach $\underline{T}$ erhält man

$$\underline{T} = C'_{22}(C_{21}\underline{X} + C_{23}\underline{H} + C_{24}\underline{U}) \qquad (5.2\text{-}15)$$

$$\text{mit} \quad C'_{22} =_{Df} (I - C_{22})^{-1} \qquad (5.2\text{-}16)$$

Durch Substitution von $\underline{H}$ und $\underline{T}$ folgt aus Gl.(5.2-7):

$$F \cdot D\underline{X} = (C_{11} + C'_{11}C_{21} + C'_{12}C_{31})\underline{X} + (C_{14} + C'_{11}C_{24} + C'_{12}C_{34})\underline{U}$$
$$(5.2\text{-}17)$$

$$\text{wobei} \quad C'_{11} =_{Df} (C_{12} + C_{13}C'_{33}C_{32})(I - C'_{22}C'_{33}C_{23}C_{32})^{-1}C'_{22}$$
$$(5.2\text{-}18)$$

$$C'_{12} =_{Df} C_{13}C'_{33} + C'_{11}C'_{33}C_{23} \qquad (5.2\text{-}19)$$

b) <u>Auflösung nach D$\underline{X}$</u>

Zur Lösung von Kausalitätskonflikten kann es notwendig
sein, dass die expliziten Variablen von J- oder C-Elemen-
ten mit derivativer anstatt mit integraler Kausalität gewählt werden. Wegen ihrer Definition als Hilfsvariablen
(vgl. Schritt 1b) drückt dies sich explizit nur in der
Verknüpfungsmatrix $C_{31}$ in der Gl.(5.2-9) aus. Die Summe
des Koeffizienten von $\underline{X}$ in Gl.(5.2-17) kann daher in einen Teil $C_i$ mit integraler Kausalität und einen Teil $C_d$
mit derivativer Kausalität wie folgt aufgespalten werden:

$$C_i =_{Df} C_{11} + C'_{11}C_{21} \tag{5.2-20}$$

$$C_d =_{Df} C'_{12}C_{31} \tag{5.2-21}$$

Mit den so definierten Matrizen und mit

$$C'_{14} =_{Df} C_{14} + C'_{11}C_{24} + C'_{12}C_{34} \tag{5.2-22}$$

ergibt sich aus Gl.(5.2-17)

$$D(F - D^{-1}C_d)\underline{X} = C_i\underline{X} + C'_{14}\underline{U} \tag{5.2-23}$$

oder bei Auflösung nach D$\underline{X}$:

$$D\underline{X} = (F - D^{-1}C_d)^{-1}C_i\underline{X} + (F - D^{-1}C_d)^{-1}C'_{14}\underline{U} \tag{5.2-24}$$

c) <u>Formale Systemmatrizen A und B</u>

Ein Vergleich der Gln.(5.2-24) und (5.2-10) führt zu den
folgenden Ausdrücken für A und B:

$$A = (F - D^{-1}C_d)^{-1}C_i \tag{5.2-25}$$

$$B = (F - D^{-1}C_d)^{-1}C'_{14} \tag{5.2-26}$$

<u>Schritt 5: Berechnung der Systemmatrizen A und B</u>

In diesem Schritt werden die Elemente der Matrizen
$C'_{11}$, $C'_{12}$, $C_i$, $C_d$ und $C'_{14}$ (Gln.(5.2-18) bis (5.2-22)) für die
konkreten Elemente des gegebenen Bonddiagramms berechnet.
Mit Hilfe der Gln.(5.2-25) und (5.2-26) ergeben sich dann
die Systemmatrizen A und B in den Abschnitten

a) Bestimmung von A

b) Bestimmung von B.

Sc̲h̲r̲i̲t̲t̲ 6:̲ E̲x̲p̲l̲i̲z̲i̲t̲e̲ M̲a̲t̲r̲i̲x̲d̲i̲f̲f̲e̲r̲e̲n̲t̲i̲a̲l̲g̲l̲e̲i̲c̲h̲u̲n̲g̲ d̲e̲s̲ S̲y̲s̲t̲e̲m̲s̲

Alle Berechnungen können zusammengefasst werden durch einsetzen der gefundenen Systemmatrizen A und B in Gl.(5.2-10).

## 5.3. Der Übertragungsoperator G (D)

Die explizite Matrixdifferentialgleichung eines Systems
kann in die für Systemuntersuchungen nützliche Form eines
Uebertragungsoperators G(D) übergeführt werden.

Eine Umformung der Gl.(5.2-10) ergibt

$$(DI - A)\underline{X} = B\,\underline{U} \tag{5.3-1}$$

Haben die Vektoren $\underline{X}$ der Zustandsvariablen und $\underline{U}$ der
Quellenvariablen die Dimensionen n bzw. m, d.h.

$$\underline{X} = [x_1,\ldots,x_i,\ldots,x_n]^T$$
$$\underline{U} = [u_1,\ldots,u_j,\ldots,u_m]^T$$

und ist z.B. das

$$\text{Uebertragungsverhältnis } =_{Df} \frac{x_i}{u_j} =_{Df} G(D) \tag{5.3-2}$$

gesucht, so können alle Komponenten von $\underline{U}$ ausser $u_j$ gleich
Null gesetzt werden, und mit

$$B = [\underline{b}_1,\ldots,\underline{b}_j,\ldots,\underline{b}_m]$$

(wobei alle $\underline{b}_j$ Spaltenvektoren in B mit n Komponenten sind)
folgt aus Gl.(5.3-1):

$$(DI - A)[x_1/u_j,\ldots,x_i/u_j,\ldots,x_n/u_j]^T = \underline{b}_j \tag{5.3-3}$$

Gl.(5.3-3) ist ein inhomogenes Gleichungssystem, dessen Wur-
zel $x_i/u_j$ man gemäss der Kramer'schen Regel nach der folgenden Formel erhält:

$$G(D) = \frac{x_i}{u_j} = \frac{\Delta_i(D)}{\Delta(D)} \tag{5.3-4}$$

wobei

   a) Koeffizienten-Operatordeterminante $=_{Df} \Delta(D)$     (5.3-5)

   b) Zähler-Operatordeterminante $=_{Df} \Delta_i(D)$     (5.3-6)

$\Delta_i(D)$ ist die Determinante, die sich aus $\Delta$ ergibt, wenn man in letzterer die Spalte der Koeffizienten der Unbekannten $x_i/u_j$ durch den Spaltenvektor $\underline{b}$ ersetzt. Es gilt also

$$\Delta(D) = |DI - A| \qquad\qquad (5.3-7)$$

$$\Delta_i(D) = |(DI - A)_i| \qquad\qquad (5.3-8)$$

## 5.4. Aufbau von Bonddiagrammen

### 5.4.1. Aufbauregeln BRi

Die Regeln für den Aufbau von Bonddiagrammen sind in[33] auf den Seiten 79,80; 90,91; 99,102 sowie 104,105 für elektrische, translationsmechanische, rotationsmechanische und hydraulische Systeme gesondert aufgeführt. Die Regeln für translationsmechanische und rotationsmechanische Systeme unterscheiden sich in der Form von den Regeln für elektrische und hydraulische Systeme wegen der dort verwendeten Kraft-Spannung-Analogie (vgl. hierzu die Ausführungen in Abschnitt 4.2.).

Im Gegensatz dazu wurde in der vorliegenden Arbeit die Kraft-Stromstärke-Analogie gewählt, wie insbesondere aus Abschnitt 4.2. hervorgeht. Dadurch und mit Hilfe der in Abschnitt 4.1.1. definierten verallgemeinerten Leistungsvariablen können die wichtigsten Regeln für den Aufbau von Bonddiagrammen in der folgenden, für alle Systemarten gültigen Form, aufgestellt werden:

BR1: Die gebietsspezifischen Leistungsvariablen des gegebenen Systems werden entsprechend den Zuordnungen in Abschnitt 4.2. als Extra- oder Intravariablen definiert.

BR2: Für jede unterscheidbare Extravariable e wird eine P-Verknüpfung gesetzt.

BR3: Jeder Einport des gegebenen Systems erhält am freien Bindungsende eine S-Verknüpfung, die zwischen zwei passenden P-Verknüpfungen eingefügt wird.

BR4: Jede Bindung wird orientiert unter Berücksichtigung der in Fig. 4.1-2 dargestellten Regel für Quellenelemente,

den in den Fig. 4.1-4 und 4.1-5 dargestellten Regeln
für passive Bonddiagrammelemente, den in den Fig. 4.1-6
und 4.1-7 dargestellten Regeln für Uebertragerelemente
und der folgenden Definition:

In P-S-P-Abschnitten eines Bonddiagramms ist der Leistungsfluss durchgehend, wie in Fig. 5.4-1 dargestellt.

$$P \longrightarrow S \longrightarrow P$$

Fig. 5.4-1 Leistungsfluss in P-S-P-Abschnitten

Anwendungsbeispiele dieser Regeln können in den nachfolgenden Abschnitten gefunden werden.


## 5.4.2. Vereinfachungsregeln VRi

Hier sollen die Ausführungen des Abschnitts 1.3. in einigen,
durch die Symbole VR1, VR2,... gekennzeichneten, Regeln zusammengefasst werden:

VR1: Eine Extravariable wird für alle übrigen Extravariablen
     des gegebenen Bonddiagramms als Bezugswert gewählt und
     gleich Null gesetzt; die entsprechende P-Verknüpfung
     wird mit allen ihren Bindungen eliminiert (vgl. Fig.
     1.3-1).

VR2: P- und S-Verknüpfungen mit durchgehenden Leistungsflüs-
     sen (Fig. 5.4-1) und mit nur zwei Bindungen werden
     durch eine einzige Bindung ersetzt (vgl. Fig. (1.3-2)
     und (1.3-3)).

VR3: Vereinfachung ringförmiger Strukturen nach den in den
     Figuren 1.3-4 und 1.3-5 dargestellten Regeln.

VR4: Zusammenfassung von direkt aufeinander folgenden,
     gleichartigen Verknüpfungen nach den in Fig. 1.3-7 dar-
     gestellten Regeln.


# 5.5.  Ein elektrisches Netzwerk: die Brückenschaltung

## 5.5.1. Das gegebene System

Gegeben sei die in Fig. 5.5-1 dargestellte Brückenschaltung.
Im Zweig AB liegt ein Anzeigeinstrument mit dem Innenwider-
stand $R_5$.

Gesucht ist der Instrumentenstrom $i_5$ als Funktion aller Widerstände einschliesslich $R_5$ bei gegebener Quellenspannung E.

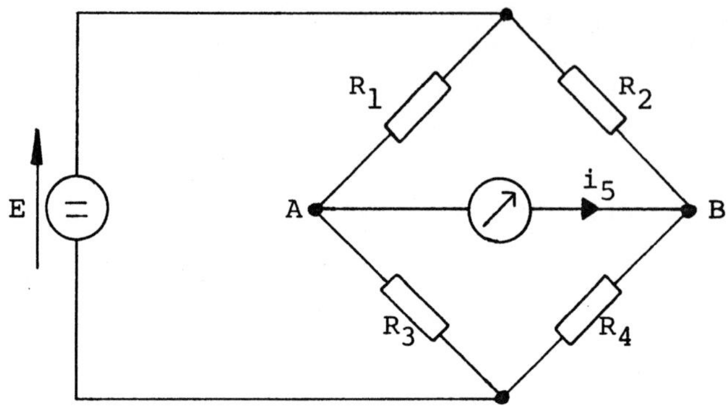


Fig. 5.5-1  Brückenschaltung

## 5.5.2. Orientiertes akausales Bonddiagramm

Aus der Regel BR1 erhält man

$$\left.\begin{array}{l} e =_{Df} u \\ i =_{Df} i \end{array}\right\} \tag{5.5-1}$$

Die Anwendung der Regel BR2 ergibt Fig. 5.5-2a, für Regel BR3 die Fig. 5.5-2b und für Regel BR4 die Fig. 5.5-2c.

In den nachfolgenden Beispielen soll nur noch das Ergebnis der Anwendung von Regel BR4 dargestellt werden.

## 5.5.3. Vereinfachtes Bonddiagramm

Gemäss Regel VR1 wird die in Fig. 5.5-2c eingekreiste P-Verknüpfung mit ihren Bindungen eliminiert. Dies führt zu Fig. 5.5-3a.

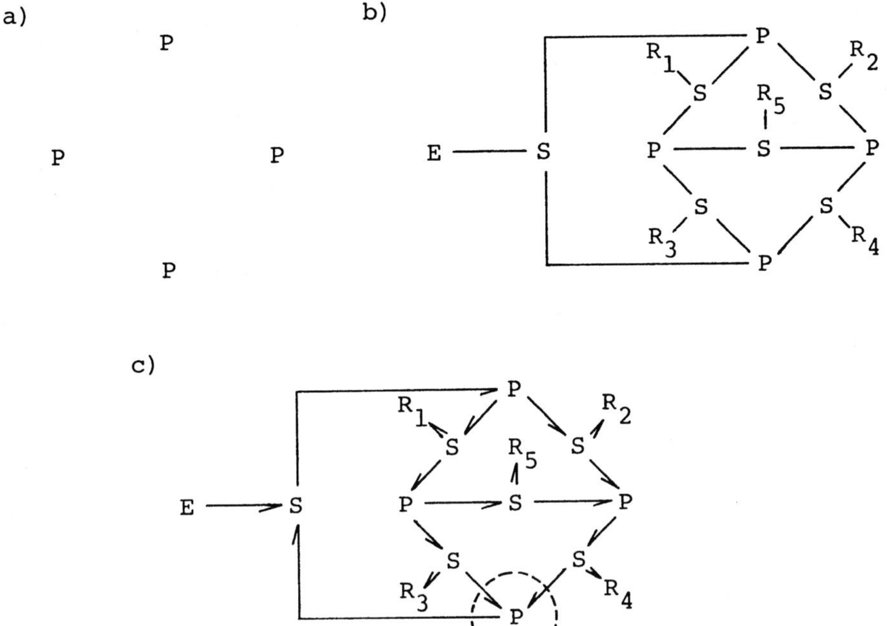

Fig. 5.5-2  Aufbau eines Bonddiagramms für die
Brückenschaltung aus Fig. 5.5-1

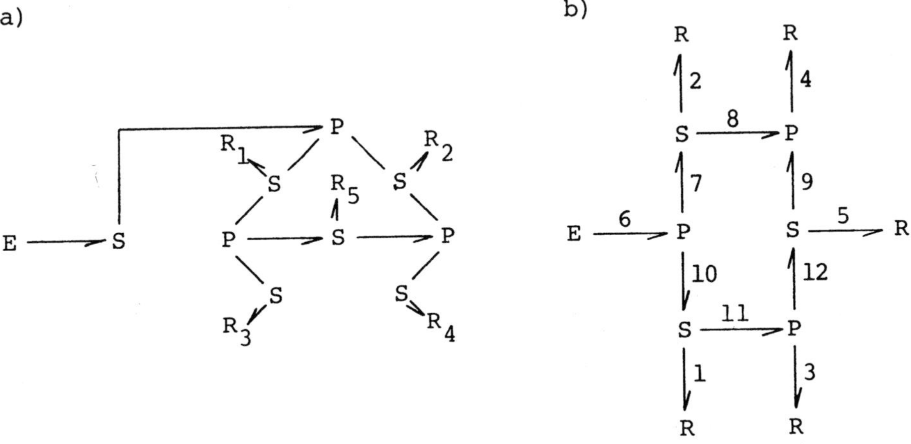

Fig. 5.5-3  Vereinfachung des Bonddiagramms aus Fig. 5.5-2c

Wendet man die Regel VR2 an und ordnet die Bonddiagrammsymbole etwas anders, so erhält man das in Fig. 5.5-3b dargestellte, vereinfachte Bonddiagramm, in dem die Bindungen
anstelle der Elemente numeriert wurden.

## 5.5.4. Kodierung des Bonddiagramms

Die Kodierung geschieht wie im Beispiel des Abschnitts 4.5.3.
und nach den in Abschnitt 4.5.2. festgelegten Regeln.

```
R  1
R  2
R  3
R  4
R  5
E  6
P  6  7 10
S  2  7  8
P  4  8  9
S  5  9 12
P  3 11 12
S  1 10 11
```

## 5.5.5. Bestimmung von Primzahlen

Zur Gewinnung einer Uebersicht über das Verfahren sollen
die einzelnen Schritte für dieses Anwendungsbeispiel noch
im Detail zusammengestellt werden.

Die Schritte werden im folgenden nur mehr durch die voran-
gestellte Nummer der Gleichung gekennzeichnet, aus der sie
abgeleitet sind. Dort, wo es nützlich erscheint, werden die
Ergebnisse durch eine Marke gekennzeichnet. Zur Gliederung
des Ganzen sind Gruppen von Schritten unter einem oder mehreren Stichworten zusammengefasst.

B1. Feld der Strukturrelation R, konkretisierende Funktion $f_\omega$,
    topologisches System S

Aus der Kodierung des Bonddiagramms in Abschnitt 5.5.4. folgt:

$$\text{card } M = 12 \qquad\qquad\qquad (B1-1)$$

$$(4.5-8): \quad N_e = [1, \text{card } M] = [1, 12] \qquad\qquad (B1-2)$$

$$(4.5-9): \quad M = f_e[N_e] = \{x_1, x_2, \ldots, x_{12}\} \qquad\qquad (B1-3)$$

(4.5-7):   Fd R = M = { $x_1, x_2, \ldots, x_{12}$ }      (B1-4)

(4.5-10): $f_\omega$: $x_1 \rightarrowtail R$, $x_2 \rightarrowtail R$, $x_3 \rightarrowtail R$, $x_4 \rightarrowtail R$,

$\qquad\qquad$ $x_5 \rightarrowtail R$, $x_6 \rightarrowtail E$, $x_7 \rightarrowtail P$, $x_8 \rightarrowtail S$,

$\qquad\qquad$ $x_9 \rightarrowtail P$, $x_{10} \rightarrowtail S$, $x_{11} \rightarrowtail P$, $x_{12} \rightarrowtail S$      (B1-5)

$\qquad\qquad$ card S = 12      (B1-6)

(2.3-56): N = [1, card S] = [1, 12]      (B1-7)

(4.5-11), (4.5-21):

$\qquad\qquad$ $S = f_S[N] = \{s_1, s_2, \ldots, s_{12}\}$      (B1-8)


B2. Ecken der Uebertragerelemente, der Verknüpfungen,
    des Inneren und der Grenze des Systems

(4.5-24), (1.2-4), (B1-3), (B1-5):

$\qquad\qquad$ $M_u = \phi$      (B2-1)

(4.5-25), (B1-5):

$\qquad\qquad$ $M_S = \{x_8, x_{10}, x_{12}\}$      (B2-2)

(4.5-26), (B1-5):

$\qquad\qquad$ $M_P = \{x_7, x_9, x_{11}\}$      (B2-3)


(4.5-27), (B2-1) bis (B2-3):

$\qquad\qquad$ $I_S = M_U \cup M_S \cup M_P = \{x_7, x_8, x_9, x_{10}, x_{11}, x_{12}\}$      (B2-4)

(4.5-22), (B2-4), (B1-3):

$\qquad\qquad$ $G_S = C_M I_S = \{x_1, x_2, x_3, x_4, x_5, x_6\}$      (B2-5)


B3. Relationsmatrizen $(a_{ij})$ und $(\hat{a}_{ij})$ der Ecken und
    eindimensionalen Simplexe

(4.5-39), (2.2-22), Abschnitt 5.5.4.:

$\qquad\qquad$ $G(\rho) = \{ (x_1,s_1), (x_2,s_2), (x_3,s_3), (x_4,s_4),$

$\qquad\qquad\qquad$ $(x_5,s_5), (x_6,s_6), (x_7,s_6), (x_7,s_7),$

$\qquad\qquad\qquad$ $(x_7,s_{10}), (x_8,s_2), (x_8,s_7), (x_8,s_8),$

$\qquad\qquad\qquad$ $(x_9,s_4), (x_9,s_8), (x_9,s_9), (x_{10},s_5),$

$\qquad\qquad\qquad$ $(x_{10},s_9), (x_{10},s_{12}), (x_{11},s_3), (x_{11},s_{11})$

$\qquad\qquad\qquad$ $(x_{11},s_{12}), (x_{12},s_1), (x_{12},s_{10}), (x_{12},s_{11})\}$

$(4.5-41),(B1-2),(B1-7):$                                 (B3-1)

$$I_\rho = [1, \text{card } M] = N_e = [1,12]$$
(B3-2)

$$J_\rho = [1, \text{card } S] = N = [1,12]$$
(B3-3)

$(4.5-52),(B3-2),(B1-3):$

$$k = f_e: [1,12] \rightarrow \{x_1, x_2, \ldots, x_{12}\}$$
(B3-4)

$(4.5-53),(B3-3),(B1-8):$

$$\ell = f_s: [1,12] \rightarrow \{s_1, s_2, \ldots, s_{12}\}$$
(B3-5)

$(4.5-45):$    $K_\rho = I_\rho \times J_\rho = [1,12] \times [1,12]$               (B3-6)

$(4.5-54)$ bis $(4.5-56),(B3-4),(B3-5):$

$$
(a_{ij}) = \begin{array}{c|cccccccccccc}
 & 1 & 2 & 3 & 4 & 5 & 6 & 7 & 8 & 9 & 10 & 11 & 12 \\
\hline
1 & 1 & 0 & 0 & 0 & 0 & 0 & 0 & 0 & 0 & 0 & 0 & 0 \\
2 & 0 & 1 & 0 & 0 & 0 & 0 & 0 & 0 & 0 & 0 & 0 & 0 \\
3 & 0 & 0 & 1 & 0 & 0 & 0 & 0 & 0 & 0 & 0 & 0 & 0 \\
4 & 0 & 0 & 0 & 1 & 0 & 0 & 0 & 0 & 0 & 0 & 0 & 0 \\
5 & 0 & 0 & 0 & 0 & 1 & 0 & 0 & 0 & 0 & 0 & 0 & 0 \\
6 & 0 & 0 & 0 & 0 & 0 & 1 & 0 & 0 & 0 & 0 & 0 & 0 \\
7 & 0 & 0 & 0 & 0 & 0 & 1 & 1 & 0 & 0 & 1 & 0 & 0 \\
8 & 0 & 1 & 0 & 0 & 0 & 0 & 1 & 1 & 0 & 0 & 0 & 0 \\
9 & 0 & 0 & 0 & 1 & 0 & 0 & 0 & 1 & 1 & 0 & 0 & 0 \\
10 & 0 & 0 & 0 & 0 & 1 & 0 & 0 & 0 & 1 & 0 & 0 & 1 \\
11 & 0 & 0 & 1 & 0 & 0 & 0 & 0 & 0 & 0 & 0 & 1 & 1 \\
12 & 1 & 0 & 0 & 0 & 0 & 0 & 0 & 0 & 0 & 1 & 1 & 0
\end{array}
$$

where $j \in J_\rho$ labels the columns and $i \in I_\rho$ the rows.     (B3-7)

$(4.5-43),(4.5-44):$

$$
(\hat{a}_{ij}) = \begin{array}{c|cccccccccccc}
 & 1 & 2 & 3 & 4 & 5 & 6 & 7 & 8 & 9 & 10 & 11 & 12 \\
\hline
1 & 1 & 0 & 0 & 0 & 0 & 0 & 0 & 0 & 0 & 0 & 0 & 1 \\
2 & 0 & 1 & 0 & 0 & 0 & 0 & 0 & 1 & 0 & 0 & 0 & 0 \\
3 & 0 & 0 & 1 & 0 & 0 & 0 & 0 & 0 & 0 & 0 & 1 & 0 \\
4 & 0 & 0 & 0 & 1 & 0 & 0 & 0 & 0 & 1 & 0 & 0 & 0 \\
5 & 0 & 0 & 0 & 0 & 1 & 0 & 0 & 0 & 0 & 1 & 0 & 0 \\
6 & 0 & 0 & 0 & 0 & 0 & 1 & 1 & 0 & 0 & 0 & 0 & 0 \\
7 & 0 & 0 & 0 & 0 & 0 & 0 & 1 & 1 & 0 & 0 & 0 & 0 \\
8 & 0 & 0 & 0 & 0 & 0 & 0 & 0 & 1 & 1 & 0 & 0 & 0 \\
9 & 0 & 0 & 0 & 0 & 0 & 0 & 0 & 0 & 1 & 1 & 0 & 0 \\
10 & 0 & 0 & 0 & 0 & 0 & 0 & 1 & 0 & 0 & 0 & 0 & 1 \\
11 & 0 & 0 & 0 & 0 & 0 & 0 & 0 & 0 & 0 & 0 & 1 & 1 \\
12 & 0 & 0 & 0 & 0 & 0 & 0 & 0 & 0 & 0 & 1 & 1 & 0
\end{array}
$$

where $j \in J_\rho$ labels the columns and $i \in J_\rho$ the rows.     (B3-8)

B4. Mengen $S_B$ der Bindungssimplexe und $S_{VB}$ der Verbindungssimplexe

(4.5-57):  $S_1 = \{s_1\}$, $S_2 = \{s_2\}$, $S_3 = \{s_3\}$, $S_4 = \{s_4\}$,

$S_5 = \{s_5\}$, $S_6 = \{s_6\}$, $S_7 = \{s_6, s_7, s_{10}\}$,

$S_8 = \{s_2, s_7, s_8\}$, $S_9 = \{s_4, s_8, s_9\}$,

$S_{10} = \{s_5, s_9, s_{12}\}$, $S_{11} = \{s_3, s_{11}, s_{12}\}$,

$S_{12} = \{s_1, s_{10}, s_{11}\}$                              (B4-1)

(4.5-58):  b: $x_1 \rightarrowtail 1$, $x_2 \rightarrowtail 1$, $x_3 \rightarrowtail 1$, $x_4 \rightarrowtail 1$,

$x_5 \rightarrowtail 1$, $x_6 \rightarrowtail 1$, $x_7 \rightarrowtail 3$, $x_8 \rightarrowtail 3$,

$x_9 \rightarrowtail 3$, $x_{10} \rightarrowtail 3$, $x_{11} \rightarrowtail 3$, $x_{12} \rightarrowtail 3$        (B4-2)

(4.5-61):  $I_{\rho 1} = \{1,12\}$, $I_{\rho 2} = \{2,8\}$, $I_{\rho 3} = \{3,11\}$, $I_{\rho 4} = \{4,9\}$,

$I_{\rho 5} = \{5,10\}$, $I_{\rho 6} = \{6,7\}$, $I_{\rho 7} = \{7,8\}$, $I_{\rho 8} = \{8,9\}$,

$I_{\rho 9} = \{9,10\}$, $I_{\rho 10} = \{7,12\}$, $I_{\rho 11} = \{11,12\}$,

$I_{\rho 12} = \{10,11\}$        (B4-3)

(4.5-62):  $f_e[I_{\rho 1}] = \{x_1, x_{12}\}$ , $f_e[I_{\rho 2}] = \{x_2, x_8\}$,

$f_e[I_{\rho 3}] = \{x_3, x_{11}\}$ , $f_e[I_{\rho 4}] = \{x_4, x_9\}$,

$f_e[I_{\rho 5}] = \{x_5, x_{10}\}$ , $f_e[I_{\rho 6}] = \{x_6, x_7\}$,

$f_e[I_{\rho 7}] = \{x_7, x_8\}$ , $f_e[I_{\rho 8}] = \{x_8, x_9\}$,

$f_e[I_{\rho 9}] = \{x_9, x_{10}\}$ , $f_e[I_{\rho 10}] = \{x_7, x_{12}\}$,

$f_e[I_{\rho 11}] = \{x_{11}, x_{12}\}$, $f_e[I_{\rho 12}] = \{x_{10}, x_{11}\}$        (B4-4)

(4.5-60):  $b[f_e[I_{\rho 1}]] = \{1,3\}$, $b[f_e[I_{\rho 2}]] = \{1,3\}$

$b[f_e[I_{\rho 3}]] = \{1,3\}$, $b[f_e[I_{\rho 4}]] = \{1,3\}$

$b[f_e[I_{\rho 5}]] = \{1,3\}$, $b[f_e[I_{\rho 6}]] = \{1,3\}$

$b[f_e[I_{\rho 7}]] = \{3\}$ , $b[f_e[I_{\rho 8}]] = \{3\}$

$b[f_e[I_{\rho 9}]] = \{3\}$ , $b[f_e[I_{\rho 10}]] = \{3\}$

$b[f_e[I_{\rho 11}]] = \{3\}$ , $b[f_e[I_{\rho 12}]] = \{3\}$        (B4-5)

$$S_B = \{s_1, s_2, s_3, s_4, s_5, s_6\}$$        (B4-6)

(4.5-18),(4.5-21),(B1-8),(B4-6):

$$S_{VB} = C_S S_B = \{s_7, s_8, s_9, s_{10}, s_{11}, s_{12}\}$$        (B4-7)

### B5. Determinierende Funktion f

$(4.5\text{-}31)\colon\ N_B = [1,\operatorname{card} S_B] = [1,6]$                    (B5-1)


$(4.5\text{-}29), (B3\text{-}5), (B4\text{-}6), (2.2\text{-}92)\colon$

$$f_s^{-1}\colon \{s_1, s_2, \dots, s_{12}\} \to [1,12] \tag{B5-2}$$

$$f = f_s^{-1} | S_B$$

$$f\colon s_1 \rightarrowtail 1,\ s_2 \rightarrowtail 2,\ s_3 \rightarrowtail 3,$$
$$s_4 \rightarrowtail 4,\ s_5 \rightarrowtail 5,\ s_6 \rightarrowtail 6 \tag{B5-3}$$


$(4.5\text{-}64), (4.5\text{-}30), (B5\text{-}3)\colon$

$$L(A) = \{\alpha_i\}_{i \in N_B} = W(f) = \{1,2,3,4,5,6\} \tag{B5-4}$$

$(4.5\text{-}37)\colon\ G(f) = \{s^1, s^2, s^3, s^4, s^5, s^6\}$                    (B5-5)


$(4.5\text{-}38), (B5\text{-}3)\colon$

$$s^1 = (s_1,1),\quad s^2 = (s_2,2),\quad s^3 = (s_3,3),$$
$$s^4 = (s_4,4),\quad s^5 = (s_5,5),\quad s^6 = (s_6,6) \tag{B5-6}$$


$(4.5\text{-}35), (B4\text{-}6)\colon$

$$D(f) = S_B = \{s_1, s_2, s_3, s_4, s_5, s_6\} \tag{B5-7}$$


### B6. Zweiermengen der Ecken der eindimensionalen Simplexe

$(4.5\text{-}72), (4.5\text{-}62), (B4\text{-}4)\colon$

$$
\begin{aligned}
E(s_1) &= \{x_1, x_{12}\},\ & E(s_2) &= \{x_2, x_8\},\\
E(s_3) &= \{x_3, x_{11}\},\ & E(s_4) &= \{x_4, x_9\},\\
E(s_5) &= \{x_5, x_{10}\},\ & E(s_6) &= \{x_6, x_7\},\\
E(s_7) &= \{x_7, x_8\},\ & E(s_8) &= \{x_8, x_9\},\\
E(s_9) &= \{x_9, x_{10}\},\ & E(s_{10}) &= \{x_7, x_{12}\},\\
E(s_{11}) &= \{x_{11}, x_{12}\},\ & E(s_{12}) &= \{x_{10}, x_{11}\}
\end{aligned} \tag{B6-1}
$$

### B7. Orientierung des Eingangszweiges

Gegeben sei

$$\alpha = 6 \tag{B7-1}$$

(4.5-67),(B5-3):

$$f^{-1}(6) = s_6 = s_{i_\alpha} \tag{B7-2}$$

$$\text{d.h.} \quad i_\alpha = 6 \tag{B7-3}$$

(4.5-70a),(B7-2),(B6-1),(B4-2):

$$E(s_{i_\alpha}) = E(s_6) = \{x_6, x_7\} \tag{B7-4}$$

$$b(x_6) = 1, \quad b(x_7) = 3 \tag{B7-5}$$

$$x_{\alpha_1} = x_6, \quad \alpha_1 = 6 \tag{B7-6}$$

(4.5-71),(B7-6):

$$e_v \vec{s}_{i_\alpha} = e_v \vec{s}_6 = x_6 \tag{B7-7}$$

(4.5-75),(4.5-73),(B7-4),(B7-7):

$$C_E\{x_{\alpha_1}\} = C_E\{x_6\} = \{x_7\} \tag{B7-8}$$

$$e_n \vec{s}_{i_\alpha} = x_{\alpha_2} = x_7; \quad \alpha_2 = 7 \tag{B7-9}$$

(2.3-31),(2.3-32),(B7-2),(B7-7),(B7-9):

$$\vec{s}_{i_\alpha} = \vec{s}_6 = \langle x_6, x_7 \rangle \tag{B7-10}$$

### B8. Orientierung der Bindungssimplexe

(4.5-77),(B2-5),(1.2-3),(B1-5):

$$M_\Pi = \{x_1, x_2, x_3, x_4, x_5\} \tag{B8-1}$$

(4.5-76),(B6-1),(B8-1):

$$E(\vec{s}_1) \cap M_\Pi = \{x_1\}, \quad E(\vec{s}_2) \cap M_\Pi = \{x_2\},$$
$$E(\vec{s}_3) \cap M_\Pi = \{x_3\}, \quad E(\vec{s}_4) \cap M_\Pi = \{x_4\},$$
$$E(\vec{s}_5) \cap M_\Pi = \{x_5\} \tag{B8-2}$$

$$e_n\vec{s}_1 = x_1, \quad e_n\vec{s}_2 = x_2, \quad e_n\vec{s}_3 = x_3,$$
$$e_n\vec{s}_4 = x_4, \quad e_n\vec{s}_5 = x_5 \tag{B8-3}$$

(4.5-74),(B6-1),(B8-3):

$$e_v\vec{s}_1 = x_{12}, \quad e_v\vec{s}_2 = x_8, \quad e_v\vec{s}_3 = x_{11}$$
$$e_v\vec{s}_4 = x_9, \quad e_v\vec{s}_5 = x_{10} \tag{B8-4}$$

(2.3-31),(2.3-32),(B8-3),(B8-4):

$$\vec{s}_1 = \langle x_{12}, x_1 \rangle, \quad \vec{s}_2 = \langle x_8, x_2 \rangle,$$
$$\vec{s}_3 = \langle x_{11}, x_3 \rangle, \quad \vec{s}_4 = \langle x_9, x_4 \rangle,$$
$$\vec{s}_5 = \langle x_{10}, x_5 \rangle \tag{B8-5}$$

## B9. Orientierung der Verbindungssimplexe

(4.5-80),(B3-3),(B7-9),(B3-7),(B3-5):

$$S_{\alpha_2} = S_7 = \{f_s(6), f_s(7), f_s(10)\}$$
$$= \{s_6, s_7, s_{10}\} \tag{B9-1}$$

(4.5-78),(B9-1),(B4-7),(B7-9):

$$S_{\alpha_2} \cap S_{VB} = \{s_7, s_{10}\} \tag{B9-2}$$
$$e_v\vec{s}_7 = e_v\vec{s}_{10} = x_{\alpha_2} = x_7 \tag{B9-3}$$

(4.5-87a),(B9-3),(B6-1):

$$C_E\{e_v\vec{s}_7\} = \{x_8\}, \quad C_E\{e_v\vec{s}_{10}\} = \{x_{12}\} \tag{B9-4}$$
$$e_n\vec{s}_7 = x_8, \quad e_n\vec{s}_{10} = x_{12} \tag{B9-5}$$

(4.5-87b),(B2-2),(B4-1),(B4-7):

$$S_{s8} = S_8 \cap S_{VB} = \{s_7,s_8\} \tag{B9-6}$$

$$S_{s10} = S_{10} \cap S_{VB} = \{s_9,s_{12}\} \tag{B9-7}$$

$$S_{s12} = S_{12} \cap S_{VB} = \{s_{10},s_{11}\} \tag{B9-8}$$

(4.5-87c),(B9-5),(B9-6),(B9-8):

$$e_v\vec{s}_8 = x_8, \quad e_v\vec{s}_{11} = x_{12} \tag{B9-9}$$

(4.5-87a),(B9-9),(B6-1):

$$C_E\{e_v\vec{s}_8\} = \{x_9\}, \quad C_E\{e_v\vec{s}_{11}\} = \{x_{11}\} \tag{B9-10}$$

$$e_n\vec{s}_8 = x_9, \quad e_n\vec{s}_{11} = x_{11} \tag{B9-11}$$

(4.5-85),(B3-3),(B9-11),(B3-7):

$$f_e^{-1}(e_n\vec{s}_8) = k = 9, \quad S_9 = \{s_4,s_8,s_9\} \tag{B9-12}$$

$$f_e^{-1}(e_n\vec{s}_{11}) = k = 11, \quad S_{11} = \{s_3,s_{11},s_{12}\} \tag{B9-13}$$

(4.5-84),(B4-7),(B9-12),(B9-13):

$$S_9 \cap S_{VB} = \{s_8,s_9\}, \quad S_{11} \cap S_{VB} = \{s_{11},s_{12}\} \tag{B9-14}$$

$$G(\rho_n) = \{(\vec{s}_8,s_9),(\vec{s}_{11},s_{12})\} \tag{B9-15}$$

(4.5-86),(2.2-27),(B9-15),(B9-11):

$$e_v\vec{s}_9 = e_n\vec{s}_8 = x_9 \tag{B9-16}$$

$$e_v\vec{s}_{12} = e_n\vec{s}_{11} = x_{11} \tag{B9-17}$$

(4.5-87a),(B9-16),(B9-17),(B6-1):

$$C_E\{e_v\vec{s}_9\} = \{x_{10}\}, \quad C_E\{e_v\vec{s}_{12}\} = \{x_{10}\} \tag{B9-18}$$

$$e_n\vec{s}_9 = x_{10}, \quad e_n\vec{s}_{12} = x_{10} \tag{B9-19}$$

(4.5-87c),(B9-19),(B9-7):

$$r = 10, \quad S_{sr} = \{s_9, s_{12}\} \tag{B9-20}$$

$$\text{z.B.} \quad s_i = s_{12}, \quad s_j = s_9 \tag{B9-21}$$

$$e_n \vec{s}_i = e_n \vec{s}_{12} = x_{10} \tag{B9-22}$$

$$e_v \vec{s}_j = e_v \vec{s}_9 = x_{10} \tag{B9-23}$$

Das Ergebnis $e_v\vec{s}_9 = x_{10}$ erhält man durch Anwendung der Orientierungsregel OR4 und steht im Widerspruch zu dem Resultat $x_{10} = e_n\vec{s}_9$ in Gl.(B9-19) der Regel OR1. Nach der Bemerkung 1 im Anschluss an Gl.(4.5-87c) ist OR4 stärker bestimmend d.h. Gl.(B9-23) ist für die Orientierung von $\vec{s}_9$ massgebend.

(4.5-87a),(B9-23),(B6-1):

$$C_E\{e_v\vec{s}_9\} = \{x_9\} \tag{B9-24}$$

$$e_n\vec{s}_9 = x_9 \tag{B9-25}$$

Da alle eindimensionalen Simplexe orientiert und durch die Gln.(B9-9) und (B9-23) alle durch die Gln.(B9-6) bis (B9-8) symbolisierten P-S-P-Abschnitte des Bonddiagramms berücksichtigt worden sind, ist damit nach Kriterium 1 in Abschnitt 4.5.6. die Orientierung der Struktur des konkreten Systemmodells abgeschlossen.

(2.3-31),(2.3-32),(B9-3),(B9-5),(B9-9),
(B9-11),(B9-17),(B9-22),(B9-23),(B9-25):

$$
\begin{aligned}
\vec{s}_7 &= \langle x_7, x_8 \rangle \quad , \quad \vec{s}_{10} = \langle x_7, x_{12} \rangle \quad , \\
\vec{s}_8 &= \langle x_8, x_9 \rangle \quad , \quad \vec{s}_{11} = \langle x_{12}, x_{11} \rangle , \\
\vec{s}_{12} &= \langle x_{11}, x_{10} \rangle , \quad \vec{s}_9 = \langle x_{10}, x_9 \rangle
\end{aligned}
\tag{B9-26}
$$

## B10. Orientiertes topologisches System

(2.3-36),(B4-6),(B8-5),(B7-10):

$$
\vec{S}_B = \{ \langle x_{12}, x_1 \rangle, \langle x_8, x_2 \rangle , \langle x_{11}, x_3 \rangle,
$$
$$
\langle x_9, x_4 \rangle , \langle x_{10}, x_5 \rangle, \langle x_6, x_7 \rangle \} \tag{B10-1}
$$

(2.3-36),(B4-7),(B9-26):

$$\vec{S}_{VB} = \{ <x_7,x_8> \; , \; <x_8,x_9> \; , <x_{10},x_9>,$$
$$<x_7,x_{12}>, \; <x_{12},x_{11}>, <x_{11},x_{10}> \} \qquad \text{(B10-2)}$$

(2.3-36),(B1-8),(B10-1),(B10-2):

$$\vec{S} = \vec{S}_B \cup \vec{S}_{VB} \qquad \text{(B10-3)}$$

$$\vec{S} = \{ <x_{12},x_1>, <x_8,x_2> \; , <x_{11},x_3>,$$
$$<x_9,x_4> \; , <x_{10},x_5> \; , <x_6,x_7> \; ,$$
$$<x_7,x_8> \; , <x_8,x_9> \; , <x_{10},x_9>,$$
$$<x_7,x_{12}>, <x_{12},x_{11}>, <x_{11},x_{10}> \} \qquad \text{(B10-4)}$$


B11. Abstraktes System

(4.5-89),(B10-4),(2.3-31),(2.3-32):

$$G(R) = \{ (x_{12},x_1) \; , (x_8,x_2) \; , (x_{11},x_3),$$
$$(x_9,x_4) \; , (x_{10},x_5) \; , (x_6,x_7) \; ,$$
$$(x_7,x_8) \; , (x_8,x_9) \; , (x_{10},x_9),$$
$$(x_7,x_{12}) \; , (x_{12},x_{11}) , (x_{11},x_{10}) \} \qquad \text{(B11-1)}$$

(4.5-90),(B10-4),(2.3-31),(2.3-32):

$$b_v R = \{ x_6, x_7, x_8, x_9, x_{10}, x_{11}, x_{12} \} \qquad \text{(B11-2)}$$

(4.5-91),(B10-4),(2.3-31),(2.3-32):

$$b_n R = \{ x_1, x_2, x_3, x_4, x_5, x_7, x_8, x_9, x_{10}, x_{11}, x_{12} \} \qquad \text{(B11-3)}$$

(4.5-93),(B11-2),(B11-3):

$$X = b_v R \backslash b_n R = \{ x_6 \} \qquad \text{(B11-4)}$$

(4.5-94),(B11-3),(B11-2):

$$Y = b_n R \backslash b_v R = \{ x_1, x_2, x_3, x_4, x_5 \} \qquad \text{(B11-5)}$$

(4.5-95),(B11-2),(B11-3):

$$G_S = b_v R \,\Delta\, b_n R = \{x_1, x_2, x_3, x_4, x_5, x_6\} \tag{B11-6}$$

(4.5-96),(B11-6),(B1-3):

$$I_S = C_M G_S = \{x_7, x_8, x_9, x_{10}, x_{11}, x_{12}\} \tag{B11-7}$$

(4.5-99),(B11-2):

$$I = [1, \text{card } b_v R] = [1, 7] \tag{B11-8}$$

(4.5-100),(B11-3):

$$J = [1, \text{card } b_n R] = [1, 11] \tag{B11-9}$$

(4.5-97),(B11-8),(B11-2):

$$k: \; 1 \rightarrowtail x_6, \; 2 \rightarrowtail x_7, \; 3 \rightarrowtail x_8,$$
$$4 \rightarrowtail x_9, \; 5 \rightarrowtail x_{11}, \; 6 \rightarrowtail x_{11}, \; 7 \rightarrowtail x_{12} \tag{B11-10}$$

(4.5-98),(B11-9),(B11-3):

$$\ell: \; 1 \rightarrowtail x_1, \; 2 \rightarrowtail x_2, \; 3 \rightarrowtail x_3, \; 4 \rightarrowtail x_4,$$
$$5 \rightarrowtail x_5, \; 6 \rightarrowtail x_7, \; 7 \rightarrowtail x_8, \; 8 \rightarrowtail x_9,$$
$$9 \rightarrowtail x_{10}, \; 10 \rightarrowtail x_{11}, \; 11 \rightarrowtail x_{12} \tag{B11-11}$$

(4.5-101) bis (4.5-103),(B11-10),(B11-11),(B11-1):

$$
\begin{array}{c|ccccccccccc}
 & \multicolumn{11}{c}{j \in J \longrightarrow} \\
 & 1 & 2 & 3 & 4 & 5 & 6 & 7 & 8 & 9 & 10 & 11 \\
\hline
1 & 0 & 0 & 0 & 0 & 0 & 1 & 0 & 0 & 0 & 0 & 0 \\
2 & 0 & 0 & 0 & 0 & 0 & 0 & 1 & 0 & 0 & 0 & 1 \\
3 & 0 & 1 & 0 & 0 & 0 & 0 & 0 & 1 & 0 & 0 & 0 \\
4 & 0 & 0 & 0 & 1 & 0 & 0 & 0 & 0 & 0 & 0 & 0 \\
5 & 0 & 0 & 0 & 0 & 1 & 0 & 0 & 1 & 0 & 0 & 0 \\
6 & 0 & 0 & 1 & 0 & 0 & 0 & 0 & 0 & 1 & 0 & 0 \\
7 & 1 & 0 & 0 & 0 & 0 & 0 & 0 & 0 & 0 & 1 & 0 \\
\end{array}
= (c_{ij})
\tag{B11-12}$$

where the row index $i \in I$ runs $1$ to $7$ downward.

(4.5-108),(B11-12):

$$
i \in J \quad
\begin{array}{c|ccccccc}
 & 1 & 2 & 3 & 4 & 5 & 6 & 7 \\
\hline
1 & 0 & 0 & 0 & 0 & 0 & 0 & 1 \\
2 & 0 & 0 & 1 & 0 & 0 & 0 & 0 \\
3 & 0 & 0 & 0 & 0 & 0 & 1 & 0 \\
4 & 0 & 0 & 0 & 1 & 0 & 0 & 0 \\
5 & 0 & 0 & 0 & 0 & 1 & 0 & 0 \\
6 & 1 & 0 & 0 & 0 & 0 & 0 & 0 \\
7 & 0 & 1 & 0 & 0 & 0 & 0 & 0 \\
8 & 0 & 0 & 1 & 0 & 1 & 0 & 0 \\
9 & 0 & 0 & 0 & 0 & 0 & 1 & 0 \\
10 & 0 & 0 & 0 & 0 & 0 & 0 & 1 \\
11 & 0 & 1 & 0 & 0 & 0 & 0 & 0
\end{array}
\quad = (\hat{c}_{ij}) \qquad \text{(B11-13)}
$$

where the column index is $j \in I$.

## B12. Erste Primzahl $P_1$

(4.5-154),(B4-6),(B5-3),(4.5-155):

$$[S_B,f] = \{ (s_1,1),(s_2,2),(s_3,3),$$
$$(s_4,4),(s_5,5),(s_6,6) \} \qquad \text{(B12-1)}$$

$$i = 0, \quad F_{bd0} = \phi \qquad \text{(B12-2)}$$

$$i \to i+1; \quad i = 1 \qquad \text{(B12-3)}$$

$$s_S = s_{k,1} \in [S_B,f] \qquad \text{(B12-4)}$$

(B12-4),(B12-1),(3.5-10),(3.2-13),(4.5-38):

$$k = 1 \qquad \text{(B12-5)}$$

$$s_S = s_{1,1} = (^1s_0,{}^1\alpha_0) = (s_1,1) = s^1 \qquad \text{(B12-6)}$$

(4.5-157),(B12-6),(B11-7),(B6-1),(B12-2):

$$E(s_S) = E(s_{1,1}) = E(s_1) = \{x_1,x_{12}\} \qquad \text{(B12-7)}$$

$$x_{1,0} \in E(s_1) \cap I_S \qquad \text{(B12-8)}$$

$$x_{i,j} = x_{1,0} = x_{12} \qquad \text{(B12-9)}$$

$$j = 0 \qquad \text{(B12-10)}$$

(4.5-158),(4.5-172),(B4-6),(B12-6),(B6-1),(B11-7):

$$E[S_B \setminus \{{}^1 s_0\}] = \{x_2, x_3, x_4, x_5, x_6, x_7, x_8, x_9, x_{10}, x_{11}\}$$
$$\text{(B12-11)}$$
$$I_{SB} = E[S_B \setminus \{{}^1 s_0\}] \cap I_S = \{x_7, x_8, x_9, x_{10}, x_{11}\} \quad \text{(B12-12)}$$

(4.5-163),(B2-2),(B12-12),(B12-9):

$$M_S \cap I_{SB} = \{x_8, x_{10}\} \qquad\qquad \text{(B12-13)}$$
$$x_{i,j} = x_{12} \notin M_S \cap I_{SB}$$

(4.5-167),(B2-2),(B12-12),(B12-9):

$$M_S \setminus I_{SB} = \{x_{12}\} \qquad\qquad \text{(B12-14)}$$
$$x_{i,j} = x_{12} \in M_S \setminus I_{SB} \qquad\qquad \text{(B12-15)}$$

(4.5-162),(B12-3),(B12-10),(4.5-161):

$$S_{hi,j} = S_{h1,0} = \phi \qquad\qquad \text{(B12-16)}$$
$$S_{N1,0} = S_{i,j} \cap S_{VB} \qquad\qquad \text{(B12-17)}$$

(B12-17),(B12-9),(B4-1),(B4-7):

$$x_{i,j} = x_{1,0} = x_{12} \qquad\qquad \text{(B12-18)}$$
$$\rightarrow S_{i,j} = S_{1,0} = S_{12} = \{s_1, s_{10}, s_{11}\} \qquad\qquad \text{(B12-19)}$$
$$S_{N1,0} = S_{12} \cap S_{VB} = \{s_{10}, s_{11}\} \qquad\qquad \text{(B12-20)}$$

(4.5-167),(B12-15),(B12-10),(B12-3),(B12-20):

$$j \rightarrow j+1; \quad j = 1 \qquad\qquad \text{(B12-21)}$$
$${}^1 s_1 \in S_{N1,0} = \{s_{10}, s_{11}\} \qquad\qquad \text{(B12-22)}$$
$$\text{z.B.} \quad {}^i s_j = {}^1 s_1 = s_{10} \qquad\qquad \text{(B12-23)}$$

(4.5-160),(B12-16),(B12-23):

$$S_{hi,j} = S_{h1,1} = S_{h1,0} \cup \{{}^1 s_1\} = \{s_{10}\} \qquad\qquad \text{(B12-24)}$$

(4.5-173),(4.5-172),(B12-8),(B6-1),(B12-9):

$$M_{hi,j} = M_{h1,1} = E(s_{10}) \cup \{x_{1,0}\} = \{x_7, x_{12}\} \qquad (B12\text{-}25)$$

(4.5-175),(B12-23),(B12-9),(B6-1):

$$E(^1s_1) \setminus \{x_{1,0}\} = E(s_{10}) \setminus \{x_{12}\} = \{x_7\}$$
$$x_{1,1} = x_7 \qquad (B12\text{-}26)$$

(4.5-163),(B12-26),(B12-13):

$$x_{1,1} = x_7 \notin M_S \cap I_{SB}$$

(4.5-167),(B12-26),(B12-14):

$$x_{1,1} = x_7 \notin M_S \setminus I_{SB}$$

(4.5-168),(B12-26),(B2-3):

$$x_{1,1} = x_7 \in M_P \qquad (B12\text{-}27)$$

(4.5-168),(B12-3),(B12-21),(4.5-162):

$$S_{N1,1} = (S_{1,1} \cap S_{VB}) \setminus S_{h1,1} \qquad (B12\text{-}28)$$

(B12-26),(B4-1):

$$x_{i,j} = x_{1,1} = x_7$$
$$\rightarrow S_{1,1} = S_7 = \{s_6, s_7, s_{10}\} \qquad (B12\text{-}29)$$

(B12-28),(B12-29),(B4-7),(B12-24):

$$S_{N1,1} = \{s_7, s_{10}\} \setminus \{s_{10}\} = \{s_7\} \neq \phi \qquad (B12\text{-}30)$$
$$\text{card } S_{N1,1} = 1 \qquad (B12\text{-}31)$$

(4.5-168),(B12-27),(B12-30),(B12-31),(B12-21):

$$S_{N1,1} = \{s_7\}$$

$$n = 1$$

$$\nu = 0$$

$$j \to j+1; \quad j = 2 \qquad\qquad (B12\text{-}32)$$

$${}^i s_2 = {}^1 s_2 = s_7 \qquad\qquad (B12\text{-}33)$$

(4.5-175),(B12-33),(B12-26),(B6-1)

$$E({}^1 s_2)\setminus\{x_{1,1}\} = E(s_7)\setminus\{x_7\} = \{x_8\}$$

$$x_{1,2} = x_8 \qquad\qquad (B12\text{-}34)$$

(4.5-163),(B12-34),(B12-13):

$$x_{1,2} = x_8 \in M_S \cap I_{SB}$$

$$x_{i,m_i} = x_{1,2} = x_8 \qquad\qquad (B12\text{-}35)$$

$$\to m_i = m_1 = 2 \qquad\qquad (B12\text{-}36)$$

(4.5-164),(B12-35),(B12-9):

$$x_{i,m_i} = x_8 \neq x_{1,0} = x_{12}$$

$$\to S_{hi} \neq \phi$$

(4.5-160),(B12-24),(B12-33):

$$S_{h1,2} = S_{h1,1} \cup \{{}^1 s_2\} = \{s_{10}\} \cup \{s_7\} = \{s_7, s_{10}\}$$
$$(B12\text{-}37)$$

(4.5-173),(4.5-172),(B12-37),(B6-1),(B12-9):

$$M_{h1,2} = E(s_7) \cup E(s_{10}) \cup \{x_{1,0}\} = \{x_7, x_8, x_{12}\} \quad (B12\text{-}38)$$

(4.5-160),(B12-35),(B12-37),(4.5-165):

$$K_{S1} = S_{h1,2} = \{s_7, s_{10}\} \qquad\qquad (B12\text{-}39)$$

$$S_{h1} = K_{S1} \cup \phi = \{s_7, s_{10}\} \qquad\qquad (B12\text{-}40)$$

$(4.5-174),(B12-40),(4.5-172),(B12-9),(B6-1):$

$$M_{h1} = \{x_7,x_8,x_{12}\} \tag{B12-41}$$

$(4.5-177),(B12-41),(B2-3):$

$$M_{Ph1} = M_{h1} \cap M_P = \{x_7\} \tag{B12-42}$$

$(4.5-178),(B12-41),(B2-2):$

$$M_{Sh1} = M_{h1} \cap M_S = \{x_8,x_{12}\} \tag{B12-43}$$

$(4.5-180),(B12-41),(4.5-57),(B4-1):$

$$\left.\begin{aligned}
S(x_7) &= S_7 = \{s_6,s_7,s_{10}\}\\
S(x_8) &= S_8 = \{s_2,s_7,s_8\}\\
S(x_{12}) &= S_{12}= \{s_1,s_{10},s_{11}\}
\end{aligned}\right\} \tag{B12-44}$$

$(4.5-181),(B4-6),(B12-44),(B12-6):$

$$\left.\begin{aligned}
S_{B7} &= (S_B \cap S_7) \setminus \{{}^1s_0\} = \{s_6\}\setminus\{s_1\} = \{s_6\}\\
S_{B8} &= (S_B \cap S_8) \setminus \{{}^1s_0\} = \{s_2\}\setminus\{s_1\} = \{s_2\}\\
S_{B12} &= (S_B \cap S_{12})\setminus \{{}^1s_0\} = \{s_1\}\setminus\{s_1\} = \phi
\end{aligned}\right\} \tag{B12-45}$$

$(4.5-182),(B12-45),(B12-42):$

$$S_{BP1} = \{s_6\} \tag{B12-46}$$

$(4.5-183),(B12-43),(B12-45):$

$$s_{B8} = s_2 \tag{B12-47}$$

$(4.5-184),(B12-47):$

$$S_{BS1} = \{s_2\} \tag{B12-48}$$

$(4.5-185),(B12-46),(B12-48),(B12-6):$

$$F_{B1} = \{s_6,s_2,s_1\} \tag{B12-49}$$

$(4.5-186)$ , $(4.5-187)$ , $(B5-3)$ , $(B12-49)$ :

$$f_1: \quad s_1 \rightarrowtail 1, \quad s_2 \rightarrowtail 2, \quad s_6 \rightarrowtail 6 \qquad \text{(B12-50)}$$

$$P_1 = [1, 2, 6] \qquad \text{(B12-51)}$$

## B13. Zweite Primzahl $P_2$

Im obigen Abschnitt B12 wurde jeder einzelne Schritt zur Bestimmung der Primzahl $P_1$ für das gegebene Bonddiagramm aufgeschrieben. Da das Vorgehen zur Bestimmung der weiteren
Primzahlen ganz ähnlich wie für $P_1$ ist, wird es im folgenden
etwas zusammengefasst dargestellt.

$(4.5-154)$ , $(4.5-117)$ , $(2.3-68)$ , $(B5-5)$ :

$$[S_B,f] = G(f) = \Gamma_B = \{s^1,s^2,s^3,s^4,s^5,s^6\} \qquad \text{(B13-1)}$$

$(4.5-124)$ bis $(4.5-126)$ , $(B12-49)$ , $(B12-50)$ , $(4.5-38)$ :

$$F_{Bd1} = \{s^1,s^2,s^6\} \qquad \text{(B13-2)}$$

$(4.5-153)$ , $(4.5-154)$ , $(B13-1)$ , $(B13-2)$ :

$$\xi_1 = 1$$

$$s_{k,(i+1)} \in \{s^3,s^4,s^5\} \qquad \text{(B13-3)}$$

$(B13-3)$ , $(B12-3)$ , $(B12-5)$ , $(4.5-38)$ :

$$i \rightarrow i+1; \quad i = 2 \qquad \text{(B13-4)}$$

$$s_{1,2} \in \{s^3,s^4,s^5\} = \{(s_3,3),(s_4,4),(s_5,5)\} \qquad \text{(B13-5)}$$

$(4.5-155)$ , $(B13-5)$ :

$$s_S = s_{1,2} = (^2s_0,{}^2\alpha_0) = (s_3,3) = s^3 \qquad \text{(B13-6)}$$

$(4.5-157)$ , $(B13-6)$ , $(B6-1)$ , $(B11-7)$ :

$$E(s_3) \cap I_S = \{x_{11}\}$$

$$j = 0$$

$$x_{2,0} = x_{11} \qquad \text{(B13-7)}$$

(4.5-158),(B4-6),(B13-6):

$$I_{SB} = E[S_B \setminus \{^2s_0\}] \cap I_S = \{x_7,x_8,x_9,x_{10},x_{11},x_{12}\}$$

$$(B13-9)$$

(4.5-168),(4.5-161),(B13-8),(B4-1),(B4-7),(B2-3):

$$S_{h2,0} = \phi \qquad (B13-10)$$

$$S_{N2,0} = \{s_{11},s_{12}\} \qquad (B13-11)$$

$$x_{i,j} = x_{2,0} = x_{11} \epsilon M_P \wedge \text{card } S_{N2,0} = 2 > 1 \qquad (B13-12)$$

(4.5-168),(B13-12),(4.5-160),(B13-10),(B13-11):

$$x_{2,m_2} = x_{i,j} = x_{2,0} = x_{11}$$

$$K_{S2} = S_{h2,0} = \phi \qquad (B13-13)$$

$$\mu = 0; \quad \nu \epsilon [1,2]$$

$$^2s_{1,1} = s_{11}; \quad ^2x_{1,0} = x_{11} \qquad (B13-14)$$

$$^2s_{2,1} = s_{12}; \quad ^2x_{2,0} = x_{11} \qquad (B13-15)$$

(4.5-169),(B13-12):

$$n = \text{card } S_{N2,0} = 2$$

$$\mu = 2 \qquad (B13-16)$$

(4.5-175),(B13-14),(B6-1),(B13-15):

$$E(^2s_{1,1}) \setminus \{^2x_{1,0}\} = E(s_{11}) \setminus \{x_{11}\} = \{x_{12}\}$$

$$^ix_{\nu,j+1} = {}^2x_{1,1} = x_{12} \qquad (B13-17)$$

$$E(^2s_{2,1}) \setminus \{^2x_{2,0}\} = E(s_{12}) \setminus \{x_{11}\} = \{x_{10}\}$$

$$^ix_{\nu,j+1} = {}^2x_{2,1} = x_{10} \qquad (B13-18)$$

$$j = 1 \qquad (B13-19)$$

(4.5-163),(B13-17),(B13-18):

$$M_S \cap I_{SB} = \{x_8,x_{10},x_{12}\}$$

$$^2x_{1,1} \epsilon M_S \cap I_{SB} \rightarrow {}^2x_{1,1} = x_{12} = {}^ix_{\nu,m_i} = {}^2x_{1,m_2}$$

$$(B13-20)$$

$$^2x_{2,1} \epsilon M_S \cap I_{SB} \rightarrow {}^2x_{2,1} = x_{10} = {}^ix_{\nu,m_i} = {}^2x_{2,m_2}$$

$$(B13-21)$$

(4.5-160),(4.5-166),(B13-19):

$$^2K_{S1} = {}^iS_{h\nu,j} = {}^2S_{h1,1} = {}^2S_{h1,0} \cup \{^2s_{1,1}\} \qquad \text{(B13-22)}$$

$$^2K_{S2} = {}^iS_{h\nu,j} = {}^2S_{h2,1} = {}^2S_{h2,0} \cup \{^2s_{2,1}\} \qquad \text{(B13-23)}$$

(4.5-161),(B13-22),(B13-14),(B13-23),(B13-15):

$$^2K_{S1} = \phi \cup \{s_{11}\} = \{s_{11}\}$$
$$^2K_{S2} = \phi \cup \{s_{12}\} = \{s_{12}\}$$

$$\} \text{ (B13-24)}$$

(4.5-165),(B13-13),(B13-24):

$$S_{h2} = K_{S2} \cup {}^2K_{S1} \cup {}^2K_{S2} = \{s_{11},s_{12}\} \qquad \text{(B13-25)}$$

(4.5-174),(B13-25),(B13-8),(B6-1),(B2-3),(B2-2),
(4.5-177),(4.5-178):

$$M_{h2} = \{x_{10},x_{11},x_{12}\} \qquad \text{(B13-26)}$$

$$M_{Ph2} = \{x_{11}\} \qquad \text{(B13-27)}$$

$$M_{Sh2} = \{x_{10},x_{12}\} \qquad \text{(B13-28)}$$

(4.5-180),(B13-26),(4.5-57),(B4-1):

$$S(x_{10}) = S_{10} = \{s_5,s_9,s_{12}\}$$
$$S(x_{11}) = S_{11} = \{s_3,s_{11},s_{12}\}$$
$$S(x_{12}) = S_{12} = \{s_1,s_{10},s_{11}\}$$

$$\} \text{ (B13-29)}$$

(4.5-181),(B4-6),(B13-29),(B13-6):

$$S_{B10} = \{s_5\}, \; S_{B11} = \phi, \; S_{B12} = \{s_1\} \qquad \text{(B13-30)}$$

(4.5-182),(B13-30),(B13-27):

$$S_{BP2} = \phi \qquad \text{(B13-31)}$$

(4.5-183),(B13-28),(B13-30),(4.5-184):

$$s_{B10} = s_5, \; s_{B12} = s_1$$
$$S_{BS2} = \{s_5,s_1\} \qquad \text{(B13-32)}$$

(4.5-185),(B13-31),(B13-32),(B13-6):

$$F_{B2} = \{s_5, s_1, s_3\} \tag{B13-33}$$

(4.5-186),(4.5-187),(B5-3),(B13-33):

$$f_2: s_1 \rightarrowtail 1, \quad s_3 \rightarrowtail 3, \quad s_5 \rightarrowtail 5 \tag{B13-34}$$

$$P_2 = [1, 3, 5] \tag{B13-35}$$

(4.5-153),(B13-4):

$$\xi_2 = 2 \tag{B13-36}$$

(4.5-154),(B13-1),(B13-2),(B13-34),(B13-35):

$$[S_B, f] \backslash \{s^1, s^2, s^3, s^4, s^5, s^6\} = \{s^4\} = \{(s_4, 4)\} \tag{B13-37}$$

## B14. Dritte Primzahl $P_3$

Im Vergleich zum Abschnitt B13 werden nur noch die wichtigsten Schritte zur Bestimmung der Primzahl $P_3$ angegeben und durch Stichworte gekennzeichnet.

Startbindung, (4.5-154),(4.5-155),(B13-37):

$$s_S = s_{1,3} = ({}^3 s_0, {}^3 \alpha_0) = (s_4, 4) = s^4 \tag{B14-1}$$

Anfangsecke $x_{3,0}$ der Kette $K_{S3}$, (4.5-157):

$$x_{3,0} = x_9 \tag{B14-2}$$

Menge der Innenecken aller Bindungssimplexe ohne Startbindung, (4.5-158):

$$I_{SB} = \{x_7, x_8, x_{10}, x_{11}, x_{12}\} \tag{B14-3}$$

Aktuelle Menge der Hauptverbindungen, (4.5-161):

$$S_{h3,0} = \phi \tag{B14-4}$$

Abgeschlossene Hauptkette $K_{S3}$, (4.5-168),(4.5-160):

$$K_{S3} = \phi \tag{B14-5}$$

Erste Verbindungen und Startknoten der beiden Nebenketten,
(4.5-168):

$$^3s_{1,1} = s_8; \quad ^3x_{1,0} = x_9 \qquad\qquad\qquad \text{(B14-6)}$$

$$^3s_{2,1} = s_9; \quad ^3x_{2,0} = x_9 \qquad\qquad\qquad \text{(B14-7)}$$

Nächste Knoten der Nebenketten, (4.5-175):

$$^3x_{1,1} = x_8, \quad ^3x_{2,1} = x_{10} \qquad\qquad\qquad \text{(B14-8)}$$

Gemäss der Regel KR1 (4.5-163) sind die Knoten in (B14-8)
Endknoten der Nebenketten.

Nebenketten, (4.5-166),(4.5-160),(4.5-161):

$$^3K_{S1} = \{s_8\}, \quad ^3K_{S2} = \{s_9\} \qquad\qquad\qquad \text{(B14-9)}$$

Menge der Hauptverbindungen, (4.5-165):

$$S_{h3} = \{s_8, s_9\} \qquad\qquad\qquad\qquad \text{(B14-10)}$$

Menge der Hauptknoten, (4.5-174):

$$M_{h3} = \{x_8, x_9, x_{10}\} \qquad\qquad\qquad \text{(B14-11)}$$

P- und S-Teilmengen der Hauptknoten, (4.5-177),(4.5-178):

$$M_{Ph3} = \{x_9\} \qquad\qquad\qquad\qquad \text{(B14-12)}$$

$$M_{Sh3} = \{x_8, x_{10}\} \qquad\qquad\qquad \text{(B14-13)}$$

Bindungssimplexe der Knoten aus $M_{Ph3}$ und $M_{Sh3}$ zur Bestimmung
der Primzahl, (4.5-180) bis (4.5-184):

$$S_{BP3} = \{s_4\} \qquad\qquad\qquad\qquad \text{(B14-14)}$$

$$S_{BS3} = \{s_2, s_5\} \qquad\qquad\qquad \text{(B14-15)}$$

Menge aller Bindungssimplexe zur Bestimmung der Primzahl $P_3$,
(4.5-185),(4.5-187):

$$F_{B3} = \{s_2, s_4, s_5\}; \quad F_{Bd3} = \{s^2, s^4, s^5\} \qquad \text{(B14-16)}$$

Primzahl $P_3$, (4.5-186):

$$P_3 = [2, 4, 5] \qquad\qquad\qquad\qquad \text{(B14-17)}$$

Menge der bei der Bildung der Primzahlen noch nicht benutzten Bindungssimplexe, (4.5-188):

$$[S_B,f]\backslash\{s^1,s^2,s^3,s^4,s^5,s^6\} = \phi \qquad \text{(B14-18)}$$

Die Bestimmung der Primzahlen ist somit abgeschlossen. Es ergeben sich also

$$\xi = 3 \qquad \text{(B14-19)}$$

Primzahlen und ein System mit

$$w = 2 \qquad \text{(B14-20)}$$

Knoten im klassischen Sinn (vgl. Fig. 5.5-1).


### 5.5.6. Bestimmung der Strukturzahl und der komplementären Strukturzahl


Nach Gl.(4.5-2) erhält man die Strukturzahl A des Bonddiagramms in Fig. 5.5-3 durch Multiplikation der in den Gln. (B12-51),(B13-35) und (B14-17) gegebenen Primzahlen $P_1,P_2,P_3$. Das Produkt A ergibt sich durch Anwendung der Definitionsgl.(3.3-10) und des Assoziativgesetzes der Multiplikation von Strukturzahlen. Die Operationen lassen sich übersichtlicher ausführen, wenn man die Primzahlen zu diesem Zweck untereinander schreibt:

$$A = [1, 2, 6]\cdot[1, 3, 5]\cdot[2, 4, 5]$$

$$
\begin{array}{ccc}
1 & 2 & 6 \\
\cdot\quad 1 & 3 & 5 \\
2 & 4 & 5
\end{array}
$$

$$
A = \begin{bmatrix}
1 & 1 & 1 & 1 & 1 & 2 & 2 & 2 & 2 & 2 & 6 & 6 & 6 & 6 & 6 & 6 & 6 & 6 \\
3 & 3 & 3 & 5 & 5 & 1 & 1 & 3 & 3 & 5 & 1 & 1 & 1 & 3 & 3 & 3 & 5 & 5 \\
2 & 4 & 5 & 2 & 4 & 4 & 5 & 4 & 5 & 4 & 2 & 4 & 5 & 2 & 4 & 5 & 2 & 4
\end{bmatrix}
$$

$$
A = \begin{bmatrix}
1 & 1 & 1 & 1 & 1 & 2 & 2 & 2 & 1 & 1 & 1 & 2 & 3 & 3 & 2 & 4 \\
2 & 3 & 3 & 4 & 2 & 3 & 3 & 4 & 2 & 4 & 5 & 3 & 4 & 5 & 5 & 5 \\
3 & 4 & 5 & 5 & 4 & 4 & 5 & 5 & 6 & 6 & 6 & 6 & 6 & 6 & 6 & 6
\end{bmatrix} \qquad \text{(5,5-2)}
$$

Gemäss der Definitionsgl.(3.4-1) wird für die Bestimmung der komplementären Strukturzahl $\overline{A}$ die Kenntnis der Menge L(A) aller Elemente der Spalten von A vorausgesetzt. L(A) erhält

man mit Hilfe der Gl.(3.4-3) (L(A) ist auch als Wertebereich
W(f) der determinierenden Funktion f in Gl.(B5-4) gegeben).

$$L(A) = \{1, 2, 3, 4, 5, 6\} \qquad (5.5-3)$$

Laut Definition ergeben sich dann die Spalten von $\overline{A}$ als Komplemente der Spalten von A bzgl. L(A).

$$\overline{A} = \begin{bmatrix} 4 & 2 & 2 & 2 & 3 & 1 & 1 & 1 & 3 & 2 & 2 & 1 & 1 & 1 & 1 & 1 \\ 5 & 5 & 4 & 3 & 5 & 5 & 4 & 3 & 4 & 3 & 3 & 4 & 2 & 2 & 3 & 2 \\ 6 & 6 & 6 & 6 & 6 & 6 & 6 & 6 & 5 & 5 & 4 & 5 & 5 & 4 & 4 & 3 \end{bmatrix} \qquad (5.5-4)$$

### 5.5.7. Definition der strukturellen Ein- und Ausgangseinheiten, sowie des gesuchten Uebertragungs-Verhältnisses und -Operators

Durch die in Gl.(2.4-2) definierte konkretisierende Funktion
$f_p$ wird jedem Zweig $s^i$ des determinierten Systems ein zeitabhängiges Signal $p_i = p_i(t)$ zugeordnet. Gemäss der Gl.(2.3-68)
ist das determinierte System [S,f] als Graph G(f) der determinierenden Funktion f definiert.  G(f) ist im vorliegenden Fall durch die Gln.(B5-5) und (B5-6) gegeben und die Momentanleistung $p_i$ des Zweiges $s^i$ ist nach Gl.(4.1-1) das
Produkt der beiden Leistungsvariablen $e_i$ und $i_i$. Die Definition der konkretisierenden Funktion
$f_p$: G(f) = [S,f] $\rightarrow$ $\{p_i\}$, $i \epsilon N_B = [1,6]$ (Gl.(B5-1)) lautet daher
bei Beachtung von (B5-6):

$$f_p:\ (s_1,1) \rightarrowtail p_1 = e_1 i_1, \quad (s_2,2) \rightarrowtail p_2 = e_2 i_2,$$
$$(s_3,3) \rightarrowtail p_3 = e_3 i_3, \quad (s_4,4) \rightarrowtail p_4 = e_4 i_4,$$
$$(s_5,5) \rightarrowtail p_5 = e_5 i_5, \quad (s_6,6) \rightarrowtail p_6 = e_6 i_6 \qquad (5.5-5)$$

Durch $f_p$ ist somit jedem Zweig $s^i = (s_i,\alpha_i)$ (vgl. Gl.
(4.5-38)) mit $p_i$ auch eine Extravariable $e_i$ und eine Intravariable $i_i$ zugeordnet. Laut Aufgabenstellung in Abschnitt
5.5.1. ist der Instrumentenstrom $i_5$ bei gegebener Quellenspannung $E = u_6$ (vgl. Fig. 5.5-3b) gesucht. Zudem gilt wegen der Gln.(5.5-1):

$$u_5 i_5 = e_5 i_5 = p_5 \qquad (5.5-6)$$
$$u_6 i_6 = e_6 i_6 = p_6 \qquad (5.5-7)$$

Da $i_5$ Ausgangsgrösse und $u_6 = E$  Eingangsgrösse sind, erhält man aus diesen Gln. mit Hilfe der Inversen $f_p^{-1}$ den Ausgangszweig $s^\beta$ und den Eingangszweig $s^\alpha$.

$$f_p^{-1}(p_5) = (s_5,5) = s^5 =_{Df} s^\beta \qquad (5.5-8)$$

$$f_p^{-1}(p_6) = (s_6,6) = s^6 =_{Df} s^\alpha \qquad (5.5-9)$$

Analog zur Definition der indizierenden Funktion $f_S$ (vgl. Gl.(2.3-57)) des topologischen Systems S durch ihren Graphen $G(f_S)$, kann auch die determinierende Funktion f von S (vgl. Gl.(2.3-65)) durch den Graphen $G(f)$ definiert werden.

$$[S,f] = G(f) =_{Df} \{ (s_i,\alpha_i) = s^{\alpha_i} \mid s_i \in D(f) \wedge \alpha_i \in W(f) \} \qquad (5.5-10)$$

Demnach gilt für ein Element des Graphen $G(f)$, d.h. ein geordnetes Paar $(s_i,\alpha_i)$, die folgende Bedingung:

$$(s_i,\alpha_i) \in G(f) \;\leftrightarrow\; f(s_i) = \alpha_i \qquad (5.5-11)$$

Die geordneten Paare $(s_5,5)$ und $(s_6,6)$ der Gln.(5.5-8) und (5.5-9) sind Elemente des Graphen $G(f)$ aus Gl.(B5-5) und erfüllen daher die Bedingung (5.5-11). Aus dieser Bedingung erhält man somit die strukturellen Einheiten (vgl. Definitionsgl.(4.5-63)) $\alpha$ und $\beta$ des Ein- und des Ausgangszweiges des topologischen Systems.

$$\text{Eingangszweig:} \quad \alpha = f(s_6) = 6 \qquad (5.5-12)$$

$$\text{Ausgangszweig:} \quad \beta = f(s_5) = 5 \qquad (5.5-13)$$

Da $i_5$ bei gegebenem $u_6 = e_6$ bestimmt werden soll, ist das gesuchte Uebertragungsverhältnis $x_i/u_j$ (vgl. Gl.(5.3-2)) wie folgt definiert:

$$\frac{x_i}{u_j} = \frac{i_5}{u_6} = \frac{i_5}{e_6} = \frac{i_\beta}{e_\alpha} \qquad (5.5-14)$$

Ebenfalls nach Gl.(5.3-2) kann dieses Uebertragungsverhältnis mit Hilfe des Uebertragungsoperators $G(D)$ berechnet werden. Gemäss Gl.(B7-2) ist der Eingangszweig der Bindungssimplex $s_6$. Nach Gl.(B7-7) besitzt der orientierte Eingangszweig $\vec{s}_6$ die Vorderecke $x_6$. Das Eingangselement $\omega_\alpha$ (Gl. (4.5-68)) erhält man laut Gl.(4.5-71) als Wert von $x_6$ bzgl. der in Gl.(B1-5) definierten konkretisierenden Funktion $f_\omega$:

$$f^{-1}(\alpha) = s_6; \quad e_v\vec{s}_6 = x_6; \quad \omega_\alpha = f_\omega(x_6) = E \qquad (5.5-15)$$

Das Eingangselement ist also ein E-Quellenelement und besitzt als solches die Impedanz

$$z_6 = z_\alpha = 0 \qquad\qquad\qquad (5.5\text{-}16)$$

Der Ausdruck für das gesuchte Uebertragungsverhältnis in Gl.(5.5-14) muss daher wie folgt ergänzt werden:

$$\frac{x_i}{u_j} = \left. \frac{i_\beta}{e_\alpha} \right|_{z_\alpha = 0} = G(D) \qquad\qquad (5.5\text{-}17)$$

Der Uebertragungsoperator G(D) ist in den Gln.(5.3-2) und (5.3-4) definiert. G(D) kann auf einfache Weise mit der Methode der Strukturzahlen gemäss Gl.(4.4-35) berechnet werden.

$$G(D) = \frac{\underset{\mathbb{Z}}{Sim}\left(\frac{\partial \overline{A}}{\partial \alpha}, \frac{\partial \overline{A}}{\partial \beta}\right)}{\underset{\mathbb{Z}}{det}\frac{\delta \overline{A}}{\delta \alpha}} \qquad\qquad (5.5\text{-}18)$$

## 5.5.8. Algebraische Ableitungen und Coableitungen; Konjunktion der Gleichzeitigkeitsfunktion

Aus Gl.(5.5-18) geht hervor, dass die algebraischen Ableiungen $\frac{\partial \overline{A}}{\partial \alpha}$ und $\frac{\partial \overline{A}}{\partial \beta}$, sowie die algebraische Coableitung $\frac{\delta \overline{A}}{\delta \alpha}$ berechnet werden müssen. Die gesuchten Ergebnisse erhält man durch Anwendung der entsprechenden in Abschnitt 3.7. definierten Operationen auf die in Gl.(5.5-4) gegebene komplementäre Strukturzahl $\overline{A}$.

$$\frac{\partial \overline{A}}{\partial \alpha} = \frac{\partial \overline{A}}{\partial 6} = \begin{bmatrix} 4 & 2 & 2 & 2 & 3 & 1 & 1 & 1 \\ 5 & 5 & 4 & 3 & 5 & 5 & 4 & 3 \end{bmatrix} \qquad (5.5\text{-}19)$$

$$\frac{\partial \overline{A}}{\partial \beta} = \frac{\partial \overline{A}}{\partial 5} = \begin{bmatrix} 4 & 2 & 3 & 1 & 3 & 2 & 1 & 1 \\ 6 & 6 & 6 & 6 & 4 & 3 & 4 & 2 \end{bmatrix} \qquad (5.5\text{-}20)$$

$$\frac{\delta \overline{A}}{\delta \alpha} = \frac{\delta \overline{A}}{\delta 6} = \begin{bmatrix} 3 & 2 & 2 & 1 & 1 & 1 & 1 & 1 \\ 4 & 3 & 3 & 4 & 2 & 2 & 3 & 2 \\ 5 & 5 & 4 & 5 & 5 & 4 & 4 & 3 \end{bmatrix} \qquad (5.5\text{-}21)$$

Aus den Gln.(3.8-43) und (3.8-44) ist ersichtlich, dass für die Bestimmung der Gleichzeitigkeitsfunktion zuerst die

Konjunktion C berechnet werden muss.

$$C = \frac{\partial \overline{A}}{\partial \alpha} \cap \frac{\partial \overline{A}}{\partial \beta} = \begin{bmatrix} 2 & 1 \\ 3 & 4 \end{bmatrix} \qquad (5.5-22)$$

### 5.5.9. Vorzeichen der Gleichzeitigkeitsfunktion

Wie die Gln.(3.8-42) bis (3.8-55) zeigen, sind die Vorzeichen der Gleichzeitigkeitsfunktion vor allem durch die determinierten Fasern $F_{d\alpha}$ und $F_{d\beta}$ festgelegt. Gemäss den Gln. (3.8-50) bis (3.8-55) hängt die Definition dieser Fasern wiederum von den frei wählbaren Orientierungen des Eingangszweiges $s^{\alpha}$ und des Ausgangszweiges $s^{\beta}$ ab.

Es wurde schon zu Beginn des Abschnitts 2.4. darauf hingewiesen, dass den eindimensionalen Simplexen eines topologischen Systems gewöhnlich andere physikalische Grössen zugeordnet werden, als den Bindungssimplexen eines Bonddiagramms. Gewöhnliche orientierte Systemzweige haben also eine andere physikalische Bedeutung als die orientierten Bindungssimplexe eines Bonddiagramms, das für das gleiche konkrete System aufgestellt wurde. Für die Bestimmung der Vorzeichen der Gleichzeitigkeitsfunktion eines Bonddiagramms kann daher z.B. nicht mehr auf die Gl.(3.8-53) zurückgegriffen werden.

Der Orientierung der Zweige $\vec{s}_{\alpha}$ und $\vec{s}_{\beta}$ in Gl.(3.8-54) entspricht die Definition der diesen Zweigen zugeordneten Eingangsgrösse $u_j$ und Ausgangsgrösse $x_i$ in Gl.(5.3-2). Das Vorzeichen des Uebertragungsoperators $G(D)$, und damit auch der Gleichzeitigkeitsfunktion als ganze, ist daher wegen der Gln.(5.5-17) und (5.5-18) positiv, wenn $x_i$ und $u_j$ gleiches Vorzeichen haben, und negativ im anderen Fall.

$$\text{sgn}[\underset{\mathbb{Z}}{\text{Sim}}(\frac{\partial \overline{A}}{\partial \alpha}, \frac{\partial \overline{A}}{\partial \beta})] = +1 \leftrightarrow \text{sgn } x_i = \text{sgn } u_j \qquad (5.5-23)$$

$$\text{sgn}[\underset{\mathbb{Z}}{\text{Sim}}(\frac{\partial \overline{A}}{\partial \alpha}, \frac{\partial \overline{A}}{\partial \beta})] = -1 \leftrightarrow \text{sgn } x_i \neq \text{sgn } u_j \qquad (5.5-24)$$

sgn ist die Signum-Funktion.

Ist das Vorzeichen der Gleichzeitigkeitsfunktion durch die Erfüllung einer dieser beiden Bedingungen festgelegt, so dienen die Gln.(3.8-42) bis (3.8-49) nur noch dazu festzustellen, welche der einzelnen Terme der Gleichzeitigkeitsfunktion entgegengesetztes oder gleiches Vorzeichen haben.

Auch hierbei ist wieder zu berücksichtigen, dass die den
determinierten Fasern $F_{d\alpha}$ und $F_{d\beta}$ (Gln. (3.8-50) und (3.8-51))
entsprechenden Simplex-Mengen für Bonddiagramme neu zu definieren sind. Die dafür massgebenden Ueberlegungen sind
in den Abschnitten 4.5, 4.5.4, 4.5.8. und 4.5.12. zu finden. Vor allem aus den Gln. (4.5-124) bis (4.5-126) ist ersichtlich, dass in der Gl. (3.8-49) die Fasern $F_\alpha$ und $F_\beta$
durch die Teilmengen $F_{B\mu}$ und $F_{B\nu}$ von Bindungssimplexen ersetzt werden müssen.

$$P_\mu = f_\mu[F_{B\mu}]; \quad P_\nu = f_\nu[F_{B\nu}] \tag{5.5-25}$$

Gemäss der Definitionsgl. (4.5-126) sind $f_\mu$ und $f_\nu$ die Einschränkungen der determinierenden Funktion $f$ auf die Teilmengen $F_{B\mu}$ und $F_{B\nu}$.

$$f_\mu =_{Df} f|F_{B\mu} \tag{5.5-26}$$

$$f_\nu =_{Df} f|F_{B\nu} \tag{5.5-27}$$

Die obigen Gln. (5.5-25) stimmen in ihrer Form mit der Gl.
(4.5-186) überein d.h. $P_\mu$ und $P_\nu$ sind zwei der mit Hilfe der
Teilmengen $F_{Bi}$ der Bindungssimplexe bestimmten Primzahlen
des gegebenen Bonddiagramms.

Zur Bestimmung der Teilmengen $F_{B\mu}$ und $F_{B\nu}$ kann man von der
Bedeutung der in den Gln. (3.8-50) und (3.8-51) definierten
Fasern $F_\alpha$ und $F_\beta$ ausgehen. Diese Fasern sind die Restklassen
der Zweige des topologischen Systems, die aufgrund ihrer
Aequivalenz zum Eingangszweig bzw. zum Ausgangszweig (im
Sinne der Definition 3-13 in Abschnitt 3.5.1.) in Teilmengen
zusammengefasst werden. Als Repräsentant seiner Restklasse
ist der Eingangszweig natürlich in $F_\alpha$ enthalten; ähnliches
gilt für den Ausgangszweig bzgl. $F_\beta$.

Dementsprechend können die gesuchten Teilmengen der Bindungssimplexe des Bonddiagramms wie folgt bestimmt werden:

$$\underline{F}_{B1} =_{Df} \{F_{Bi} \mid i\epsilon[1,\xi] \wedge s_{i_\alpha} \epsilon F_{Bi}\}; \quad \underline{F}_{B2} =_{Df} \{F_{Bi} \mid i\epsilon[1,\xi] \wedge s_{i_\beta} \epsilon F_{Bi}\} \tag{5.5-30}$$

$$\operatorname{card} \underline{F}_{B1} = 1 \rightarrow F_{B\mu}\epsilon\underline{F}_{B1}, \quad \text{dann erst } F_{B\nu}\epsilon\underline{F}_{B2} \tag{5.5-31}$$

$$\operatorname{card} \underline{F}_{B2} = 1 \rightarrow F_{B\nu}\epsilon\underline{F}_{B2}, \quad \text{dann erst } F_{B\mu}\epsilon\underline{F}_{B1} \tag{5.5-32}$$

$$\operatorname{card} \underline{F}_{B1} > 1 \wedge \operatorname{card} \underline{F}_{B2} > 1 \rightarrow F_{B\nu}\epsilon\underline{F}_{B1}; \ F_{B\mu}\epsilon\underline{F}_{B2} \tag{5.5-33}$$

$F_{B\mu}$ z.B. ist also Element eines Mengensystems, dessen Mengen
gemäss den Definitionen in Abschnitt 4.5.13. gebildet worden
sind und den Eingangszweig enthalten. Die Anzahl $\xi$ der für

ein gegebenes Bonddiagramm bestimmten Teilmengen von Bindungssimplexen ist in Gl.(4.5-188) definiert. Die in den Gln. (5.5-31) und (5.5-32) festgelegte Reihenfolge der Bestimmung von $F_{B\mu}$ oder $F_{B\nu}$ hat eine besondere Bedeutung . Es kann nämlich der Fall eintreten, wo $s_{i_\alpha}$ und $s_{i_\beta}$ in der gleichen Teilmenge $F_{Bj}$ auftreten, wobei z.B. $s_{i_\beta}$ nur als Element eben dieser Menge vorkommt, $s_{i_\alpha}$ dagegen auch noch zu einer oder mehreren anderen Mengen $F_{Bi}$ gehört. Würde man nun unter Nichtbeachtung von (5.5-32) $F_{B\mu} = F_{Bj}$ wählen, so wäre es nicht mehr möglich eine Teilmenge für $F_{B\nu}$ zu definieren, die sich ja von $F_{B\mu}$ unterscheiden müsste.

Für das vorliegende Beispiel gilt gemäss den Gln.(5.5-12) und (5.5-13)

$$s_{i_\alpha} = s_6; \quad s_{i_\beta} = s_5$$

und laut (B14-19) ist $\xi=3$. Die drei Teilmengen $F_{B1}$, $F_{B2}$ und $F_{B3}$ sind in den Gln.(B12-49),(B13-33) und (B14-16) gegeben.

$$F_{B1} = \{s_1, s_2, s_6\}; \quad F_{B2} = \{s_1, s_3, s_5\}; \quad F_{B3} = \{s_2, s_4, s_5\}$$

Damit ergeben sich nach den Gln.(5.5-30) die Mengensysteme

$$\underline{F}_{B1} = \{F_{B1}\}; \quad \underline{F}_{B2} = \{F_{B2}, F_{B3}\}$$

und aus Gl.(5.5-31) mit card $\underline{F}_{B1}=1$ die Teilmengen

$$F_{B\mu} = F_{B1} = \{s_1, s_2, s_6\}; \quad F_{B\nu} = F_{B3} = \{s_2, s_4, s_5\},$$

wobei $F_{B\nu}$ aus $\underline{F}_{B2}$ gewählt werden kann.
Schliesslich erhält man mit Gl.(5.5-25) die folgenden beiden Primzahlen:

$$P_\mu = f_1[F_{B1}] = [1, 2, 6] \quad \text{mit } \mu=1$$
$$P_\nu = f_3[F_{B3}] = [2, 4, 5] \quad \text{mit } \nu=3$$

Berücksichtigt man ausserdem die in Gl.(B13-35) gegebene Primzahl $P_2$, so kann die Strukturzahl $A_{\mu\nu}$ gemäss Gl.(3.8-48) berechnet werden.

$$A_{\mu\nu} = A_{1,3} = (P_1 + P_3) \cdot P_2 = [1, 4, 5, 6] \cdot [1, 3, 5]$$

$$A_{\mu\nu} = \begin{bmatrix} 1 & 1 & 4 & 4 & 4 & 5 & 5 & 6 & 6 & 6 \\ 3 & 5 & 1 & 3 & 5 & 3 & 1 & 3 & 5 \end{bmatrix} = \begin{bmatrix} 1 & 1 & 3 & 4 & 3 & 1 & 3 & 5 \\ 3 & 4 & 4 & 5 & 5 & 6 & 6 & 6 \end{bmatrix}$$

Die Coableitungen von $A_{\mu\nu}$ nach den Elementen der Spalten

$$c_1 = \{\gamma_{11}, \gamma_{21}\} = \{2,3\}$$
$$c_2 = \{\gamma_{12}, \gamma_{22}\} = \{1,4\}$$

der Strukturzahl C aus Gl.(5.5-22) erhält man aus der
Gl.(3.8-47).

$$A_{\mu\nu}^{23} = \begin{bmatrix} 1 & 4 & 1 & 5 \\ 4 & 5 & 6 & 6 \end{bmatrix}; \qquad A_{\mu\nu}^{14} = \begin{bmatrix} 3 & 3 & 5 \\ 5 & 6 & 6 \end{bmatrix}$$

Durch algebraische Ableitung dieser Strukturzahlen nach $\alpha=6$
bzw. $\beta=5$ erhält man:

$$\frac{\partial A_{\mu\nu}^{23}}{\partial\alpha} = [1,5]; \qquad \frac{\partial A_{\mu\nu}^{23}}{\partial\beta} = [4,6]$$
$$\frac{\partial A_{\mu\nu}^{14}}{\partial\alpha} = [3,5]; \qquad \frac{\partial A_{\mu\nu}^{14}}{\partial\beta} = [3,6]$$

Mit Hilfe der gemäss Gl.(3.8-46) berechneten Konjunktionen

$$C_{\mu\nu 1} = \frac{\partial A_{\mu\nu}^{23}}{\partial\alpha} \cap \frac{\partial A_{\mu\nu}^{23}}{\partial\beta} = 0; \qquad C_{\mu\nu 2} = \frac{\partial A_{\mu\nu}^{14}}{\partial\alpha} \cap \frac{\partial A_{\mu\nu}^{14}}{\partial\beta} = [3]$$

lassen sich die in den Gln.(3.8-43) und (3.8-44) definierten
Strukturzahlen $C^+$ und $C^-$ bestimmen.

$$C^+ = \begin{bmatrix} 2 \\ 3 \end{bmatrix}; \qquad C^- = \begin{bmatrix} 1 \\ 4 \end{bmatrix}$$

Schliesslich ergibt sich durch Anwendung der Determinantenfunktion der Wert der Gleichzeitigkeitsfunktion aus Gl.
(3.8-42).

$$\underset{\mathbb{Z}}{\mathrm{Sim}}\left(\frac{\partial\overline{A}}{\partial\alpha}, \frac{\partial\overline{A}}{\partial\beta}\right) = z_2 z_3 - z_1 z_4 \qquad\qquad (5.5-34)$$


## 5.5.10. Berechnung des Uebertragungsoperators G(D)
###        und des gesuchten Uebertragungsverhältnisses


Zähler und Nenner des Operators G(D) sind häufig durch umfangreiche Ausdrücke gegeben, wodurch die Quotientenschreib-

weise von G(D) sehr umständlich wird. Zähler und Nenner sollen daher zunächst gesondert definiert und berechnet werden.

$$\text{Zähleroperator von } G(D) \;=_{Df}\; ZO(D) \qquad\qquad (5.5\text{-}35)$$

$$\text{Nenneroperator von } G(D) \;=_{Df}\; NO(D) \qquad\qquad (5.5\text{-}36)$$

$$\text{Uebertragungsoperator } G(D) \;=_{Df}\; \frac{ZO(D)}{NO(D)} \qquad\qquad (5.5\text{-}37)$$

Berücksichtigt man die in Gl.(5.5-21) gegebene Coableitung $\frac{\delta \overline{A}}{\delta \alpha}$, so erhält man die Werte des Zählers und des Nenners von G(D) durch Vergleich der Gln.(5.5-18) und (5.5-37), und unter Beachtung der Gl.(5.5-34).

$$ZO(D) = z_2 z_3 - z_1 z_4$$

$$NO(D) = z_3 z_4 z_5 + z_2 z_3 z_5 + z_2 z_3 z_4 + z_1 z_4 z_5 +$$

$$z_1 z_2 z_5 + z_1 z_2 z_4 + z_1 z_3 z_4 + z_1 z_2 z_3$$

Aus der Definition des gegebenen Systems in Abschnitt 5.5.1. und der Kodierung des entsprechenden Bonddiagramms in Abschnitt 5.5.4. geht hervor, dass es sich hier bei den Impedanzen $z_i$ ausschliesslich um Widerstandsimpedanzen $z_R(D) = R$ gemäss Definitionsgl.(4.3-2) handelt. Da es ausserdem elektrische Widerstände sind, gilt laut Definition in Gl.(4.3-28):

$$z_i = R_i$$

Damit erhält man schliesslich mit den Gln.(5.5-17) und (5.5-14) das gesuchte Uebertragungsverhältnis.

$$\frac{i_5}{E} = \frac{i_5}{u_6} = \frac{R_2 R_3 - R_1 R_4}{R_3 R_4 R_5 + R_2 R_3 R_5 + R_2 R_3 R_4 + \cdots + R_1 R_2 R_3}$$

## 5.6. Translationsmechanisches System: Vereinfachtes Modell eines Auto-Aufhängungssystems

### 5.6.1. Das gegebene System

Betrachtet man vereinfachend nur die Auf- und Abwärtsbewegung eines Autos, so kann zur Untersuchung dieser Bewegung das Modell in Fig.5.6-1 benützt werden. Es wird angenommen,

dass durch die Unebenheiten der Strasse dem System eine
Translationsgeschwindigkeit v (E-Quellenelement) aufgezwungen wird. Ueber die Federung und die Dämpfung der Rei-
fen wird sie auf Räder und Achse und von dort über Federung und Dämpfung der Radaufhängung auf den Autokörper
übertragen.

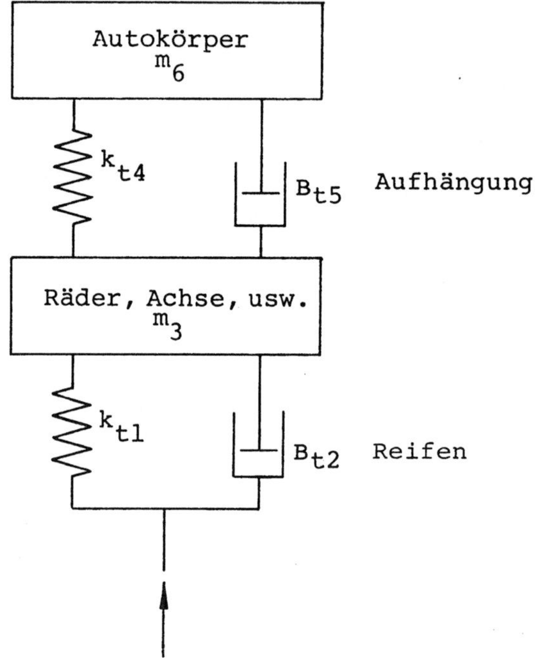


Fig. 5.6-1 Vereinfachtes Modell eines Auto-Aufhängungs-
           systems

Gesucht sei die Translationsgeschwindigkeit $v_6$ der Masse $m_6$
bei gegebener Geschwindigkeit $v_7$.


## 5.6.2. Orientiertes akausales Bonddiagramm

Unter Verwendung der Aufbauregeln in Abschnitt 5.4.1. erhält man zunächst nach Regel BR1 die Definition der gebietsspezifischen Leistungsvariablen als Extra- oder Intravariablen.

$$\left.\begin{array}{l} e =_{Df} v \\ i =_{Df} F \end{array}\right\} \quad (5.6-1)$$

Aus den Beziehungen (4.3-32) bis (4.3-36) erhält man zwischen den allgemeinen Bonddiagrammelementen und den Elementen des translationsmechanischen Systems die folgenden Zusammenhänge:

$$J_1 = k_{t1}^{-1} \qquad J_4 = k_{t4}^{-1} \qquad\qquad (5.6-2)$$

$$R_2 = B_{t2}^{-1} \qquad R_5 = B_{t5}^{-1} \qquad\qquad (5.6-3)$$

$$C_3 = m_3 \qquad C_6 = m_6 \qquad\qquad (5.6-4)$$

Die Modelldarstellung in Fig. 5.6-1 kann, bei Berücksichtigung dieser Zusammenhänge und der Aufbauregeln BR2 bis BR4 für Bonddiagramme, durch das Bonddiagramm in Fig. 5.6-2 ersetzt werden.


### 5.6.3. Vereinfachtes Bonddiagramm


Zunächst kann die in Fig. 5.6-2 eingekreiste P-Verknüpfung nach der Vereinfachungsregel VR1 in Abschnitt 5.4.2. eliminiert werden. Das so entstandene Bonddiagramm enthält zwei ringförmige Strukturen, die durch eine Fünfport-P-Verknüpfung miteinander verbunden sind. Um dieses Bonddiagramm für die Vereinfachung der Ringstrukturen vorzubereiten, muss der Fünfport in Dreiporte aufgespalten werden (analog zum Uebergang von Fig. 1.3-7b zu Fig. 1.3-7a).

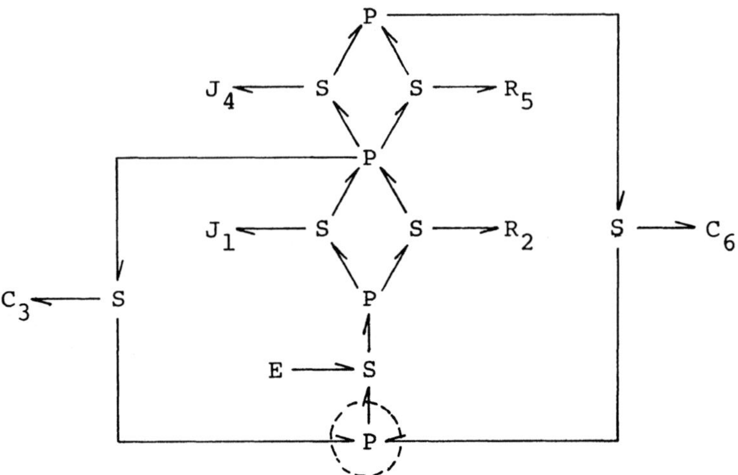


Fig. 5.6-2 Bonddiagramm für das translationsmechanische
System in Fig. 5.6-1

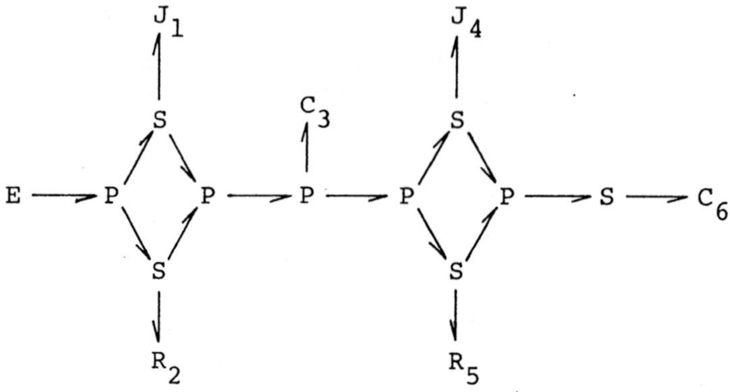

Fig. 5.6-3  Teilweise vereinfachtes Bonddiagramm aus
            Fig. 5.6-2


Durch die Anwendung der Regeln VR3 und VR4 ergibt sich
schliesslich aus Fig. 5.6-3  das vollständig vereinfachte
Bonddiagramm in Fig. 5.6-4.

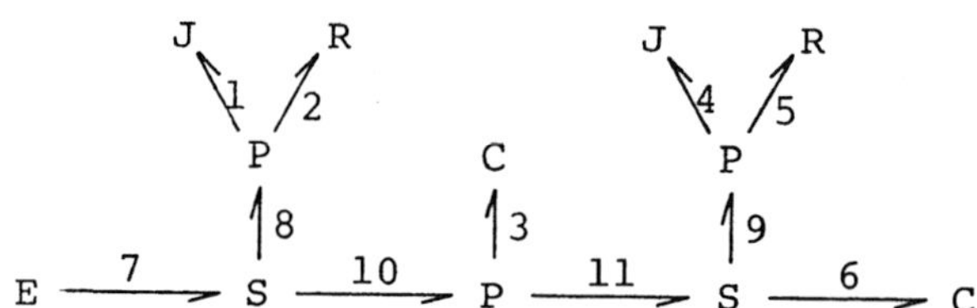

Fig. 5.6-4  Vollständig vereinfachtes Bonddiagramm

### 5.6.4. Kodierung des Bonddiagramms und Bestimmung der Primzahlen; Inspektionsregeln IRi

Die Kodierung des Bonddiagramms für die Rechnereingabe lautet:

```
J  1
R  2
C  3
J  4
R  5
C  6
E  7
S  7  8 10
P  1  2  8
P  3 10 11
S  6  9 11
P  4  5  9
```

Die für das vorhergehende Beispiel in Abschnitt 5.5.5. beschriebene Art der algorithmischen Bestimmung von Primzahlen ist notwendig, wenn die Analyse des zu untersuchenden Systems wegen dessen Komplexität auf dem Digitalrechner durchgeführt werden muss.

Für die Behandlung einfacher Probleme, die sich noch von Hand lösen lassen, können die Primzahlen direkt aus dem vereinfachten Bonddiagramm abgelesen werden.

Zu diesem Zweck müssen die Kettenbildungsregeln KRi aus Abschnitt 4.5.12. in Regeln für die Inspektion des Bonddiagramms zur Bildung der Teilmengen $F_{Bi}$ von Bindungssimplexen (Gl.(4.5-185)) übersetzt werden.

Diese Inspektionsregeln IRi können wie folgt zusammengefasst werden:

IR1: Die determinierende Funktion f der Gln.(4.5-29) bis (4.5-31) wird ausgehend von der Numerierung der Bindungen des Bonddiagramms oder von dessen Kodierung definiert.

IR2: Ausgehend vom gesuchten Uebertragungsverhältnis $x_i/u_j$ werden die Ein- und Ausgangsbindung des Bonddiagramms und deren strukturellen Einheiten $\alpha$ und $\beta$ festgelegt.

IR3: Entsprechend den Gln.(4.5-154) und (4.5-155) wird für
     jede zu bildende Kette eine Startbindung gewählt, die
     bei keiner der bisherigen Kettenbildungen verwendet
     wurde; die jeweilige Startbindung muss also ein Bin-
     dungssimplex sein, der in keiner der bisher bestimmten
     Teilmengen $F_{B(i-1)}$ enthalten ist.

IR4: Ausgehend von der jeweils gewählten Startbindung, folgt
     man für die Kettenbildung einem durch das Bonddiagramm
     bestimmten Weg von Knoten zu Knoten. Die Art des nach
     jedem Schritt dabei angetroffenen Knotens entscheidet
     über den Weg oder die Wege, die als nächste verfolgt
     werden müssen:

   a) Trifft man auf eine S-Verknüpfung, so wird gemäss
      den Gln.(4.5-162),(4.5-167) und (4.5-170) der gerade
      eingeschlagene Weg nur über einen der weiteren Ver-
      bindungssimplexe der S-Verknüpfung fortgesetzt;
      falls die S-Verknüpfung keine weiteren Verbindungs-
      simplexe, sondern nur noch Bindungssimplexe besitzt,
      so hat man in der eingeschlagenen Richtung ein Weg-
      ende erreicht.

   b) Trifft man auf eine P-Verknüpfung, so müssen nach
      Gl.(4.5-168) zwei Fälle unterschieden werden:
      Besitzt die P-Verknüpfung nur einen weiteren Verbin-
      dungssimplex, so ist der weitere Weg über diesen
      Simplex fortzusetzen. Sind dagegen mehrere Verbin-
      dungssimplexe vorhanden, so ist jeder dieser Sim-
      plexe als Startbindung von Nebenketten zu betrach-
      ten, wie sie in den Gln.(4.5-165) und (4.5-166) de-
      finiert sind. Nebenketten werden nach den gleichen
      Regeln wie Hauptketten gebildet.

   c) Trifft man auf einen Uebertragerknoten (d.h. ein
      Transformator- oder ein Gyratorelement), so gelten
      hier für die weitere Kettenbildung die gleichen Re-
      geln wie bei S-Verknüpfungen; ein Vergleich der Aus-
      drücke (4.5-167) und (4.5-171) macht dies deutlich.

IR5: Die Elemente einer Teilmenge $F_{Bi}$ von Bindungssimplexen
     sind Bindungssimplexe von Knoten, auf die man während
     der Bildung der entsprechenden Kette stösst. Unter den
     Bindungssimplexen einer S-Verknüpfung ist nach (4.5-183)
     nur ein einziger Bindungssimplex als Element von $F_{Bi}$
     beliebig auszuwählen. Bei P-Verknüpfungen werden nach
     den Gln.(4.5-181) und (4.5-182) alle Bindungssimplexe
     für $F_{Bi}$ verwendet.

IR6: Die gesuchten Primzahlen $P_i$ erhält man gemäss den Gln.
     (4.5-186) und (4.5-187) mit Hilfe der auf die jeweilige
     Teilmenge $F_{Bi}$ eingeschränkten determinierenden Funktion
     f.

Für das vorliegende Beispiel ergibt sich nach der Regel IR1
die folgende determinierende Funktion:

$$f:\ s_1 \rightarrowtail 1,\ s_2 \rightarrowtail 2,\ s_3 \rightarrowtail 3,\ s_4 \rightarrowtail 4,\ s_5 \rightarrowtail 5,$$
$$s_6 \rightarrowtail 6,\ s_7 \rightarrowtail 7 \tag{5.6-5}$$

Laut Aufgabenstellung in Abschnitt 5.6.1. und bei Beachtung
der Gln.(5.6-1) ist das gesuchte Uebertragungsverhältnis wie
folgt definiert:

$$\frac{x_i}{u_j} = \frac{v_6}{v_7} = \frac{e_6}{e_7}\bigg|_{z_7=0} = \frac{e_\beta}{e_\alpha}\bigg|_{z_\alpha=0} = \frac{e_\beta}{E} = G(D) \tag{5.6-6}$$

Gemäss der Regel IR2 erhält man aus diesem Uebertragungsverhältnis die strukturellen Einheiten $\alpha$ und $\beta$ des Eingangs-
und des Ausgangszweiges.

$$\alpha = 7\ ;\quad \beta = 6 \tag{5.6-7}$$

Wendet man nun die Inspektionsregeln IR3 bis IR5 auf das gegebene Bonddiagramm an, so lassen sich die erhaltenen Ergebnisse am einfachsten wie in Fig. 5.6-5 darstellen.

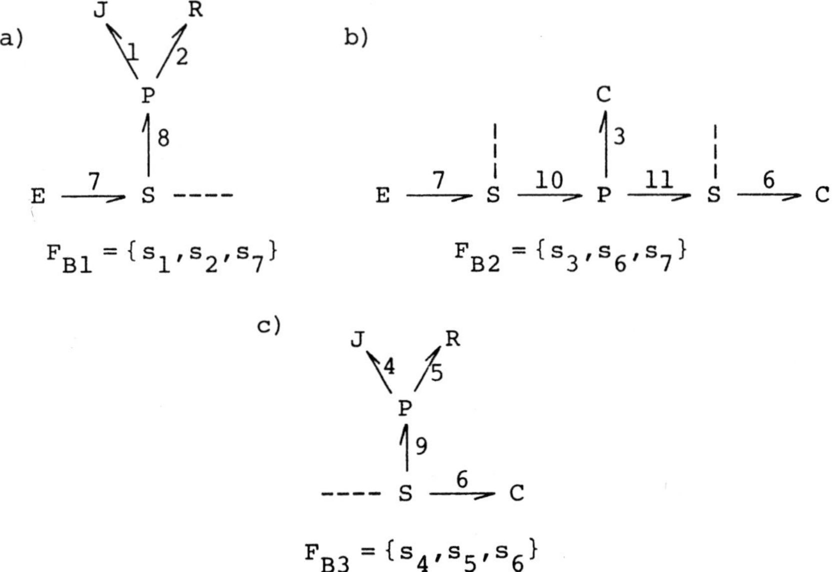


Fig. 5.6-5 Kettenbildungen zur Bestimmung der Teilmengen
          von Bindungssimplexen $F_{Bi}$ für das Bonddiagramm
          nach Fig. 5.6-4. Jeweils nicht weiter verfolg-
          te Wege  sind gestrichelt angedeutet.

Mit Hilfe der Regel IR6 und der jeweils auf die entsprechende Teilmenge $F_{Bi}$ eingeschränkten determinierenden Funktion f erhält man schliesslich direkt aus den Teilfiguren
5.6-5a bis 5.6-5c die gesuchten Primzahlen.

$$P_1 = f_1[F_{B1}] = [1, 2, 7]$$
$$P_2 = f_2[F_{B2}] = [3, 6, 7] \qquad\qquad \} \ (5.6-8)$$
$$P_3 = f_3[F_{B3}] = [4, 5, 6]$$

### 5.6.5. Berechnung des Uebertragungsoperators G(D) und des gesuchten Uebertragungsverhältnisses

Aus Gl.(5.6-6) folgt, dass der gesuchte Uebertragungsoperator G(D) mit Hilfe der Gl.(4.4-36) bestimmt werden kann.

$$G(D) = \frac{\underset{Z}{Sim}(\frac{\partial \overline{A}}{\partial \alpha}, \frac{\partial \overline{A}}{\partial \beta})}{\underset{Z}{det} \frac{\delta \overline{A}}{\delta \alpha}} \ z_\beta \qquad\qquad (5.6-9)$$

Teilt man G(D) gemäss Gl.(5.5-36) auf, so erhält man für den
Nenneroperator NO(D) die Bestimmungsgleichung

$$NO(D) = \underset{Z}{det} \frac{\delta \overline{A}}{\delta \alpha} \qquad\qquad (5.6-10)$$

Die Bestimmungsgleichung des Zähleroperators ZO(D) erhält
bei Beachtung der Gl.(4.4-29) die folgende Form:

$$ZO(D) = \underset{Z}{det} \ C_\beta^+ - \underset{Z}{det} \ C_\beta^- \qquad\qquad (5.6-11)$$

Dabei muss für die Bestimmung der Strukturzahlen $C_\beta^+$ und $C_\beta^-$
gemäss den Gln.(4.4-27) und (4.4-28) zuerst die in Gl.
(4.4-26) definierte Strukturzahl $C_\beta$ berechnet werden.

$$C_\beta = (\frac{\partial \overline{A}}{\partial \alpha} \cap \frac{\partial \overline{A}}{\partial \beta})[\beta] \qquad\qquad (5.6-12)$$

$\overline{A}$ ist die komplementäre Strukturzahl von A, wobei A laut
Gl.(4.5-2) das Produkt der in Gl.(5.6-8) gegebenen Primzahlen $P_1, P_2$ und $P_3$ ist.

$$A = [1, 2, 7] \cdot [3, 6, 7] \cdot [4, 5, 6]$$

$$\begin{array}{c} 1 \ 2 \ 7 \\ \cdot \ 3 \ 6 \ 7 \\ 4 \ 5 \ 6 \end{array}$$

$$A = \begin{bmatrix} 1 & 1 & 1 & 1 & 1 & 1 & 1 & 1 & 2 & 2 & 2 & 2 & 2 & 2 & 2 & 2 & 7 & 7 & 7 & 7 & 7 \\ 3 & 3 & 3 & 6 & 6 & 7 & 7 & 7 & 3 & 3 & 3 & 6 & 6 & 7 & 7 & 7 & 3 & 3 & 3 & 6 & 6 \\ 4 & 5 & 6 & 4 & 5 & 4 & 5 & 6 & 4 & 5 & 6 & 4 & 5 & 4 & 5 & 6 & 4 & 5 & 6 & 4 & 5 \end{bmatrix}$$

Laut Gl.(3.4-1) benötigt man für die Berechnung von $\overline{A}$ aus A
die in Gl.(3.4-3) definierte Menge L(A) aller Elemente der
Spalten von A.

$$L(A) = \{1, 2, 3, 4, 5, 6, 7\}$$

$$\overline{A} = \begin{bmatrix} 2 & 2 & 2 & 2 & 2 & 2 & 2 & 2 & 1 & 1 & 1 & 1 & 1 & 1 & 1 & 1 & 1 & 1 & 1 & 1 \\ 5 & 4 & 4 & 3 & 3 & 3 & 3 & 3 & 5 & 4 & 4 & 3 & 3 & 3 & 3 & 3 & 2 & 2 & 2 & 2 \\ 6 & 6 & 5 & 5 & 4 & 5 & 4 & 4 & 6 & 6 & 5 & 5 & 4 & 5 & 4 & 4 & 5 & 4 & 4 & 3 \\ 7 & 7 & 7 & 7 & 7 & 6 & 6 & 5 & 7 & 7 & 7 & 7 & 7 & 6 & 6 & 5 & 6 & 6 & 5 & 5 & 4 \end{bmatrix} \quad (5.6\text{-}13)$$

Die Bestimmung der Strukturzahl $C_\beta$ in Gl.(5.6-12) setzt die
Berechnung der algebraischen Ableitungen $\partial\overline{A}/\partial\alpha$ und $\partial\overline{A}/\partial\beta$
nach den strukturellen Einheiten $\alpha$ und $\beta$ der Gl.(5.6-7) vo-
raus.

$$\frac{\partial\overline{A}}{\partial\alpha} = \frac{\partial\overline{A}}{\partial 7} = \begin{bmatrix} 2 & 2 & 2 & 2 & 2 & 1 & 1 & 1 & 1 & 1 \\ 5 & 4 & 4 & 3 & 3 & 5 & 4 & 4 & 3 & 3 \\ 6 & 6 & 5 & 5 & 4 & 6 & 6 & 5 & 5 & 4 \end{bmatrix}$$

$$\frac{\partial\overline{A}}{\partial\beta} = \frac{\partial\overline{A}}{\partial 6} = \begin{bmatrix} 2 & 2 & 2 & 2 & 1 & 1 & 1 & 1 & 1 & 1 \\ 5 & 4 & 3 & 3 & 5 & 4 & 3 & 3 & 2 & 2 \\ 7 & 7 & 5 & 4 & 7 & 7 & 5 & 4 & 5 & 4 \end{bmatrix}$$

$C_\beta$ ist das Produkt der Konjunktion der beiden Ableitungen
und der strukturellen Einheit $[\beta]$.

$$C = \frac{\partial\overline{A}}{\partial\alpha} \cap \frac{\partial\overline{A}}{\partial\beta} = \begin{bmatrix} 2 & 2 & 1 & 1 \\ 3 & 3 & 3 & 3 \\ 5 & 4 & 5 & 4 \end{bmatrix} \quad ; \quad C_\beta = C\cdot[\beta] = \begin{bmatrix} 2 & 2 & 1 & 1 \\ 3 & 3 & 3 & 3 \\ 5 & 4 & 5 & 4 \\ 6 & 6 & 6 & 6 \end{bmatrix}$$

Die Konjunktion $C_\beta$ enthält vier Spalten.

$$c_1 = \{2, 3, 5, 6\}$$
$$c_2 = \{2, 3, 4, 6\}$$
$$c_3 = \{1, 3, 5, 6\}$$
$$c_4 = \{1, 3, 4, 6\}$$

Gemäss den Gln.(4.4-27) und (4.4-28) kann mit Hilfe von $C_{\mu\nu k}$
entschieden werden, welche dieser vier Spalten zu $C_\beta^+$ und
welche zu $C_\beta^-$ gehören. Aus den Gln.(3.8-46) bis (3.8-48) geht
hervor, dass man zur Bestimmung der Strukturzahlen
$C_{\mu\nu k}$, k=1,...,4, die Strukturzahl $A_{\mu\nu}$ benötigt. Laut Gl.(3.8-48)

erhält man $A_{\mu\nu}$ als Produkt der Summe $P_\mu + P_\nu$ und der restlichen der drei Primzahlen $P_1, P_2$ oder $P_3$. Gesucht sind also die unbekannten Indizes $\mu$ und $\nu$. Hierzu muss bei Bonddiagrammen von den in Gl.(5.5-30) definierten Mengensystemen $\underline{F}_{B1}$ und $\underline{F}_{B2}$ ausgegangen werden. Diese Mengensysteme enthalten jeweils diejenigen der $\xi=3$ Teilmengen $F_{Bi}$ von Bindungssimplexen aus Fig. 5.6-5, die den Eingangszweig $s_{i_\alpha}$ bzw.

den Ausgangszweig $s_{i_\beta}$ als Element enthalten. Man erhält

diese Zweige mit Hilfe der Gln.(5.6-7) und (5.6-5).

$$s_{i_\alpha} = f^{-1}(\alpha) = s_7; \quad s_{i_\beta} = f^{-1}(\beta) = s_6$$

Damit ergeben sich die folgenden beiden Mengensysteme:

$$\underline{F}_{B1} = \{F_{B1}, F_{B2}\}; \quad \underline{F}_{B2} = \{F_{B2}, F_{B3}\}$$

Da card $\underline{F}_{B1} = 2$ und card $\underline{F}_{B2} = 2$ können gemäss (5.5-33) $F_{B\mu}$ bzw. $F_{B\nu}$ beliebig, aber verschieden, aus den beiden Mengensystemen ausgewählt werden.

$$F_{B\mu} = F_{B1} = \{s_1, s_2, s_7\}; \quad F_{B\nu} = F_{B2} = \{s_3, s_6, s_7\}$$

Entsprechend den Gln.(5.6-8) erhält man somit für $P_\mu$ und $P_\nu$ die folgenden Primzahlen:

$$P_\mu = f_1[F_{B1}] = [1, 2, 7] \text{ mit } \mu=1$$
$$P_\nu = f_2[F_{B2}] = [3, 6, 7] \text{ mit } \nu=2$$

$A_{\mu\nu}$ ist also das Produkt der Summe $P_1 + P_2$ und der Primzahl $P_3$.

$$A_{\mu\nu} = A_{1,2} = (P_1 + P_2) \cdot P_3 = [1, 2, 3, 6] \cdot [4, 5, 6]$$

$$A_{\mu\nu} = \begin{bmatrix} 1 & 1 & 1 & 2 & 2 & 2 & 3 & 3 & 3 & 6 & 6 \\ 4 & 5 & 6 & 4 & 5 & 6 & 4 & 5 & 6 & 4 & 5 \end{bmatrix}$$

Die algebraischen Coableitungen von $A_{\mu\nu}$ nach den Elementen der Spalten der Konjunktion C müssen gemäss den Gln.(3.8-47) und (3.8-46) berechnet werden, ehe eine Bestimmung der Strukturzahlen $C_{\mu\nu k}$ möglich ist.

$$A_{\mu\nu}^{235} = \frac{\delta^3 A_{\mu\nu}}{\delta 2 \delta 3 \delta 5} = \begin{bmatrix} 1 & 1 & 4 \\ 4 & 6 & 6 \end{bmatrix}; \quad A_{\mu\nu}^{234} = \frac{\delta^3 A_{\mu\nu}}{\delta 2 \delta 3 \delta 4} = \begin{bmatrix} 1 & 1 & 5 \\ 5 & 6 & 6 \end{bmatrix}$$

$$A_{\mu\nu}^{135} = \frac{\delta^3 A_{\mu\nu}}{\delta 1 \delta 3 \delta 5} = \begin{bmatrix} 2 & 2 & 4 \\ 4 & 6 & 6 \end{bmatrix}; \quad A_{\mu\nu}^{134} = \frac{\delta^3 A_{\mu\nu}}{\delta 1 \delta 3 \delta 4} = \begin{bmatrix} 2 & 2 & 5 \\ 5 & 6 & 6 \end{bmatrix}$$

Aus diesen Strukturzahlen ist ersichtlich, dass alle ihre algebraischen Ableitungen nach $\alpha=7$ den Wert 0 ergeben, wodurch auch alle entsprechenden Konjunktionen $C_{\mu\nu k}$ den Wert $[\ ]=0$ annehmen müssen.

$$C_{\mu\nu 1} = C_{\mu\nu 2} = C_{\mu\nu 3} = C_{\mu\nu 4} = 0$$

Die Terme des Ausdrucks $\det_{Z\!Z} C_\beta$ haben also alle gleiches Vorzeichen und man erhält für den Zähleroperator $ZO(D)$ den folgenden Ausdruck:

$$ZO(D) = (z_2 z_3 z_5 + z_2 z_3 z_4 + z_1 z_3 z_5 + z_1 z_3 z_4) z_6 \qquad (5.6\text{-}14)$$

Der Nenneroperator $NO(D)$ kann gemäss Gl.(5.6-10) durch Anwendung der Determinantenfunktion auf die algebraische Coableitung der Strukturzahl $\overline{A}$ aus Gl.(5.6-13) bestimmt werden.

$$\frac{\delta \overline{A}}{\delta \alpha} = \begin{bmatrix} 2 & 2 & 2 & 1 & 1 & 1 & 1 & 1 & 1 & 1 & 1 \\ 3 & 3 & 3 & 3 & 3 & 3 & 2 & 2 & 2 & 2 & 2 \\ 5 & 4 & 4 & 5 & 4 & 4 & 5 & 4 & 4 & 3 & 3 \\ 6 & 6 & 5 & 6 & 6 & 5 & 6 & 6 & 5 & 5 & 4 \end{bmatrix}$$

$$\begin{aligned}
NO(D) = \ & z_2 z_3 z_5 z_6 + z_2 z_3 z_4 z_6 + z_2 z_3 z_4 z_5 + z_1 z_3 z_5 z_6 + \\
& + z_1 z_3 z_4 z_6 + z_1 z_3 z_4 z_5 + z_1 z_2 z_5 z_6 + z_1 z_2 z_4 z_6 + \\
& + z_1 z_2 z_4 z_5 + z_1 z_2 z_3 z_5 + z_1 z_2 z_3 z_4 \qquad (5.6\text{-}15)
\end{aligned}$$

Die allgemeinen Impedanzformeln (4.3-2) bis (4.3-4) liefern bei Einführung der in den Gln.(5.6-2) bis (5.6-4) gegebenen Elemente die Impedanzen $z_1$ bis $z_6$ (oder deren Kehrwerte).

$$\left.\begin{aligned}
z_1 &= k_{t1}^{-1} D & z_4 &= k_{t4}^{-1} D \\[1em]
z_2 &= B_{t2}^{-1} & z_5 &= B_{t5}^{-1} \\[1em]
z_3^{-1} &= m_3 D & z_6^{-1} &= m_6 D
\end{aligned}\right\} \qquad (5.6\text{-}16)$$

Setzt man diese Ausdrücke in den Gln.(5.6-14) und (5.6-15) ein und berücksichtigt, dass beide gemäss Gl.(5.5-37) Zähler und Nenner von $G(D)$ darstellen, so erhält man nach Umformung einen neuen Zähleroperator $ZO'(D)$ und einen neuen Nenneroperator $NO'(D)$.

$$ZO'(D) = B_{t2}B_{t5}D^2 + (k_{t1}B_{t5} + k_{t4}B_{t2})D + k_{t1}k_{t4}$$

$$NO'(D) = m_3 m_6 D^4 + (m_6 B_{t2} + m_6 B_{t5} + m_3 B_{t5})D^3 +$$
$$+ (B_{t2}B_{t5} + k_{t4}m_6 + k_{t4}m_3 + k_{t1}m_6)D^2 +$$
$$+ (k_{t1}B_{t5} + k_{t4}B_{t2})D + k_{t1}k_{t4}$$

Damit und bei Beachtung der Gln.(5.6-6) und (5.6-9) erhält
man schliesslich das gesuchte Uebertragungsverhältnis und
den Uebertragungsoperator G(D).

$$\frac{v_6}{v_7} = G(D) = \frac{B_{t2}B_{t5}D^2 + (k_{t1}B_{t5} + k_{t4}B_{t2})D + k_{t1}k_{t4}}{m_3 m_6 D^4 + (m_6 B_{t2} + m_6 B_{t5} + m_3 B_{t5})D^3 + \cdots + k_{t1}k_{t4}}$$

## 5.7. Ein rotationsmechanisches System

### 5.7.1. Einleitung

In den beiden nachfolgenden Beispielen wird die Systemanalyse ausgehend vom jeweiligen Bonddiagramm sowohl mit der
Methode der Strukturzahlen als auch mit der in Abschnitt
5.2. beschriebenen Methode der Zustandsvariablen durchgeführt. Dadurch soll ein Vergleich des Rechenaufwandes und
der Methoden selbst ermöglicht werden.

### 5.7.2. Das gegebene System

Bei dem in Fig. 5.7-1 dargestellten System tritt viskose
Reibung sowohl zwischen den beiden Scheiben, als auch zwischen jeder einzelnen Scheibe und ihrer Lagerung auf. Das
Drehmoment $M_8$ einer Drehmomentenquelle wird über eine Welle
mit der Torsionsfederkonstanten $k_{r1}$ auf die erste Scheibe
mit dem Massenträgheitsmoment $\theta_2$ und der Lagerreibung $B_{r3}$
übertragen. Von dort aus wirkt es vermittels der Reibung
$B_{r4}$ auf die zweite Scheibe ($\theta_5, B_{r6}$) mit der einseitig fest
eingespannten Welle ($k_{r7}$).

Gesucht ist der Drehwinkel $\alpha_5$ der zweiten Scheibe bei gegebenem Drehmoment $M_8$.

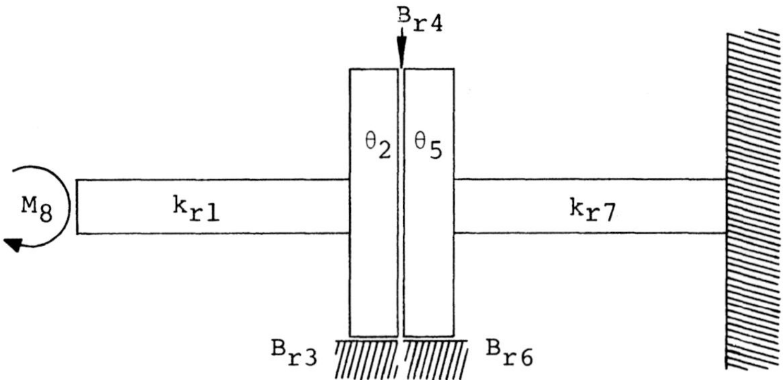


Fig. 5.7-1  Rotationsmechanisches System

### 5.7.3. Orientiertes akausales Bonddiagramm

Die für das vorliegende Beispiel massgebenden Leistungsvariablen sind (Regel BR1 in Abschnitt 5.4.1.):

$$e = \omega = \dot{\alpha} = D\alpha$$
$$i = M$$
$$\left.\right\} \; (5.7\text{-}1)$$

Die Zusammenhänge zwischen den allgemeinen Bonddiagrammelementen und den Elementen des rotationsmechanischen Systems sind durch die Beziehungen (4.3-37) bis (4.3-40) bestimmt.

$$J_1 = k_{r1}^{-1} \qquad J_7 = k_{r7}^{-1}$$
$$C_2 = \theta_2 \qquad C_5 = \theta_5 \qquad \left.\right\} (5.7\text{-}2)$$
$$R_3 = B_{r3}^{-1} \qquad R_4 = B_{r4}^{-1} \qquad R_6 = B_{r6}^{-1}$$

Durch die Anwendung der Aufbauregeln BR2 bis BR4 und der
Vereinfachungsregeln VRi in Abschnitt 5.4. erhält man mit
den Zusammenhängen (5.7-2) aus Fig. 5.7-1 das schon vereinfachte Bonddiagramm in Fig. 5.7-2. In dieser Figur stellt
das I-Quellenelement die Quelle für das Drehmoment $M_8$ dar.

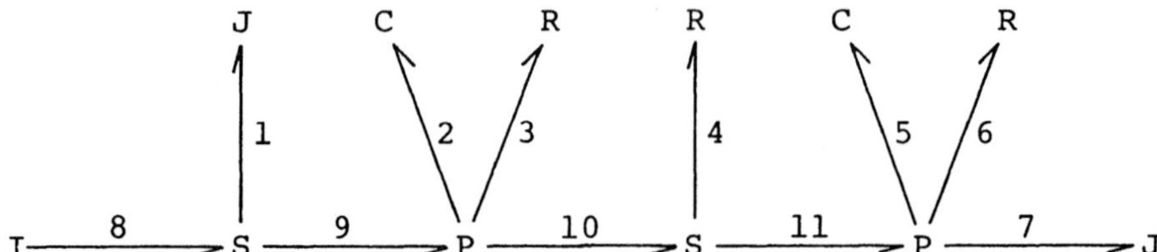

Fig. 5.7-2 Vereinfachtes Bonddiagramm für das rotations-
           mechanische System in Fig. 5.7-1


## 5.7.4. Primzahlen und Strukturzahl A des Bonddiagramms

Für die Bestimmung der Primzahlen durch Inspektion des gegebenen Bonddiagramms ist dessen Kodierung, wie sie in den
vorhergehenden Beispielen durchgeführt wurde, nicht mehr
notwendig.

Man kann daher direkt zur Anwendung der Inspektionsregeln
IRi aus Abschnitt 5.6.4. übergehen. Die determinierende
Funktion f wird nach Regel IR1 definiert.

$$f:\ s_1 \rightarrowtail 1,\quad s_2 \rightarrowtail 2,\quad s_3 \rightarrowtail 3,\quad s_4 \rightarrowtail 4,\quad s_5 \rightarrowtail 5,\quad s_6 \rightarrowtail 6$$

$$s_7 \rightarrowtail 7,\quad s_8 \rightarrowtail 8 \tag{5.7-3}$$

Laut Aufgabenstellung in Abschnitt 5.7.2. ist das gesuchte
Uebertragungsverhältnis durch den folgenden Ausdruck gegeben (vgl. die Gln.(5.7-1)):

$$\frac{\alpha_5}{M_8} = \frac{1}{D}\frac{\omega_5}{M_8} = \frac{1}{D}\frac{e_5}{i_8} \tag{5.7-4}$$

Definiert man nun den zu bestimmenden Uebertragungsoperator
G(D) bzgl. des Quotienten $e_5/i_8$, so erhält man

$$\frac{x_i}{u_j} = \frac{e_5}{i_8} = \left.\frac{e_\beta}{i_\alpha}\right|_{z_\alpha=\infty} = \frac{e_\beta}{I} = G(D) \tag{5.7-5}$$

Daraus ergeben sich nach der Regel IR2 die strukturellen
Einheiten $\alpha$ und $\beta$ des Eingangs- und des Ausgangszweiges.

$$\alpha = 8\ ;\quad \beta = 5 \tag{5.7-6}$$

Durch die Anwendung der Regeln IR3 bis IR5 erhält man die
Teilsysteme in Fig. 5.7-3 und die davon abgeleiteten Teilmengen $F_{Bi}$ von Bindungssimplexen.

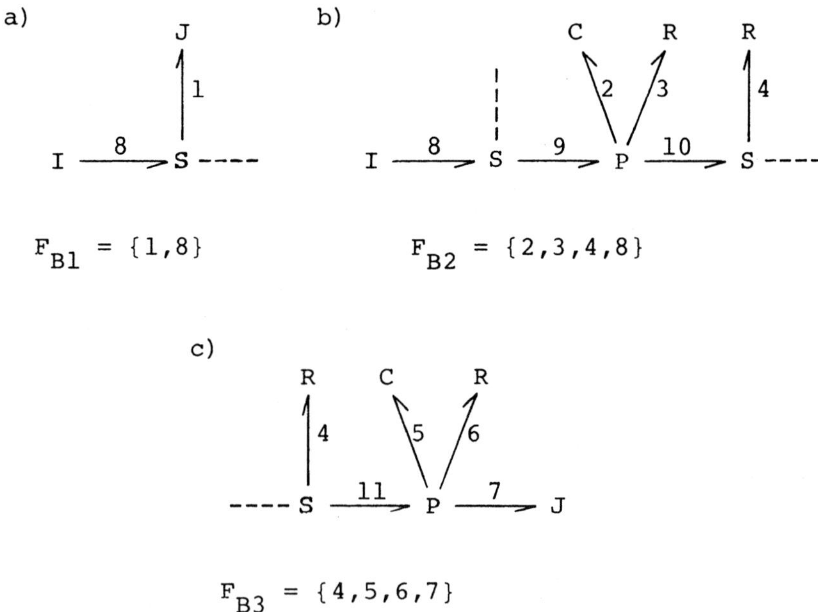

a)

$$F_{B1} = \{1,8\}$$

b)

$$F_{B2} = \{2,3,4,8\}$$

c)

$$F_{B3} = \{4,5,6,7\}$$

Fig. 5.7-3  Kettenbildungen zur Bestimmung der Teilmengen
            von Bindungssimplexen $F_{Bi}$ für das Bonddiagramm
            nach Fig. 5.7-2

Gemäss Regel IR6 können aus der Fig. 5.7-3 die folgenden
Primzahlen bestimmt werden:

$$P_1 = f_1[F_{B1}] = [1,8]$$

$$P_2 = f_2[F_{B2}] = [2,3,4,8]$$

$$P_3 = f_3[F_{B3}] = [4,5,6,7]$$

$\}(5.7-7)$

Das Produkt A dieser Primzahlen ist die dem gegebenen Bonddiagramm zugeordnete Strukturzahl.

$$A = \begin{bmatrix} 1 & 1 & 1 & 1 & 1 & 1 & 1 & 1 & 1 & 1 & 1 & 1 & 1 & 1 & 1 & 1 & 8 & 8 & 8 & 8 & 8 & 8 & 8 & 8 & 8 \\ 2 & 2 & 2 & 2 & 3 & 3 & 3 & 3 & 4 & 4 & 4 & 8 & 8 & 8 & 8 & 2 & 2 & 2 & 2 & 3 & 3 & 3 & 3 & 4 & 4 & 4 \\ 4 & 5 & 6 & 7 & 4 & 5 & 6 & 7 & 5 & 6 & 7 & 4 & 5 & 6 & 7 & 4 & 5 & 6 & 7 & 4 & 5 & 6 & 7 & 5 & 6 & 7 \end{bmatrix}$$

$$(5.7-8)$$

### 5.7.5. Berechnung des Uebertragungsoperators G(D) und des gesuchten Uebertragungsverhältnisses

Aus Gl.(5.7-5) folgt, dass G(D) mit Hilfe der Gl.(4.4-24) bestimmt werden kann, da diese Gleichung gemäss den im Anschluss an Gl.(4.4-33) gemachten Ueberlegungen auch für $z_\alpha = \infty$ gültig ist.

$$G(D) = \frac{\displaystyle \operatorname*{Sim}_{\mathbb{Z}}\left(\frac{\partial \overline{A}}{\partial \alpha}, \frac{\partial \overline{A}}{\partial \beta}\right)}{\displaystyle \operatorname*{det}_{\mathbb{Z}} \frac{\partial \overline{A}}{\partial \alpha}}\, z_\beta \qquad (5.7-9)$$

Der Ausdruck für die Berechnung des Zähleroperators ZO(D) von G(D) lautet also:

$$ZO(D) = \operatorname*{Sim}_{\mathbb{Z}}\left(\frac{\partial \overline{A}}{\partial \alpha}, \frac{\partial \overline{A}}{\partial \beta}\right)\, z_\beta \qquad (5.7-10)$$

$\overline{A}$ ist die komplementäre Strukturzahl von A (Gl.(5.7-8)).

$$\overline{A} = \begin{bmatrix} 3 & 3 & 3 & 3 & 2 & 2 & 2 & 2 & 2 & 2 & 2 & 2 & 2 & 2 & 2 & 1 & 1 & 1 & 1 & 1 & 1 & 1 & 1 & 1 & 1 & 1 \\ 5 & 4 & 4 & 4 & 5 & 4 & 4 & 4 & 3 & 3 & 3 & 3 & 3 & 3 & 3 & 3 & 3 & 3 & 3 & 2 & 2 & 2 & 2 & 2 & 2 & 2 \\ 6 & 6 & 5 & 5 & 6 & 6 & 5 & 5 & 6 & 5 & 5 & 5 & 4 & 4 & 4 & 5 & 4 & 4 & 4 & 5 & 4 & 4 & 4 & 3 & 3 & 3 \\ 7 & 7 & 7 & 6 & 7 & 7 & 7 & 6 & 7 & 7 & 6 & 6 & 6 & 5 & 5 & 6 & 6 & 5 & 5 & 6 & 6 & 5 & 5 & 6 & 5 & 5 \\ 8 & 8 & 8 & 8 & 8 & 8 & 8 & 8 & 8 & 8 & 8 & 7 & 7 & 7 & 6 & 7 & 7 & 7 & 6 & 7 & 7 & 7 & 6 & 7 & 7 & 6 \end{bmatrix}$$

Durch die algebraische Ableitung von $\overline{A}$ nach $\alpha$ bzw. $\beta$ (Gl.(5.7-6)) erhält man die für die Berechnung der Konjunktion C notwendigen Strukturzahlen.

$$\frac{\partial \overline{A}}{\partial \alpha} = \frac{\partial \overline{A}}{\partial 8} = \begin{bmatrix} 3 & 3 & 3 & 3 & 2 & 2 & 2 & 2 & 2 & 2 & 2 \\ 5 & 4 & 4 & 4 & 5 & 4 & 4 & 4 & 3 & 3 & 3 \\ 6 & 6 & 5 & 5 & 6 & 6 & 5 & 5 & 6 & 5 & 5 \\ 7 & 7 & 7 & 6 & 7 & 7 & 7 & 6 & 7 & 7 & 6 \end{bmatrix} \qquad (5.7-11)$$

$$\frac{\partial \overline{A}}{\partial \beta} = \frac{\partial \overline{A}}{\partial 5} = \begin{bmatrix} 3 & 3 & 3 & 2 & 2 & 2 & 2 & 2 & 2 & 2 & 2 & 1 & 1 & 1 & 1 & 1 & 1 & 1 & 1 \\ 6 & 4 & 4 & 6 & 4 & 4 & 3 & 3 & 3 & 3 & 3 & 3 & 3 & 3 & 2 & 2 & 2 & 2 & 2 \\ 7 & 7 & 6 & 7 & 7 & 6 & 7 & 6 & 6 & 4 & 4 & 6 & 4 & 4 & 6 & 4 & 4 & 3 & 3 \\ 8 & 8 & 8 & 8 & 8 & 8 & 8 & 8 & 7 & 7 & 6 & 7 & 7 & 6 & 7 & 7 & 6 & 7 & 6 \end{bmatrix} \qquad (5.7-12)$$

$$C = \frac{\partial \overline{A}}{\partial \alpha} \cap \frac{\partial \overline{A}}{\partial \beta} = \begin{bmatrix} 2 \\ 3 \\ 6 \\ 7 \end{bmatrix} \qquad (5.7-13)$$

Da die Konjunktion C eine einspaltige Strukturzahl ist,
kann die Strukturzahl $C^-$ in Gl.(3.8-44) gleich 0 gesetzt
werden. Die Gleichzeitigkeitsfunktion in Gl.(3.8-42) ist
dann gleich $\det_{\mathbb{Z}} C$; für den Zähleroperator in Gl.(5.7-10)
erhält man daher den Ausdruck

$$ZO(D) = z_2 z_3 z_6 z_7 z_5 \qquad (5.7\text{-}14)$$

Der Nenneroperator in Gl.(5.7-9) ist

$$NO(D) = \det_{\mathbb{Z}} \frac{\partial \overline{A}}{\partial \alpha}$$

und kann durch die Anwendung der Determinantenfunktion auf
die Strukturzahl in Gl.(5.7-11) bestimmt werden.

$$
\begin{aligned}
NO(D) = {} & z_3 z_5 z_6 z_7 + z_3 z_4 z_6 z_7 + z_3 z_4 z_5 z_7 + z_3 z_4 z_5 z_6 + \\
& + z_2 z_5 z_6 z_7 + z_2 z_4 z_6 z_7 + z_2 z_4 z_5 z_7 + z_2 z_4 z_5 z_6 + \\
& + z_2 z_3 z_6 z_7 + z_2 z_3 z_5 z_7 + z_2 z_3 z_5 z_6
\end{aligned}
\qquad (5.7\text{-}15)
$$

Die Impedanzen $z_1$ bis $z_7$ erhält man durch Einführung der in
den Gln.(5.7-2) gegebenen Elemente in die allgemeinen Impedanzformeln (4.3-2) bis (4.3-4).

$$
\left.
\begin{aligned}
z_1 &= k_{r1}^{-1} D & z_7 &= k_{r7}^{-1} D \\
z_2 &= \theta_2^{-1} D^{-1} & z_5 &= \theta_5^{-1} D^{-1} \\
z_3 &= B_{r3}^{-1} & z_4 &= B_{r4}^{-1} \qquad z_6 = B_{r6}^{-1}
\end{aligned}
\right\} \quad (5.7\text{-}16)
$$

$ZO(D)$ und $NO(D)$ sind Zähler und Nenner des Uebertragungsoperators $G(D)$. Setzt man in ihnen die Impedanzen (5.7-16) ein,
so erhält man nach Umformung einen neuen Zähleroperator $ZO'(D)$
und einen neuen Nenneroperator $NO'(D)$.

$$ZO'(D) = D \qquad (5.7\text{-}17)$$

$$
\begin{aligned}
NO'(D) = {} & \theta_2 \theta_5 B_{r4}^{-1} D^3 + (\theta_2 B_{r6} B_{r4}^{-1} + \theta_5 B_{r3} B_{r4}^{-1} + \theta_2 + \theta_5) D^2 + \\
& + (\theta_2 k_{r7} B_{r4}^{-1} + B_{r3} B_{r6} B_{r4}^{-1} + B_{r3} + B_{r6}) D \\
& + k_{r7}(1 + B_{r3} B_{r4}^{-1})
\end{aligned}
\qquad (5.7\text{-}18)
$$

Mit Hilfe dieser Operatoren erhält man schliesslich aus
den Gln.(5.7-4) und (5.7-5) das gesuchte Uebertragungsverhältnis.

$$\frac{\alpha_5}{M_8} = \frac{1}{D} G(D) = \frac{1}{D} \frac{ZO'(D)}{NO'(D)} = \frac{1}{\theta_2 \theta_5 B_{r4}^{-1} D^3 + \cdots + k_{r7}(1 + B_{r3} B_{r4}^{-1})}$$

$$(5.7-19)$$

### 5.7.6. Bestimmung des gesuchten Uebertragungsverhältnisses mit Hilfe der Methode der Zustandsvariablen für Bonddiagramme

### 5.7.6.1. Kausales Bonddiagramm und explizite Leistungsvariablen

Die Methode der Zustandsvariablen für Bonddiagramme wurde
in Abschnitt 5.2. kurz besprochen. Nach den dortigen Ausführungen müssen an erster Stelle die Kausalitäten des gegebenen Bonddiagramms festgelegt werden. Die hierbei zu
beachtenden Regeln sind in Abschnitt 5.2.1. zusammengestellt. Für das vorliegende Beispiel erhält man so das
kausale Bonddiagramm in Fig. 5.7-4.

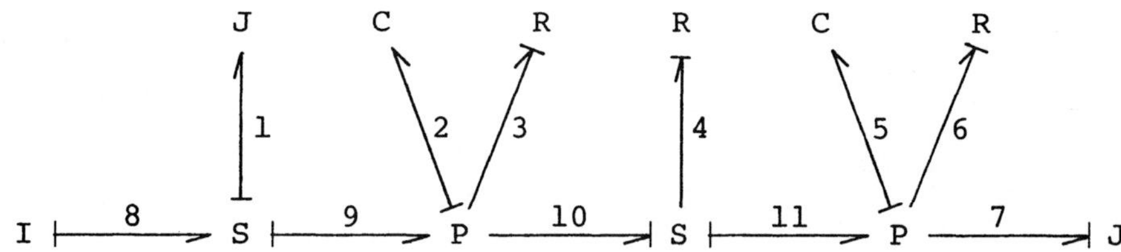


Fig. 5.7-4 Kausale Form des Bonddiagramms aus Fig. 5.7-2

Gemäss der 1. Regel wird die Kausalität des I-Quellenele-
mentes wie in Fig. 5.7-4 festgelegt und entsprechend der
2. Regel über die S-Verknüpfung ausgebreitet. Dies führt
zum Kausalitätskonflikt mit dem Element $J_1$, das nicht die
natürliche Kausalität (vgl. Fig. 4.1-4) erhalten kann, sondern die derivative Kausalität zugewiesen erhalten muss.
Die Folgen dieses Konfliktes sind besonders bei der Wahl
der Variablen zu beachten, indem man die Extravariable $e_1$

der Bindung 1 nicht, wie in der Definitionsgl.(5.2-1) vorgesehen, als Zustandsvariable, sondern als Hilfsvariable
definiert; dadurch wird eine möglichst schnelle Elimination
von $e_1$ bei der Aufstellung der expliziten Matrizengleichungen erreicht (vgl. Schritt 1b in Abschnitt 5.2.3.).

Unter Beachtung der Definitionsgl.(5.2-1) erhält man zunächst die Menge X der Zustandsvariablen.

$$X = \{e_2, e_5, i_7\} \tag{5.7-20}$$

Die Bindungsnummern des Bonddiagramms wurden hierbei als
Indizes der entsprechenden Intra- und Extravariablen gewählt.

Die Menge U der Quellenvariablen ist in Gl.(5.2-2) definiert.

$$U = \{i_8\} \tag{5.7-21}$$

Nach Abschnitt 4.1.3. bedeutet ein Querstrich am element-
nahen Bindungsende, dass dem restlichen System von dem betreffenden Element eine Intravariable aufgezwungen wird. Dementsprechend zwingen die Elemente $R_3, R_4$ und $R_6$ in Fig. 5.7-4
dem System die Intravariablen $i_3, i_4$ und $i_6$ auf. Diese Variablen werden daher in der Menge T der in der Gl.(5.2-3) definierten Momentvariablen zusammengefasst.

$$T = \{i_3, i_4, i_6\} \tag{5.7-22}$$

Als Hilfsvariable (vgl. Definitionsgl.(5.2-4)) wird gemäss
den obigen Ueberlegungen nur die Variable $e_1$ definiert.

$$H = \{e_1\} \tag{5.7-23}$$

Mit Gl.(5.2-6) erhält man schliesslich die Menge V der expliziten Leistungsvariablen als Vereinigung aller bis hier-
her definierten Variablenmengen.

$$V = \{e_1, e_2, i_3, i_4, e_5, i_6, i_7, i_8\} \tag{5.7-24}$$

Diese Variablen kommen alle explizit in den noch zu formu-
lierenden Systemgleichungen vor. Implizite Variablen des
Bonddiagramms aus Fig. 5.7-4 wären z.B. $e_9, e_{10}, i_{11}, e_7, e_8$ usw.

Die Menge Y der Ausgangsvariablen (Gl.(5.2-5)) enthält für
das vorliegende Beispiel als einzige Variable die Variable
$e_5$ (vgl. Gl.(5.7-5)).

$$Y = \{e_5\} \tag{5.7-25}$$

## 5.7.6.2. Berechnung des Uebertragungsverhältnisses

In Abschnitt 5.2.3. sind die einzelnen Schritte zur Formulierung der Systemgleichungen beschrieben. Die Schritte la und lb führen für die in den Gln.(5.7-20) bis (5.7-25) definierten Variablen des Bonddiagramms in Fig. 5.7-2 zu den folgenden konstitutiven Beziehungen:

$$X:\quad C_2 D e_2 = i_2 \qquad T:\quad i_3 = R_3^{-1} e_3 \qquad H:\quad e_1 = J_1 D i_1$$

$$C_5 D e_5 = i_5 \qquad\qquad i_4 = R_4^{-1} e_4$$

$$J_7 D i_7 = e_7 \qquad\qquad i_6 = R_6^{-1} e_6$$

Gemäss Schritt 2 können die konstitutiven Beziehungen in ihrer expliziten Form aus dem gegebenen Bonddiagramm abgeleitet werden.

$$X:\quad C_2 D e_2 = i_8 - i_3 - i_4 \qquad T:\quad i_3 = R_3^{-1} e_2$$

$$C_5 D e_5 = i_4 - i_6 - i_7 \qquad\qquad i_4 = R_4^{-1} (e_2 - e_5)$$

$$J_7 D i_7 = e_5 \qquad\qquad\qquad i_6 = R_6^{-1} e_5$$

$$H:\quad e_1 = J_1 D i_8$$

Zu den impliziten Matrizengleichungen gehören nach Schritt 3a die Zustandsvariablengleichungen. In Matrixform lauten diese Gleichungen wie folgt:

$$\begin{bmatrix} C_2 & 0 & 0 \\ 0 & C_5 & 0 \\ 0 & 0 & J_7 \end{bmatrix} D \begin{bmatrix} e_2 \\ e_5 \\ i_7 \end{bmatrix} = \begin{bmatrix} 0 & 0 & 0 \\ 0 & 0 & -1 \\ 0 & 1 & 0 \end{bmatrix} \begin{bmatrix} e_2 \\ e_5 \\ i_7 \end{bmatrix} + \begin{bmatrix} -1 & -1 & 0 \\ 0 & 1 & -1 \\ 0 & 0 & 0 \end{bmatrix} \begin{bmatrix} i_3 \\ i_4 \\ i_6 \end{bmatrix} + \begin{bmatrix} 1 \\ 0 \\ 0 \end{bmatrix} \begin{bmatrix} i_8 \end{bmatrix}$$

$$(5.7-26)$$

oder in symbolischer Form (vgl. Gl.(5.2-7)):

$$FD\underline{X} = C_{11}\underline{X} + C_{12}\underline{T} + C_{14}\underline{U} \qquad\qquad (5.7-27)$$

Die Momentvariablengleichungen nach Schritt 3b lauten in Matrixform:

$$\begin{bmatrix} i_3 \\ i_4 \\ i_6 \end{bmatrix} = \begin{bmatrix} R_3^{-1} & 0 & 0 \\ R_4^{-1} & -R_4^{-1} & 0 \\ 0 & R_6^{-1} & 0 \end{bmatrix} \begin{bmatrix} e_2 \\ e_5 \\ i_7 \end{bmatrix} \qquad \text{d.h.} \quad \underline{T} = C_{21}\underline{X} \qquad (5.7\text{-}28)$$

Die Hilfsvariablengleichung $e_1 = J_1 Di_8$ wird zur Auflösung der der Matrizengleichung (5.7-26) nicht benötigt, da in der symbolischen Gleichung (5.7-27) kein Hilfsvariablenvektor $\underline{H}$ vorkommt.

Die symbolische Matrixform der Hilfsvariablengleichung wäre

$$\underline{H} = C_{34}\underline{U}$$

Für die Berechnung der Systemmatrizen A und B in den Gln. (5.2-25) und (5.2-26) müssen die Matrizen $C_d, C_i$ und $C'_{14}$, und für diese wiederum die Matrizen $C'_{11}$ und $C'_{12}$ bestimmt werden.

Aus den Gln.(5.7-27) und (5.7-28) geht hervor, dass

$$C_{13} = C_{22} = C_{23} = [0]$$

Damit ergeben sich aus den Gln.(5.2-18) und (5.2-19) für $C'_{11}$ und $C'_{12}$ die folgenden Ausdrücke:

$$C'_{11} = C_{12}; \quad C'_{12} = [0]$$

Aus den Gln.(5.2-20) und (5.2-21) erhält man somit

$$C_i = C_{11} + C_{12}C_{21}; \quad C_d = [0]$$

Wegen $C_{24} = [0]$ (Gl.(5.7-28)) erhält man aus Gl.(5.2-22)

$$C'_{14} = C_{14}$$

Durch Einsetzen erhält man schliesslich die Systemmatrizen A und B in formaler Form aus den schon erwähnten Gln.(5.2-25) und (5.2-26).

$$\left. \begin{aligned} A &= F^{-1}(C_{11} + C_{12}C_{21}) \\ B &= F^{-1}C_{14} \end{aligned} \right\} (5.7\text{-}29)$$

Gemäss Schritt 5a und 5b werden als nächstes die Systemmatrizen A und B berechnet, indem man die entsprechenden Matrizen aus den Gln.(5.7-26) und (5.7-28) in den Gln.(5.7-29) einsetzt. Nach Ausführung der verschiedenen Matrixmultiplikationen, -additionen und -inversionen erhält man:

$$A = \begin{bmatrix} -C_2^{-1}(R_3^{-1}+R_4^{-1}) & C_2^{-1}R_4^{-1} & 0 \\ C_5^{-1}R_4^{-1} & -C_5^{-1}(R_4^{-1}+R_6^{-1}) & -C_5^{-1} \\ 0 & J_7^{-1} & 0 \end{bmatrix} ; \quad B = \begin{bmatrix} C_2^{-1} \\ 0 \\ 0 \end{bmatrix} \quad (5.7\text{-}30)$$

Die explizite Matrixdifferentialgl. des Systems entsprechend Schritt 6 lautet dann

$$D\begin{bmatrix} e_2 \\ e_5 \\ i_7 \end{bmatrix} = A\begin{bmatrix} e_2 \\ e_5 \\ i_7 \end{bmatrix} + B[i_8] \quad \text{d.h.} \quad D\underline{X} = A\underline{X} + B\underline{U} \qquad (5.7\text{-}31)$$

Aus Gl.(5.7-5) folgt, dass $e_5 = x_i$ und $i_8 = u_j$. Somit ist $x_i$ die zweite Komponente des Zustandsvariablenvektors $\underline{X}$ und es folgt aus Gl.(5.3-4):

$$G(D) = \frac{x_2}{u_1} = \frac{\Delta_2(D)}{\Delta(D)} \qquad (5.7\text{-}32)$$

Gemäss den Gln.(5.3-7) und (5.3-8) lassen sich Koeffizienten-Operatordeterminante $\Delta(D)$ und die Zähler-Operatordeterminante $\Delta_2(D)$ aus den folgenden Gleichungen berechnen:

$$\Delta(D) = \begin{vmatrix} D + C_2^{-1}(R_3^{-1}+R_4^{-1}) & -C_2^{-1}R_4^{-1} & 0 \\ -C_5^{-1}R_4^{-1} & D + C_5^{-1}(R_4^{-1}+R_6^{-1}) & C_5^{-1} \\ 0 & -J_7^{-1} & D \end{vmatrix}$$

$$\Delta_2(D) = \begin{vmatrix} D + C_2^{-1}(R_3^{-1}+R_4^{-1}) & C_2^{-1} & 0 \\ -C_5^{-1}R_4^{-1} & 0 & C_5^{-1} \\ 0 & 0 & D \end{vmatrix}$$

Durch Auswertung dieser Beziehungen erhält man die Ausdrücke

$$\Delta(D) = D^3 + (C_2^{-1}R_3^{-1} + C_2^{-1}R_4^{-1} + C_5^{-1}R_4^{-1} + C_5^{-1}R_6^{-1})D^2 +$$

$$+ [J_7^{-1}C_5^{-1} + C_2^{-1}C_5^{-1}(R_3^{-1}R_4^{-1} + R_3^{-1}R_6^{-1} + R_4^{-1}R_6^{-1})]D +$$

$$+ C_2^{-1}C_5^{-1}J_7^{-1}(R_3^{-1} + R_4^{-1})$$

$$\Delta_2(D) = C_2^{-1}C_5^{-1}R_4^{-1}D$$

Durch Einsetzen dieser Ausdrücke in der Gl.(5.7-32) unter Beachtung der Beziehungen (5.7-2),(5.7-4) und (5.7-5) erhält man schliesslich für das Uebertragungsverhältnis $\alpha_5/M_8$ den gleichen Ausdruck wie in Gl.(5.7-19).


## 5.8. Hydraulisches System mit inkompressibler Flüssikeit


### 5.8.1. Das gegebene System


Der Volumenstrom $q_1$ wird dem ersten Tank des in Fig. 5.8-1 gezeigten Zweitanksystems zugeführt. Die beiden Tanks mit den Querschnitten $A_2$,$A_5$ und den Akkumulatorkapazitäten $C_2$ und $C_5$ sind durch eine Rohrleitung der Länge $\ell_3$ und vom Querschnitt $A_3$ miteinander verbunden. In $R_{f4}$ sind der Strömungswiderstand der Rohrleitung und ein Drosselwiderstand zusammengefasst. Für die Rohrleitung wird bei der folgenden Analyse der Trägheitskoeffizient $\rho\ell_3/A_3$ der Flüssigkeit der Dichte $\rho$ (spezifisches Gewicht $\gamma = g\rho$) berücksichtigt.

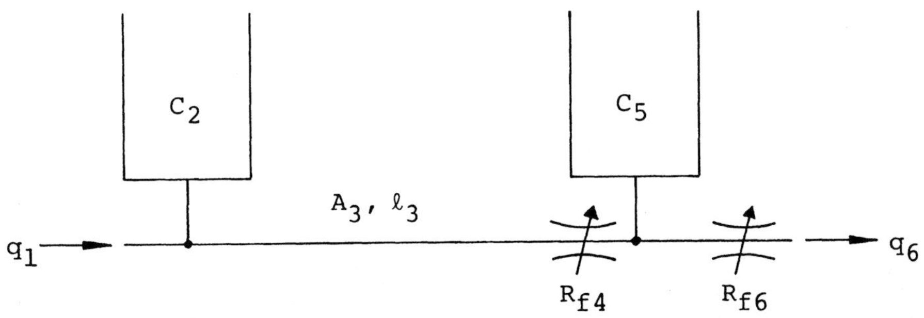


Fig. 5.8-1 Schematische Darstellung eines Zweitanksystems

Gesucht ist die Volumenstromstärke $q_6$ bei gegebenem Volumenstrom $q_1$.


## 5.8.2. Orientiertes akausales Bonddiagramm

Für das gegebene hydraulische System sind die allgemeinen
Leistungsvariablen (Gln.(4.2-9) bis (4.2-11)) und die Bonddiagrammelemente (Gln.(4.3-41) bis (4.3-43)) wie folgt definiert:

$$e = p \; ; \quad i = q \; ; \quad I_1 = q_1 \qquad\qquad (5.8\text{-}1)$$

$$
\left.
\begin{aligned}
R_4 &= R_{f4} & R_6 &= R_{f6} \\
C_2 &= A_2/\gamma & C_5 &= A_5/\gamma \\
J_3 &= \rho A_3/\ell_3
\end{aligned}
\right\} (5.8\text{-}2)
$$

Mit den Aufbau- und Vereinfachungsregeln aus Abschnitt 5.4.
erhält man aus Fig. 5.8-1 das Bonddiagramm in Fig. 5.8-2.

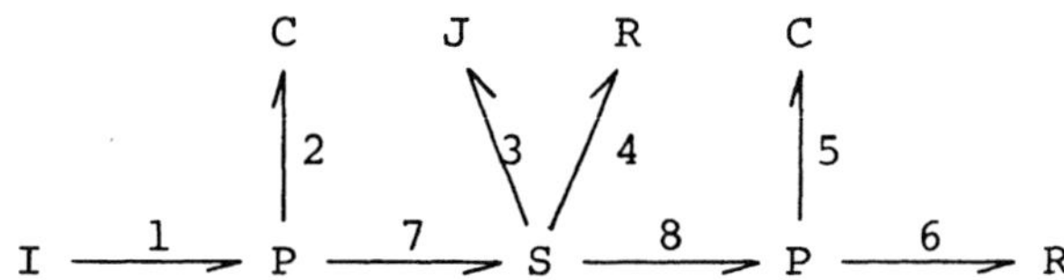


Fig. 5.8-2  Vereinfachtes Bonddiagramm für das Zweitank-
           system aus Fig. 5.8-1


## 5.8.3. Berechnung des Uebertragungsverhältnisses mit der Methode der Strukturzahlen

Für dieses und das nachfolgende Beispiel wird auf das An-
schreiben der Definition der determinierenden Funktion f
und der Teilmengen $F_{Bi}$ von Bindungssimplexen verzichtet.
Für den speziellen Fall, wo die Indizes der Bindungssimplexe und die ihnen zugeordneten strukturellen Einheiten
übereinstimmen (vgl. Gl.(4.5-29)), können die gesuchten
Primzahlen $P_i$ direkt durch Inspektion des gegebenen Bonddiagramms mit Hilfe der in Abschnitt 5.6.4. aufgestellten
Regeln abgeleitet werden.

So erhält man z.B. aus Fig. 5.8-2 direkt die Primzahlen

$$P_1 = [1, 2, 3]$$
$$P_2 = [4, 3]$$
$$P_3 = [5, 6, 4]$$

Die Strukturzahl A des gegebenen Bonddiagramms ist das Produkt dieser Primzahlen.

$$A = \begin{bmatrix} 1 & 1 & 1 & 1 & 1 & 2 & 2 & 2 & 2 & 2 & 3 & 3 \\ 4 & 4 & 3 & 3 & 3 & 4 & 4 & 3 & 3 & 3 & 4 & 4 \\ 5 & 6 & 5 & 6 & 4 & 5 & 6 & 5 & 6 & 4 & 5 & 6 \end{bmatrix}$$

Das gesuchte Uebertragungsverhältnis ist

$$\frac{x_i}{u_j} = \frac{q_6}{q_1} = \frac{i_6}{i_1} = \frac{i_\beta}{I} = \left.\frac{i_\beta}{i_\alpha}\right|_{z_\alpha = \infty} = G(D) \tag{5.8-3}$$

Die strukturellen Einheiten des Ein- und Ausgangszweiges sind also

$$\alpha = 1 \quad ; \quad \beta = 6 \tag{5.8-4}$$

Für G(D) in Gl.(5.8-3) erhält man unter Beachtung der Gl.(4.4-23) den folgenden Ausdruck:

$$G(D) = \frac{\underset{\mathbb{Z}}{Sim}\left(\frac{\partial \overline{A}}{\partial \alpha}, \frac{\partial \overline{A}}{\partial \beta}\right)}{\underset{\mathbb{Z}}{\det}\frac{\partial \overline{A}}{\partial \alpha}} \tag{5.8-5}$$

$\overline{A}$ ist die komplementäre Strukturzahl von A.

$$\overline{A} = \begin{bmatrix} 2 & 2 & 2 & 2 & 2 & 1 & 1 & 1 & 1 & 1 & 1 & 1 \\ 3 & 3 & 4 & 4 & 5 & 3 & 3 & 4 & 4 & 5 & 2 & 2 \\ 6 & 5 & 6 & 5 & 6 & 6 & 5 & 6 & 5 & 6 & 6 & 5 \end{bmatrix}$$

Algebraische Ableitungen und Konjunktion C:

$$\frac{\partial \overline{A}}{\partial \alpha} = \frac{\partial \overline{A}}{\partial 1} = \begin{bmatrix} 3 & 3 & 4 & 4 & 5 & 2 & 2 \\ 6 & 5 & 6 & 5 & 6 & 6 & 5 \end{bmatrix}$$

$$\frac{\partial \overline{A}}{\partial \beta} = \frac{\partial \overline{A}}{\partial 6} = \begin{bmatrix} 2 & 2 & 2 & 1 & 1 & 1 & 1 \\ 3 & 4 & 5 & 3 & 4 & 5 & 2 \end{bmatrix} \quad ; \quad C = \frac{\partial \overline{A}}{\partial \alpha} \cap \frac{\partial \overline{A}}{\partial \beta} = \begin{bmatrix} 2 \\ 5 \end{bmatrix}$$

Durch Einsetzen dieser Strukturzahlen in Gl.(5.8-5) ergeben sich der Zähleroperator

$$ZO(D) = z_2 z_5$$

und der Nenneroperator

$$NO(D) = z_3 z_6 + z_3 z_5 + z_4 z_6 + z_4 z_5 + z_5 z_6 + z_2 z_6 + z_2 z_5$$

Durch Einsetzen der Impedanzen (5.8-2) in diesen Operatoren erhält man nach Umformung die neuen Operatoren ZO'(D) und NO'(D).

$$NO'(D) = R_{f6}\, \rho\, \frac{\ell_3}{A_3}\, \frac{A_2}{\gamma}\, \frac{A_5}{\gamma}\, D^3 + \qquad\qquad ZO'(D) = 1$$

$$+ (\rho\, \frac{\ell_3}{A_3}\, \frac{A_2}{\gamma} + R_{f4} R_{f6}\, \frac{A_2}{\gamma}\, \frac{A_5}{\gamma})\, D^2 +$$

$$+ (R_{f4}\, \frac{A_2}{\gamma} + R_{f6}\, \frac{A_2}{\gamma} + R_{f6}\, \frac{A_5}{\gamma})\, D + 1$$

Hieraus ergibt sich dann das gesuchte Uebersetzungsverhältnis.

$$\frac{q_6}{q_1} = \frac{1}{R_{f6}(\rho\ell_3/A_3)(A_2/\gamma)(A_5/\gamma)D^3 + \cdots + 1} \qquad\qquad (5.8-6)$$

## 5.8.4. Berechnung des Uebertragungsverhältnisses mit der Methode der Zustandsvariablen

Das Vorgehen ist analog wie in Abschnitt 5.7.6. Zuerst sind die Kausalitäten des gegebenen Bonddiagramms festzulegen. Dies führt zum kausalen Bonddiagramm in Fig. 5.8-3.

Als nächstes sind die Variablen zu wählen. Bei Beachtung der Definitionen in Abschnitt 5.2.2. erhält man die folgenden Teilmengen von Leistungsvariablen des gegebenen Bonddiagramms:

Menge der Zustandsvariablen:

$$X = \{e_2, i_3, e_5\}$$

Menge der Quellenvariablen:

$$U = \{i_1\}$$

Menge der Momentvariablen:

$$T = \{e_4, i_6\}$$

Hilfsvariablen müssen keine eingeführt werden.

Menge der expliziten Leistungsvariablen:

$$V = \{i_1, e_2, i_3, e_4, e_5, i_6\}$$

Menge der Ausgangsvariablen:

$$Y = \{i_6\}$$

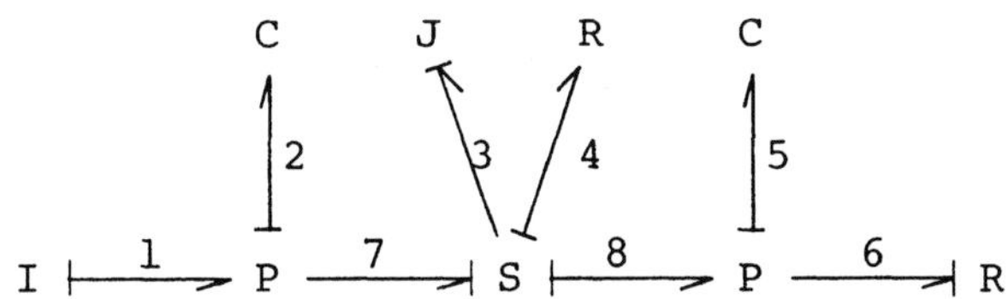

Fig. 5.8-3 Kausale Form des Bonddiagramms aus Fig. 5.8-2

Die Systemgleichungen können durch die Befolgung der Schritte 1 bis 6 in Abschnitt 5.2.3. formuliert werden.

Schritt 1: Die konstitutiven Beziehungen

$$X: \quad C_2 D e_2 = i_2 \qquad\qquad T: \quad e_4 = R_4 i_4$$
$$J_3 D i_3 = e_3 \qquad\qquad i_6 = R_6^{-1} e_6$$
$$C_5 D e_5 = i_5$$

Schritt 2: Explizite Form der konstitutiven Beziehungen

Falls die konstitutiven Beziehungen rechts des Gleichheitszeichens nicht explizite Variablen enthalten, müssen diese

durch die entsprechenden expliziten Variablen aus der Teilmenge V ersetzt werden.

$$X: \quad C_2 D e_2 = i_1 - i_3 \qquad\qquad T: \quad e_4 = R_4 i_3$$

$$J_3 D i_3 = e_2 - e_4 - e_5 \qquad\qquad i_6 = R_6^{-1} e_5$$

$$C_5 D e_5 = i_3 - i_6$$

## Schritt 3: Implizite Matrizengleichungen

Da im Beispiel des Abschnitts 5.7. die vorbereitenden Schritte 1,2 und 3 für die Aufstellung der impliziten Matrizengleichungen übersprungen wurden, sollen sie am vorliegenden Beispiel illustriert werden.

3a) Zustandsvariablengleichungen

$$\begin{array}{ccccc|cc|c}
C_2 D e_2 = 0 & -i_3 & 0 & & 0 & 0 & & i_1 \\
J_3 D i_3 = e_2 & 0 & -e_5 & & -e_4 & 0 & & 0 \\
C_5 D e_5 = 0 & i_3 & 0 & & 0 & -i_6 & & 0 \\
 & & X & & & T & & U
\end{array}$$

Aus dieser Form kann die entsprechende implizite Matrizengleichung leicht abgeleitet werden.

$$\begin{bmatrix} C_2 & 0 & 0 \\ 0 & J_3 & 0 \\ 0 & 0 & C_5 \end{bmatrix} D \begin{bmatrix} e_2 \\ i_3 \\ e_5 \end{bmatrix} = \begin{bmatrix} 0 & -1 & 0 \\ 1 & 0 & -1 \\ 0 & 1 & 0 \end{bmatrix} \begin{bmatrix} e_2 \\ i_3 \\ e_5 \end{bmatrix} + \begin{bmatrix} 0 & 0 \\ -1 & 0 \\ 0 & -1 \end{bmatrix} \begin{bmatrix} e_4 \\ i_6 \end{bmatrix} + \begin{bmatrix} 1 \\ 0 \\ 0 \end{bmatrix} \begin{bmatrix} i_1 \end{bmatrix}$$

$$(5.8\text{-}7)$$

Die symbolische Form dieser Gl. lautet:

$$FD\underline{X} = C_{11}\underline{X} + C_{12}\underline{T} + C_{14}\underline{U} \qquad\qquad (5.8\text{-}8)$$

3b) Momentvariablengleichungen

$$\begin{array}{cccc}
e_4 = & 0 & R_4 i_3 & 0 \\
i_6 = & 0 & 0 & R_6^{-1} e_5
\end{array}$$

Implizite Matrizengleichung und symbolische Form:

$$\begin{bmatrix} e_4 \\ i_6 \end{bmatrix} = \begin{bmatrix} 0 & R_4 & 0 \\ 0 & 0 & R_6^{-1} \end{bmatrix} \begin{bmatrix} e_2 \\ i_3 \\ e_5 \end{bmatrix} \qquad \text{d.h.} \quad \underline{T} = C_{21}\underline{X} \qquad\qquad (5.8\text{-}9)$$

Schritte 4,5 und 6

Durch Einsetzen der Gl.(5.8-9) in Gl.(5.8-8) erhält man

$$FD\underline{X} = (C_{11} + C_{12}C_{21})\underline{X} + C_{14}\underline{U}$$
$$D\underline{X} = F^{-1}(C_{11} + C_{12}C_{21})\underline{X} + F^{-1}C_{14}\underline{U} \qquad\qquad (5.8\text{-}10)$$

Daraus ergeben sich die folgenden formalen Ausdrücke für
die Berechnung der Systemmatrizen A und B:

$$\left.\begin{aligned} A &= F^{-1}(C_{11} + C_{12}C_{21}) \\ B &= F^{-1}C_{14} \end{aligned}\right\} (5.8\text{-}11)$$

Durch Einsetzen der entsprechenden Matrizen aus den Gln.
(5.8-7) und (5.8-9) und durch die Ausführung der in den Gln.
(5.8-11) angegebenen Operationen erhält man die Systemmatrizen A und B.

$$A = \begin{bmatrix} 0 & -C_2^{-1} & 0 \\ J_3^{-1} & -R_4 J_3^{-1} & -J_3^{-1} \\ 0 & C_5^{-1} & -R_6^{-1}C_5^{-1} \end{bmatrix} \quad ; \quad B = \begin{bmatrix} C_2^{-1} \\ 0 \\ 0 \end{bmatrix} \qquad (5.8\text{-}12)$$

Mit diesen nun bekannten Systemmatrizen kann die explizite
Matrixdifferentialgleichung des Systems angeschrieben werden.

$$D\begin{bmatrix} e_2 \\ i_3 \\ e_5 \end{bmatrix} = A\begin{bmatrix} e_2 \\ i_3 \\ e_5 \end{bmatrix} + B[i_1] \quad \text{d.h. } D\underline{X} = A\underline{X} + B\underline{U} \qquad (5.8\text{-}13)$$

Aus Gl.(5.8-3) geht hervor, dass $i_6 = x_i$ und $i_1 = u_j$. Dies ist
auch aus den hier definierten Mengen U und Y ersichtlich.

Die Momentvariable $i_6$ ist bei der Herleitung der Gl.(5.8-13)
eliminiert worden. Für ihre Bestimmung, bei gegebener Ein-

gangsvariablen, muss daher die im Schritt 2 gefundene explizite konstitutive Beziehung $i_6 = R_6^{-1} e_5$ herangezogen werden. Die Definition des zu berechnenden Uebertragungsoperators $G_1(D)$ ergibt sich deshalb aus der folgenden Beziehung:

$$\frac{i_6}{i_1} = R_6^{-1} \frac{e_5}{i_1} = R_6^{-1} G_1(D) \qquad\qquad (5.8\text{-}14)$$

Das Uebertragungsverhältnis $e_5/i_1$ kann aus Gl.(5.8-13) bestimmt werden. Da $e_5$ die dritte Komponente des Zustandsvariablenvektors $\underline{X}$ ist, erhält man $G_1(D)$ gemäss Gl.(5.3-4) aus der folgenden Gleichung:

$$G_1(D) = \frac{\Delta_3(D)}{\Delta(D)}$$

Für die Determinanten dieses Quotienten ergeben sich unter Beachtung der Gln.(5.3-7) und (5.3-8) die Ausdrücke

$$\Delta(D) = \begin{vmatrix} D & C_2^{-1} & 0 \\ -J_3^{-1} & D + R_4 J_3^{-1} & J_3^{-1} \\ 0 & -C_5^{-1} & D + R_6^{-1} C_5^{-1} \end{vmatrix}$$

$$= D^3 + (R_6^{-1} C_5^{-1} + R_4 J_3^{-1}) D^2 +$$
$$+ (R_4 R_6^{-1} J_3^{-1} C_5^{-1} + C_5^{-1} J_3^{-1} + C_2^{-1} J_3^{-1}) D +$$
$$+ C_2^{-1} J_3^{-1} R_6^{-1} C_5^{-1}$$

$$\Delta_3(D) = \begin{vmatrix} D & C_2^{-1} & C_2^{-1} \\ -J_3^{-1} & D + R_4 J_3^{-1} & 0 \\ 0 & -C_5^{-1} & 0 \end{vmatrix} = C_2^{-1} J_3^{-1} C_5^{-1}$$

Durch Einsetzen dieser Ausdrücke in der Gl.(5.8-14) unter Beachtung der Beziehungen (5.8-2) und (5.8-3) erhält man für das gesuchte Uebertragungsverhältnis $q_6/q_1$ den gleichen Ausdruck wie in Gl.(5.8-6).

## 5.9. Ein elektromechanisches System: Elektromotor mit Getriebe und Last

### 5.9.1. Das gegebene System

Der in Fig. 9.5-1 dargestellte Stellmotor ist ein Gleichstrommotor mit getrennter und konstanter Erregung. Die angelegte, veränderliche Ankerspannung $u_a$ erzeugt im Ankerkreis mit der elektromagnetischen Trägheit $L_a$ und dem resultierenden Widerstand $R_a$ den Ankerstrom $i_a(t)$. Setzt man voraus, dass die Linearität erfüllt ist, so sind Ankerstrom und erzeugtes Drehmoment $M(t)$ zueinander proportional.

$$i_a(t) = k_2 M(t) \qquad (5.9-1)$$

Durch die Rotation des Läufers werden das Trägheitsmoment $\theta_3$ der rotierenden Massen und der Reibungskoeffizient $B_{r4}$ der Rotorwelle wirksam; in der Ankerwicklung wird eine Gegeninduktionsspannung $u_g(t)$ erzeugt, die proportional zur Winkelgeschwindigkeit $\omega(t)$ ist.

$$u_g(t) = k_1 \omega(t) \qquad (5.9-2)$$

Das erzeugte Drehmoment wird durch das Getriebe mit dem Uebersetzungsverhältnis $ü_r$ auf die Last mit dem Reibungskoeffizienten $B_{r5}$ und dem Trägheitsmoment $\theta_6$ übertragen.

Gesucht ist der Drehwinkel $\alpha_6$ der Last bei gegebener Ankerspannung $u_a$.

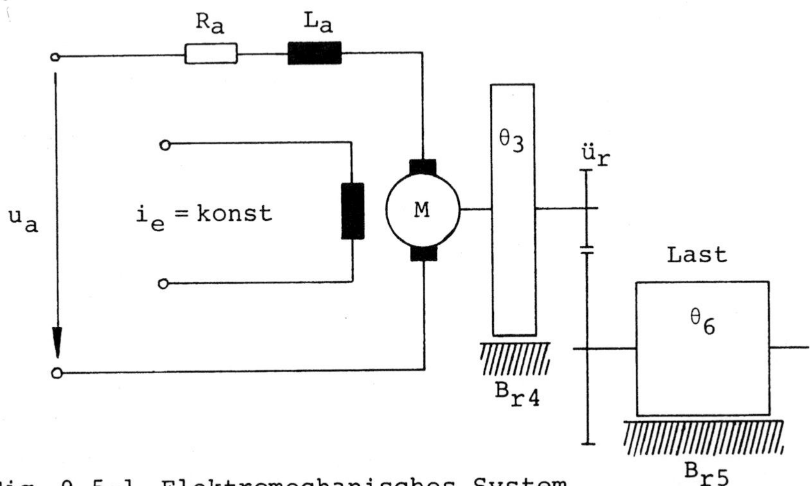


Fig. 9.5-1 Elektromechanisches System

## 5.9.2. Orientiertes akausales Bonddiagramm

Das gegebene System besteht aus einem elektrischen und einem
rotationsmechanischen Teil. Während die Bonddiagrammsymbole
für beide Systemarten sich gleich bleiben, muss
tionen der allgemeinen Leistungsvariablen (Gln.(4.2-1),
(4.2-2) bzw. (4.2-6) bis (4.2-8)) und der Bonddiagrammelemente (Gln.(4.3-28) bis (4.3-31) bzw. (4.3-37) bis (4.3-40))
zwischen beiden Systemteilen unterschieden werden.

Elektrischer Systemteil:

$$e = u \;\; ; \;\; i = i \;\; ; \;\; E_7 = u_a \qquad\qquad (5.9\text{-}3)$$

$$R_1 = R_a \qquad\qquad J_2 = L_a \qquad\qquad (5.9\text{-}4)$$

Rotationsmechanischer Systemteil:

$$e = \omega = D\alpha \;\; ; \qquad\qquad i = M \qquad\qquad (5.9\text{-}5)$$

$$\left.\begin{aligned} C_3 &= \theta_3 & C_6 &= \theta_6 \\ R_4 &= B_{r4}^{-1} & R_5 &= B_{R5}^{-1} \end{aligned}\right\} (5.9\text{-}6)$$

Ausser diesen Elementen sind im gegebenen System noch zwei
Transformatorelemente T enthalten: der Elektromotor und der
Zahnradtrieb.

Durch die Anwendung der Aufbau- und Vereinfachungsregeln
aus Abschnitt 5.4. ergibt sich aus Fig. 5.9-1 das Bonddiagramm in Fig. 5.9-2.

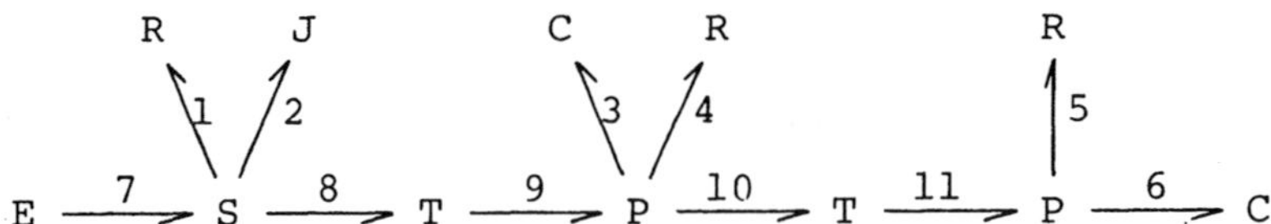

Fig. 5.9-2 Vereinfachtes Bonddiagramm für das elektro-
mechanische System in Fig. 5.9-1

## 5.9.3. Berechnung des gesuchten Uebertragungsverhältnisses
## mit der Methode der Strukturzahlen

Die Primzahlen $P_i$ können analog wie in Abschnitt 5.8.3. anhand der Regeln in Abschnitt 5.6.4. durch Inspektion des

Bonddiagramms in Fig. 5.9-2 bestimmt werden. Wegen der Transformatorelemente T ist lediglich Teil c der Inspektionsregel IR4 besonders zu beachten.

$$P_1 = [1, 7]$$
$$P_2 = [2, 1]$$
$$P_3 = [3, 4, 2, 5, 6]$$

Die Strukturzahl A des gegebenen Bonddiagramms ist das Produkt dieser Primzahlen.

$$A = \begin{bmatrix} 1 & 1 & 1 & 1 & 7 & 7 & 7 & 7 & 7 & 7 & 7 & 7 \\ 2 & 2 & 2 & 2 & 2 & 2 & 2 & 2 & 1 & 1 & 1 & 1 \\ 3 & 4 & 5 & 6 & 3 & 4 & 5 & 6 & 3 & 4 & 2 & 5 & 6 \end{bmatrix}$$

Bei der Definition des Uebertragungsverhältnisses sind die beiden Transformatorelemente T des Bonddiagramms zu berücksichtigen.

Für die in Abhängigkeit von der Ankerspannung $u_a = e_7$ zu bestimmende Ausgangsgrösse

$$\alpha_6 = \frac{1}{D} \omega_6 = \frac{1}{D} e_6 \qquad (5.9\text{-}7)$$

ist gemäss den Gln.(4.3-52),(4.5-140) und (4.5-148) $e_6$ zunächst auf die Primärseite des Zahnradtriebes zu reduzieren:

$$e_6^* = m_1 e_6 = \ddot{u}_r e_6 = \frac{d_2}{d_1} e_6 \qquad (5.9\text{-}8)$$

$e_6^*$ wiederum muss gemäss den Gln.(4.5-140),(4.5-152) und (5.9-2) auf die Primärseite des elektromechanischen Klassentransformators reduziert werden.

$$e_6^{**} = m_2 e_6^* = k_1 e_6^* = k_1 \ddot{u}_r e_6 \qquad (5.9\text{-}9)$$

Das gesuchte Uebertragungsverhältnis ist somit wie folgt zu bestimmen:

$$\frac{\alpha_6}{u_a} = \frac{1}{D} \frac{\omega_6}{u_a} = \frac{1}{D} \frac{e_6}{e_7} = \frac{1}{D} \frac{1}{k_1 \ddot{u}_r} \frac{e_6^{**}}{e_7} \qquad (5.9\text{-}10)$$

Der gesuchte Uebertragungsoperator G(D) sei bzgl. des Quotienten $e_6^{**}/e_7$ definiert.

$$\frac{e_6^{**}}{e_7} = \frac{e_6^{**}}{E_7} = \left.\frac{e_\beta^{**}}{e_\alpha}\right|_{z_\alpha=0} = G(D) \tag{5.9-11}$$

Daraus ergeben sich für den Eingangs- und den Ausgangszweig die strukturellen Einheiten $\alpha$ und $\beta$.

$$\alpha = 7 \; ; \quad \beta = 6 \tag{5.9-12}$$

Entsprechend der obigen Definition lässt sich G(D) aus Gl. (4.4-36) berechnen (nach der Reduktion von $z_\beta$).

$$G(D) = \frac{\underset{\mathbb{Z}}{Sim}\left(\frac{\partial \overline{A}}{\partial \alpha}, \frac{\partial \overline{A}}{\partial \beta}\right)}{\underset{\mathbb{Z}}{\det}\frac{\delta \overline{A}}{\delta \alpha}} \, z_\beta^{**} \tag{5.9-13}$$

$\overline{A}$ ist die komplementäre Strukturzahl von A.

$$\overline{A} = \begin{bmatrix} 4 & 3 & 3 & 3 & 1 & 1 & 1 & 1 & 2 & 2 & 3 & 2 & 2 \\ 5 & 5 & 4 & 4 & 4 & 3 & 3 & 3 & 4 & 3 & 4 & 3 & 3 \\ 6 & 6 & 6 & 5 & 5 & 5 & 4 & 4 & 5 & 5 & 5 & 4 & 4 \\ 7 & 7 & 7 & 7 & 6 & 6 & 6 & 5 & 6 & 6 & 6 & 6 & 5 \end{bmatrix}$$

Algebraische Coableitung nach $\alpha=7$:

$$\frac{\delta \overline{A}}{\delta \alpha} = \begin{bmatrix} 1 & 1 & 1 & 1 & 2 & 2 & 3 & 2 & 2 \\ 4 & 3 & 3 & 3 & 4 & 3 & 4 & 3 & 3 \\ 5 & 5 & 4 & 4 & 5 & 5 & 5 & 4 & 4 \\ 6 & 6 & 6 & 5 & 6 & 6 & 6 & 6 & 5 \end{bmatrix}$$

Algebraische Ableitungen nach $\alpha=7$ und $\beta=6$:

$$\frac{\partial \overline{A}}{\partial \alpha} = \begin{bmatrix} 4 & 3 & 3 & 3 \\ 5 & 5 & 4 & 4 \\ 6 & 6 & 6 & 5 \end{bmatrix}; \quad \frac{\partial \overline{A}}{\partial \beta} = \begin{bmatrix} 4 & 3 & 3 & 1 & 1 & 1 & 2 & 2 & 3 & 2 \\ 5 & 5 & 4 & 4 & 3 & 3 & 4 & 3 & 4 & 3 \\ 7 & 7 & 7 & 5 & 5 & 4 & 5 & 5 & 5 & 4 \end{bmatrix}$$

Konjunktion C:

$$C = \begin{bmatrix} 3 \\ 4 \\ 5 \end{bmatrix}$$

Durch Einsetzen dieser Strukturzahlen in Gl.(5.9-13) und durch Umformen des erhaltenen Ausdruckes ergibt sich für den Operator $G(D)$ die folgende Gleichung:

$$G(D) = \frac{1}{(z_1 + z_2)(1/z_3^* + 1/z_4^* + 1/z_5^{**} + 1/z_6^{**}) + 1} \qquad (5.9\text{-}14)$$

$z_3^*$ bis $z_6^{**}$ sind die gemäss Abschnitt 4.3.2. reduzierten Impedanzen. Unter Beachtung der entsprechenden Reduktionsfaktoren erhält man mit den Gln.(5.9-4) und (5.9-6) die gebietsspezifischen Ausdrücke der Impedanzen $z_1$ bis $z_6^{**}$.

$$z_1 = R_a \qquad , \qquad z_2 = L_a D$$
$$z_3 = \theta_3^{-1} D^{-1} \qquad , \qquad z_3^* = (k_1/k_2)\theta_3^{-1} D^{-1}$$
$$z_4 = B_{r4}^{-1} \qquad , \qquad z_4^* = (k_1/k_2)B_{r4}^{-1}$$
$$z_5 = B_{r5}^{-1} \qquad , \qquad z_5^{**} = ü_r^2 (k_1/k_2)B_{r5}^{-1}$$
$$z_6 = \theta_6^{-1} D^{-1} \qquad , \qquad z_6^{**} = ü_r^2 (k_1/k_2)\theta_6^{-1} D^{-1}$$

Fasst man die mechanischen Parameter im Reibungskoeffizient $B_m$ und im Trägheitsmoment $\theta_m$ zusammen

$$B_m = B_{r4} + ü_r^{-2} B_{r5}$$
$$\theta_m = \theta_3 + ü_r^{-2} \theta_6 \quad ,$$

so kann die mechanische Zeitkonstante $\tau_m$ des Systems wie folgt definiert werden:

$$\tau_m = \theta_m B_m^{-1}$$

Der entsprechende Ausdruck für die elektrische Zeitkonstante $\tau_e$ lautet:

$$\tau_e = L_a R_a^{-1}$$

Damit ergibt sich schliesslich aus den Gln.(5.9-14),(5.9-11) und (5.9-10) das gesuchte Uebertragungsverhältnis.

$$\frac{\alpha_6}{u_a} = \frac{1}{k_2 ü_r R_a B_m D(1 + \tau_e D)(1 + \tau_m D) + k_1 ü_r D}$$

# 6. Interaktive Systemanalyse mit dem Computer

Wie in den vorhergehenden Abschnitten schon mehrfach erwähnt wurde, bedient man sich für die Untersuchung komplexer Systeme mit Vorteil einer digitalen Rechenanlage. Ausser der sehr schnellen Durchführung umfangreicher Berechnungen ergibt sich dadurch auch die Möglichkeit, einmal entwickelte Teilsysteme als wiederholt verwertbare Module abzuspeichern. Die Modellierung grösserer Systeme wird so wesentlich erleichtert, indem Systemmodelle durch einfaches Zusammenfügen solcher Module aufgebaut werden können. Ein nützliches Hilfsmittel dazu bietet die von S.BELLERT und H.WOŹNIACKI im Ansatz entwickelte Theorie der Strukturzahlen zweiter Kategorie [19],[20]. Es handelt sich dabei um Strukturzahlen, deren Elemente selbst wieder Strukturzahlen sind.

## 6.1. Computerprogramme zur Bestimmung der Primzahlen und der Strukturzahl A

Die einzige Vorarbeit, die für die Benützung der für die vorliegende Arbeit in APL.SV geschriebenen Programme noch geleistet werden muss, ist die Erstellung und die Kodierung eines vollständig vereinfachten Bonddiagramms, wie sie in den früheren Kapiteln beschrieben worden sind. Die Kodierung des Diagramms kann in der akausalen Form geschehen, da für die Programme eine vorhergehende Festlegung der Kausalitäten nicht mehr notwendig ist. Als Programmiersprache wurde APL.SV gewählt, da diese Sprache dem angestrebten interaktiven Charakter sehr entgegenkommt.

Hat der Benützer das Bonddiagramm kodiert, so kann er es nach Aufruf der Funktion *RESPONSE* in der Form eingeben, wie sie z.B. in Abschnitt 5.6.4. zu finden ist. Noch einfacher lassen sich die einzugebenden Zeichen vom determinierten Bonddiagramm direkt ablesen. Mit einiger Uebung sollte es

möglich sein, für das zu untersuchende System ein Bonddiagramm direkt in vollständig vereinfachter Form aufzustellen,
ohne Schritt für Schritt die Regeln in Abschnitt 5.4. befolgen zu müssen. So werden die Routinearbeiten bei der Systemmodellierung auf ein Minimum beschränkt und eine Konzentration auf das Wesentliche gefördert.

Zur allgemeinen Illustration des Ablaufs einer Systemuntersuchung mit Hilfe der erstellten, interaktiven APL-Programme
ist in Fig. 6.1-1 das Protokoll einer Analyse des in Abschnitt 5.9. beschriebenen elektromechanischen Systems gezeigt. Jede Anforderung von Input ist durch ein Fragezeichen
gekennzeichnet.

Normalerweise ist die Zeitkonstante des elektrischen Systemteiles (Ankerwicklung des Gleichstrommotors) viel kleiner
als diejenige des mechanischen Teiles (rotierende Massen).
Die Ankerinduktivität $L_a$ wird deshalb meistens vernachlässigt d.h. das Trägheitselement $J_2$ in Fig. 5.9-2 kann bei der
Kodierung des Bonddiagramms durch ein Quellenelement $E_2$ mit
$e_2=0$ ersetzt werden (vgl. die zweite Zeile der Kodierung in
Fig. 6.1-1). Auch die Reibung der Rotorwelle ist gegenüber
derjenigen der Last vernachlässigbar klein, so dass $B_{r4}$
gleich Null gesetzt werden kann und $R_4 = B_{r4}^{-1}$ theoretisch einen unendlich grossen Wert annimmt. Dieser Effekt lässt sich
modellieren mit einem Quellenelement $I_4$ mit $i_4 = 0$ anstelle
des Elementes $R_4$ im Bonddiagramm. Die Eingabe ist so wie in
Fig. 6.1-1 durchzuführen, wo in der vierten Zeile der Kodierung ein I-Element eingesetzt und der Wert des Elementes
$I_4$ unter "Werte der Elemente?" gleich Null gesetzt worden
sind. Ergänzend ist noch zu bemerken, dass für die beiden
Transformatorelemente T jeweils die Nummer des Ausgangszweiges herausgedruckt und für das Uebersetzungsverhältnis der
Wert $k_1 = 0.68$ Vs/rad  (wobei der Wert von $k_2$ in Gl.(5.9-1)
gleich dem Kehrwert von $k_1$ ist) bzw. $\ddot{u}_r = d_2/d_1 = n_1/n_2 = 10$
eingegeben wurde.

Von den beiden Sätzen 3-1 und 3-2 in Abschnitt 3.5.3. wurde
vor allem Satz 3-2 für die weiteren theoretischen Entwicklungen zugrunde gelegt. Das bedeutet, dass das durch das
Bonddiagramm definierte topologische System $S_B$ als geometrisches Bild $\underline{B}(A)$ der Strukturzahl A und die Primzahlen $P_i$
als Bilder der Fasern $F_{Bi}$ betrachtet wurden. In den APL-
Programmen wurde ausserdem die Möglichkeit vorgesehen, nach
der gemäss Satz 3-1 die Primzahlen $P_i$ so bestimmt werden
können, dass sie Bilder von unabhängigen Zyklen $Z_i^*$ des geometrischen Cobildes $\underline{B}^*(A)$ sind. Auf die Frage: "Fasern oder
Zyklen?" in Fig. 6.1-1 kann dementsprechend je nach Wunsch
mit "F" (Fasern) oder "Z" (Zyklen) geantwortet werden. Das
System druckt anschliessend die gesuchten Primzahlen $P_i$ und
die gesuchte Strukturzahl A aus.

```
        RESPONSE
KODIERUNG?
R 1
E 2
C 3
I 4
R 5
C 6
E 7
T 8  9
T 10 11
S 1  2  7  8
P 3  4  9 10
P 5  6 11


FASERN ODER ZYKLEN?
F
PRIMZAHLEN:
P1:  1 2
P2:  3 4 5 6 1
P3:  7 1
STRUKTURZAHL:
  1 2 1 2 1 2 1 2 1 1 1 1 1
  3 3 4 4 5 5 6 6 2 2 2 2 2
  7 7 7 7 7 7 7 7 3 4 5 6
ALPHA BETA?
[]:
       7 6
WERTE DER ELEMENTE?
   R    E    C    I    R    C    E    T    T
   1    2    3    4    5    6    7    9   11
[]:
       5 0 .001355 0 7.38 .1355 10 .68 10
E2/E1 I2/I1 I2/E1 E2/I1?
[]:
       1 0 0 0
ABTASTINTERVALL?
[]:
       .01
DAUER?
[]:
       .4
SPRUNG,STOSS,KONTINUIERLICH?
SPRUNG
     10 |          *********************************
        |       ****
        |      *
        |    *
        |   *
        |  *
      5 |  *
        |
        | *
        |
        |
      0 *    |     |     |     |     |     |     |
        0.0        0.1        0.2        0.3        0.4
```

Fig. 6.1-1  Protokoll einer interaktiven Computeranalyse
            des elektromechanischen Systems aus Fig. 9.5-1

## 6.2. Programme zur Bestimmung der Systemantwort bei gegebenem Eingangssignal

Die für Strukturzahlen definierte Operationen der Komplementbildung, der algebraischen Ableitung und Coableitung, und der Konjunktion wurden als voneinander unabhängige APL-Funktionen programmiert. Sie sind deshalb bei Bedarf auch als einzelne Funktionen verfügbar (Funktionsnamen: *ESTR*, *ABL*, *CABL*, *KONJ*).

Nach der Eingabe der strukturellen Einheiten $\alpha$ und $\beta$ der Eingangs- und der Ausgangsbindung (vgl. Fig. 6.1-1) werden diese Funktionen auch für die Bestimmung der Strukturzahlen von Zähler und Nenner des gesuchten Uebertragungsoperators G(D) benützt (entsprechend den Beziehungen in Abschnitt 4.4.). Anschliessend können alle Koeffizienten des Uebertragungsoperators G(D) berechnet werden, nachdem die Werte der Systemelemente, inklusive die Uebersetzungsverhältnisse aller Uebertragerelemente, eingegeben worden sind.

Als nächste Spezifikation muss die Art des gewünschten Uebertragungsverhältnisses (Extra- oder Intravariablen) durch einen logischen Vektor angegeben werden. Im Beispiel der Fig. 6.1-1 ist es der Vektor [1, 0, 0, 0] d.h. das gesuchte Verhältnis ist $E_2/E_1$ also die Winkelgeschwindigkeit $\omega$ der Last bei gegebener Ankerspannung $u_a$ (vgl. Fig. 9.5-1). Nach der Festlegung der Grösse des Abtastintervalls und der gesamten Dauer, für welche die Systemantwort berechnet werden soll, kann die Eingangsgrösse als sprungförmiges, impulsförmiges oder kontinuierliches Signal gewählt werden.

Das APL-System antwortet mit einer graphischen Darstellung der Systemantwort. Auf Wunsch können auch die einzelnen berechneten Werte dieser Antwort und die Systemmatrizen A, B, C und $D_S$ herausgedruckt werden.

# Literaturverzeichnis


[1] THOMA, J.U.: Grundlagen und Anwendungen der Bonddia-
    gramme. Verlag W.Girardet, Essen, 1974.

[2] ROSENBERG, R.C.: State-Space Formulation for Bond Graph
    Models of Multiport Systems. In: Journal of Dynamic Sys-
    tems, Measurement, and Control, Transactions of the
    ASME, March 1971, PP 35-40.

[3] PAYNTER, H.M.: Analysis and Design of Engineering Sys-
    tems, M.I.T. Press, Cambridge, Mass., 1960.

[4] KOENIG, H.E., BLACKWELL, W.A.: Electromechanical system
    theory. Mc Graw-Hill, New York, 1961.

[5] ROSENBERG, R.C., KARNOPP, D.C.: A Definition of the Bond
    Graph Language. In: Transactions of the ASME, September
    1972, PP 179-182.

[6] LUNZE, K.: Berechnung elektrischer Stromkreise. VEB Ver-
    lag Technik, Berlin, 1960.

[7] WHITE, D.C., WOODSON, H.H.: Electromechanical Energy
    Conversion. John Wiley&Sons, New York, 1959.

[8] TAKAHASHI, J., RABINS, M.J., AUSLANDER, D.M.: Control
    and Dynamic Systems. Addison-Wesley Publishing Company,
    London, 1970.

[9] WEINBERG, L.: Network Analysis and Synthesis. Mc Graw-
    Hill Book Company, New York, 1962.

[10] FRAUNBERGER, F.: Regelungstechnik. B.G.Teubner,
    Stuttgart 1967.

[11] MILDENBERGER, D.: Analyse elektronischer Schaltkreise.
    I.Bd. Hüthig- und Pflaum-Verlag, München, 1975.

[12] MOELLER, F.: Grundlagen der Elektrotechnik. B.G.Teubner
    Verlagsgesellschaft, Stuttgart, 1963.

[13] WUNSCH, G.: Theorie und Anwendung linearer Netzwerke.
    Teil I. Akademische Verlagsgesellschaft, Leipzig, 1961.

[14] THOMA, J., KARNOPP, D.: Simulation stetiger Systeme
    durch Diagramme. In: Simulation technischer Systeme,
    Band 1. Hrsg.: Schöne, A. Carl Hanser Verlag München,
    1974, S59-102.

[15] KARNOPP, D., ROSENBERG, R.C.: Analysis and Simulation
of Multiport Systems. M.I.T. Press, Cambridge, 1968.

[16] BELLERT, S.: Topological Analysis and Synthesis of
linear Systems. In: Journal of the Franklin Institute,
Vol. 274 , December 1962, No.6, 425-443.

[17] BELLERT, St.: Topological considerations and synthesis
of linear networks by means of the method of structural
numbers. In: Archivum Elektrotechniki, Tom XII,
Zeszyt 3, 1963, 473-500.

[18] BELLERT, S.: Computer four-pole synthesis based on the
method of structural numbers. Archivum Elektrotechniki,
Tom XIII, Zeszyt 3, 1964, 486-510.

[19] BELLERT, S., WOŹNIACKI, H.: Analyza i synteza układów
electrycznych metoda liczb strukturalnych. Wydawnictwa
Naukowo-Techniczne, Warszawa, Poland, 1968.

[20] BELLERT, S.: Analyse und Synthese von elektrischen Netzwerken mit der Methode der Strukturzahlen unter Anwendung von Computern. Unveröffentlichtes Manuskript einer
Vorlesung im SS 1972 am Lehrstuhl für Automatik der ETH,
Zürich, Schweiz.

[21] BELLERT, St.: Die Anwendung der Strukturzahlenalgebra
zur Analyse der Schaltsysteme. Seminarvortrag am Lehrstuhl für Automatik der ETH, Zürich, Schweiz, September 1972.

[22] PREUSS, G.: Allgemeine Topologie. Springer-Verlag,
Berlin 1975.

[23] KLAUA, D.: Elementare Axiome der Mengenlehre. WTB 81.
Akademie-Verlag, Berlin, 1971.

[24] BIRKHOFF, G., BARTEE, T.C.: Modern Applied Algebra.
Mc Graw-Hill, New York, 1970.

[25] KLAUA, D.: Grundbegriffe der axiomatischen Mengenlehre,
Teil 1. WTB 82. Akademie-Verlag, Berlin, 1973.

[26] KLAUA, D.: Grundbegriffe der axiomatischen Mengenlehre,
Teil 2. WTB 105. Akademie-Verlag, Berlin, 1973.

[27] HORNFECK, B.: Algebra. Walter de Gruyter, Berlin.
3. Auflage 1976.

[28] KLAUA, D.: Kardinal- und Ordinalzahlen. Teil 1. WTB 125.
Akademie-Verlag, Berlin 1974.

[29] MELSA, J.L.: Linear control systems. Mc Graw-Hill Book
Company, New York, 1969.

[30] MACFARLANE, A.G.J.: Analyse technischer Systeme.
B.I-Hochschultaschenbücher 81/81a*. Bibliographisches
Institut, Mannheim, 1967.

[31] RAVEN, F.H.: Automatic Control Engineering. Mc Graw-
Hill Book Company, New York, 1968.

[32] THALER, G.J., BROWN, R.G.: Servomechanism Analysis.
     Mc Graw-Hill Book Company, New York, 1953.

[33] KARNOPP, D., ROSENBERG, R.: System Dynamics: A unified
     Approach. John Wiley&Sons, New York, 1975.

[34] DRANSFIELD, P.: Engineering systems and automatic
     control. Prentice-Hall, Inc., Englewood Cliffs, 1968.

[35] SEELY, S.: Electromechanical energy conversion.
     Mc Graw-Hill Book Company, New York, 1962.

[36] HENLEY, E.J.: Williams, R.A.: Graph Theory in Modern
     Engineering. Academic Press, New York, 1973.

[37] WHITE, D.C., WOODSON, H.H.: Electromechanical Energy
     Conversion. John Wiley&Sons, New York, 1959.

[38] ROSENBERG, R.C.: Modeling and Simulation of Large-
     Scale, Linear, Multiport Systems. In: Automatica,
     Vol.9, pp.87-95. Pergamon Press, 1973.

# Sachverzeichnis

Volume 22
**Optimization Techniques**
Proceedings of the 9th IFIP Conference on
Optimization Techniques Warsaw,
September 4–8, 1979
**Part 1**
Editors: K. Iracki, K. Malanowski, S. Walukiewicz
1980. 12 figures, 5 tables. XVI, 569 pages
DM 59,–. ISBN 3-540-10080-6

Volume 23
**Optimization Techniques**
Proceedings of the 9th IFIP Conference on
Optimization Techniques Warsaw,
Spetember 4–8, 1979
**Part 2**
Editors: K. Iracki, K. Malanowski, S. Walukiewicz
1980. 92 figures, 36 tables. XV, 621 pages
DM 59,–; ISBN 3-540-10081-4

Volume 24
**Methods and Applications in Adaptive Control**
Proceedings of an International Symposium,
Bochum 1980
Editor: H. Unbehauen
1980. 121 figures, 9 tables. VI, 309 pages
DM 36,50. ISBN 3-540-10226-4

Volume 25
**Stochastic Differential Systems**
Filtering and Control
Proceedings of the IFIP-WG 7/1 Working
Conference, Vilnius, Lithuania, USSR,
Aug. 28 – Sept. 2, 1978
Editor: B. Grigelionis
1980. IX, 363 pages
DM 41,–. ISBN 3-540-10498-4

Volume 27
**Extensions of Linear-Quadratic Control Theory**
By D. H. Jacobson, D. H. Martin, M. Pachter,
T. Geveci
1980. 6 figures. XI, 288 pages
DM 32,50. ISBN 3-540-10069-5

Volume 28
**Analysis and Optimization of Systems**
Proceedings of the Fourth International Conference
on Analysis and Optimization of Systems
Versailles, December 16–19, 1980
Editors: A. Bensoussan, J. L. Lions
1980. 167 figures, 23 tables. XIV, 999 pages
(206 pages in French)
DM 98,–. ISBN 3-540-10472-0

Volume 29
M. Vidyasagar
**Input-Output Analysis of Large-Scale Inter-
connected Systems**
Decomposition, Well-Posedness and Stability
1981. VI, 221 pages
DM 28,–. ISBN 3-540-10501-8

Volume 30
**Optimization and Optimal Control**
Proceedings of a Conference Held at Oberwolfach,
March 16–22, 1980
Editors: A. Auslender, W. Oettli, J. Stoer
1981. VIII, 254 pages
DM 32,50. ISBN 3-540-10627-8

Volume 31
B. Rustem
**Projection Methods in Constrained Optimisation
and Applications to Optimal Policy Decisions**
1981. XV, 315 pages
DM 36,50. ISBN 3-540-10646-4

Volume 32
T. Matsuo
**Realization Theory of Continuous-Time
Dynamical Systems**
1981. VI, 329 pages
DM 36,50. ISBN 3-540-10682-0

Volume 33
P. Dransfield
**Hydraulic Control Systems – Design and Analysis
of Their Dynamics**
1981. VII, 227 pages
DM 28,–. ISBN 3-540-10890-4

Volume 34
H. W. Knobloch
**Higher Order Necessary Conditions in Optimal
Control Theory**
1981. V, 173 pages
DM 23,–. ISBN 3-540-10985-4

Volume 35
**Global Modelling**
Proceedings of the IFIP-WG 7/1 Working
Conference, Dubrovnik, Yugoslavia, Sept. 1–5, 1980
Editor: S. Krčevinac
1981. VIII, 232 pages
DM 37,–. ISBN 3-540-11037-2

Volume 36
**Stochastic Differential Systems**
Proceedings of the 3rd IFIP-WG 7/1 Working
Conference, Visegrád, Hungary,
September 15–20, 1980
Editors: M. Arató, D. Vermes, A. V. Balakrishnan
1981. VI, 250 pages
DM 32,50. ISBN 3-540-11038-0

Springer-Verlag
Berlin
Heidelberg
New York